Python
图像处理实战

[印度] 桑迪潘·戴伊（Sandipan Dey）著　陈盈　邓军 译

Hands-On Image Processing with Python

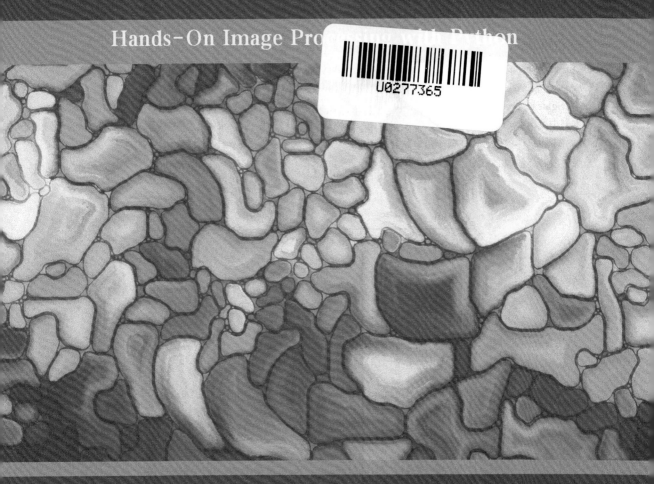

人民邮电出版社
北京

图书在版编目（CIP）数据

Python图像处理实战 / （印）桑迪潘·戴伊
(Sandipan Dey) 著；陈盈，邓军译. -- 北京：人民邮
电出版社，2020.12（2023.7重印）
ISBN 978-7-115-52768-4

Ⅰ．①P… Ⅱ．①桑… ②陈… ③邓… Ⅲ．①图象处
理软件 Ⅳ．①TP391.413

中国版本图书馆CIP数据核字(2019)第267802号

版权声明

Copyright ©Packt Publishing 2018. First published in the English language under the title "Hands-On Image Processing with Python" (9781789343731).
All rights reserved.

本书由英国 Packt Publishing 公司授权人民邮电出版社有限公司出版。未经出版者书面许可，对本书的任何部分不得以任何方式或任何手段复制和传播。
版权所有，侵权必究。

◆ 著　　[印] 桑迪潘·戴伊（Sandipan Dey）
　 译　　陈 盈　邓 军
　 责任编辑　吴晋瑜
　 责任印制　王 郁　焦志炜
◆ 人民邮电出版社出版发行　北京市丰台区成寿寺路11号
　 邮编　100164　电子邮件　315@ptpress.com.cn
　 网址　https://www.ptpress.com.cn
　 北京天字星印刷厂印刷
◆ 开本：800×1000　1/16
　 印张：24.25　　　　　　　　　　　2020年12月第1版
　 字数：448千字　　　　　　　　　2023年7月北京第10次印刷
著作权合同登记号　图字：01-2019-3974号

定价：89.00元
读者服务热线：(010)81055410　印装质量热线：(010)81055316
反盗版热线：(010)81055315
广告经营许可证：京东市监广登字 20170147 号

内容提要

本书介绍如何用流行的 Python 图像处理库、机器学习库和深度学习库解决图像处理问题。

本书先介绍经典的图像处理技术，然后探索图像处理算法的演变历程，始终紧扣图像处理以及计算机视觉与深度学习方面的最新进展。全书共 12 章，涵盖图像处理入门基础知识、应用导数方法实现图像增强、形态学图像处理、图像特征提取与描述符、图像分割，以及图像处理中的经典机器学习方法等内容。

本书适合 Python 工程师和相关研究人员阅读，也适合对计算机视觉、图像处理、机器学习和深度学习感兴趣的软件工程师参考。

谨将此书献给我敬爱的父母！

作者简介

桑迪潘·戴伊（Sandipan Dey）是一位兴趣广泛的数据科学家，主要研究机器学习、深度学习、图像处理和计算机视觉，曾在推荐系统、行业动态预测模型、传感器定位模型、情感分析和设备预测等众多数据科学领域工作过。桑迪潘·戴伊拥有美国马里兰大学计算机科学硕士学位，在 IEEE 数据挖掘会议和期刊上发表了数篇学术论文，并在数据科学、机器学习、深度学习、图像处理及相关课程/专业等方面获得了 100 多个慕课（mooc）学习认证。他经常在博客空间（sandipanweb）撰写博客，是机器学习教育爱好者。

非常感谢全球顶尖商学院最近几年提供的优秀在线课程。这些课程包括图像处理（由美国杜克大学、美国西北大学提供），计算机视觉与图像分析（由微软提供），计算摄影（由美国佐治亚理工学院提供），机器学习（由美国斯坦福大学、加拿大多伦多大学和美国加利福尼亚大学圣迭戈分校提供），深度学习（由 deeplearning.ai 和谷歌在线提供）。

审稿人简介

尼基尔·博卡（Nikhil Borkar）拥有国际数量金融工程师认证和定量金融硕士学位，并有金融犯罪审查和反洗钱认证资格。他还是印度证券交易委员会（SEBI）的注册研究分析员，对证券和投资有关的监管格局有着敏锐的把握。他曾是摩根士丹利资本国际（MSCI）的全球 RFP 项目经理，目前是独立人士身份的金融技术者和法律顾问。

译者简介

陈盈，副教授，从事教育信息科学与技术工作，研究领域涉及自然语言处理、情感分析等。

邓军，工学博士，从事计算机教育工作，研究领域涉及质量工程、机械故障诊断、锂电池性能分析等。

前言

本书介绍如何使用流行的 Python 图像处理库（如 PIL、scikit-image、python-opencv、SciPy ndimage 和 SimpleITK）、机器学习库（scikit-learn）和深度学习库（TensorFlow、Keras）来解决图像处理问题。通过学习本书，读者能够通过编写程序代码来实现复杂的图像处理（如图像增强、滤波、复原、分割、分类和目标检测）算法，还能够使用机器学习和深度学习模型解决复杂的图像处理问题。

本书从基础开始，通过书中所提供的可复制的 Python 实现引导读者逐步进阶。本书从经典的图像处理技术开始，探索图像处理算法的演变历程，始终紧扣图像处理以及计算机视觉与深度学习方面的最新进展。读者将学习如何用 Python 的 PIL、scikit-image 和 SciPy ndimage 等图像处理库编写 Python 3 代码片段，以及如何快速实现复杂的图像处理算法。读者还将学习如何使用 scikit-learn 库和机器学习模型，并随后探索深度卷积神经网络（CNN），如 TensorFlow/Keras VGG-19，用端到端深度学习 YOLO 模型进行目标检测，将 DeepLab v3+用于语义分割和神经风格迁移模型等。读者还会学到一些高级图像处理技术，如梯度混合、变分去噪、接缝雕刻、图像绗缝和人脸变形，并将学习高效图像处理的各种实现算法。

本书秉持"高度实用"的宗旨，引导读者学习一系列图像处理的概念/算法，以帮助他们详细了解如何用高级的 Python 库函数实现这些算法。

读者对象

本书适合工程师/应用研究人员阅读，也适合对计算机视觉、图像处理、机器学习和深度学习感兴趣的软件工程师作为参考，尤其适合擅长 Python 编程的读者学习——他们希望深入探索图像处理的各类主题（从概念到实施），解决一系列复杂问题。阅读本书前，读者应具备一定的数学和编程知识背景，还应掌握一些基础的机器学习知识。

本书内容

第 1 章介绍什么是图像处理及图像处理的应用、图像处理流程、在 Python 中安装不同的图像处理库、使用 Python 进行图像输入/输出和显示、处理不同的文件格式和图像类型并执行基本的图像操作。

第 2 章介绍采样、傅里叶变换与卷积，以及用 Python 实现它们的例子。读者将学习理解后续内容所需掌握的简单信号处理工具。

第 3 章演示如何使用 Python 对图像进行卷积，还会讨论频域滤波等主题。

第 4 章介绍最基本的图像处理工具，如均值/中值滤波和直方图均衡化，它们仍然是最强大的图像处理工具。本章将对它们进行阐述，并对这些基本工具给出现代的诠释。

第 5 章涵盖与图像增强相关的其他主题，即改善图像外观或有用性的问题。讨论的主题包括图像导数、锐化和反锐化掩模，以及融合图像等。所有概念的描述均辅以 Python 示例。

第 6 章介绍形态学图像处理，涵盖基于 scikit-image 形态学模块、基于 scikit-image filter.rank 模块和基于 SciPy ndimage.morphology 模块的形态学图像处理的相关内容。

第 7 章描述从图像/计算图像描述符中进行特征提取的几种技术。

第 8 章概述图像分割的基本技术，霍夫变换、二值化和 Otsu 分割到更高级的图形切割算法。

第 9 章介绍一些图像处理中的经典机器学习方法，用于图像分割和目标检测/识别。

第 10 章描述图像处理/计算机视觉领域逐渐从经典的基于特征的机器学习模型过渡到深度学习模型的原因。

第 11 章描述卷积神经网络在目标检测、语义分割和神经风格迁移方面的一些显著应用，演示了一些流行的模型，如 YOLO 和目标提案（object proposal），概述如何使用迁移学习来避免从头开始学习一个非常深的神经网络。

第 12 章将给出许多其他的图像处理问题以及解决这些问题的各种算法。这些问题包括接缝雕刻（用于上下文感知图像大小的调整）、图像绗缝（用于非参数采样和纹理转移的图像调整）、使用泊松（梯度）图像编辑（混合）将一幅图像无缝地混合到另一幅图像中、图像修复（以复原退化的图像）以及变分图像处理（如图像去噪）。

阅读本书的必备知识

1. 运行书中代码所需的 Python 基本知识，以及访问图像数据集和 GitHub 链接的技能。
2. 理解书中概念所需的基本的数学背景知识。

下载示例代码文件

读者可以通过在异步社区图书详情页单击"配套资源"来下载本书的示例代码文件和彩色图像文件。下载代码文件后，请用以下最新版本的解压缩软件工具解压缩：

WinRAR/7-Zip for Windows、Zipeg/iZip/UnRarX for Mac 和 7-Zip/PeaZip for Linux。

本书体例约定

CodeInText：指示文本中的代码字、数据库表名、文件夹名、文件名、文件扩展名、路径名、虚拟 URL、用户输入和 Twitter 句柄。下面是一个示例："将下载的 WebStorm-10*.dmg 磁盘映像文件作为系统中的另一个磁盘挂载。"

代码块以如下样式显示：

```
viewer = viewer.ImageViewer(im)
viewer.show()
```

当希望读者注意代码块的某一部分时，相关的行或项会以粗体显示：

```
[default]
exten => s,1,Dial(Zap/1|30)
exten => s,2,Voicemail(u100)
exten => s,102,Voicemail(b100)
exten => i,1,Voicemail(s0)
```

任何命令行输入或输出如下所示：

```
>>> pip install numpy
>>> pip install scipy
```

粗体：表示读者看到的新术语、重要的单词。例如，菜单或对话框中的单词会出现在文本中，例如"从**管理**面板中选择**系统信息**"。

资源与支持

本书由异步社区出品，社区（https://www.epubit.com/）为您提供相关资源和后续服务。

配套资源

本书为读者提供源代码。要获得以上配套资源，请在异步社区本书页面中单击 配套资源 ，跳转到下载界面，按提示进行操作即可。注意：为保证购书读者的权益，该操作会给出相关提示，要求输入提取码进行验证。

提交勘误

作者和编辑尽最大努力来确保书中内容的准确性，但难免会存在疏漏。欢迎读者将发现的问题反馈给我们，帮助我们提升图书的质量。

如果读者发现错误，请登录异步社区，按书名搜索，进入本书页面，单击"提交勘误"，输入勘误信息，单击"提交"按钮即可。本书的作者和编辑会对读者提交的勘误进行审核，确认并接受后，将赠予读者异步社区的 100 积分（积分可用于在异步社区兑换优惠券、样书或奖品）。

扫码关注本书

扫描下方二维码,读者会在异步社区微信服务号中看到本书信息及相关的服务提示。

与我们联系

我们的联系邮箱是 contact@epubit.com.cn。

如果读者对本书有任何疑问或建议,请发邮件给我们,并请在邮件标题中注明本书书名,以便我们更高效地做出反馈。

如果读者有兴趣出版图书、录制教学视频,或者参与图书翻译、技术审校等工作,可以发邮件给我们;有意出版图书的作者也可以到异步社区在线提交投稿(直接访问www.epubit.com/ selfpublish/submission 即可)。

如果读者来自学校、培训机构或企业,想批量购买本书或异步社区出版的其他图书,也可以发邮件给我们。

如果读者在网上发现有针对异步社区出品图书的各种形式的盗版行为,包括对图书全部或部分内容的非授权传播,请将怀疑有侵权行为的链接发邮件给我们。这一举动是对作者权益的保护,也是我们持续为读者提供有价值的内容的动力之源。

关于异步社区和异步图书

"异步社区"是人民邮电出版社旗下 IT 专业图书社区,致力于出版精品 IT 技术图书和相关学习产品,为作译者提供优质出版服务。异步社区创办于 2015 年 8 月,提供大量精品 IT 技术图书和电子书,以及高品质技术文章和视频课程。更多详情请访问异步社区官网 https://www.epubit.com。

"异步图书"是由异步社区编辑团队策划出版的精品 IT 专业图书的品牌,依托于人民邮电出版社近 30 年的计算机图书出版积累和专业编辑团队,相关图书在封面上印有异步图书的 LOGO。异步图书的出版领域包括软件开发、大数据、AI、测试、前端、网络技术等。

异步社区

微信服务号

目录

第1章 图像处理入门   1

1.1 什么是图像处理及图像处理的应用 ······ 2
1.1.1 什么是图像以及图像是如何存储的 ······ 2
1.1.2 什么是图像处理 ······ 4
1.1.3 图像处理的应用 ······ 4

1.2 图像处理流程 ······ 4

1.3 在Python中安装不同的图像处理库 ······ 6
1.3.1 安装pip ······ 6
1.3.2 在Python中安装图像处理库 ······ 6
1.3.3 安装Anaconda发行版 ······ 7
1.3.4 安装Jupyter笔记本 ······ 7

1.4 使用Python进行图像输入/输出和显示 ······ 8
1.4.1 使用PIL读取、保存和显示图像 ······ 8
1.4.2 使用matplotlib读取、保存和显示图像 ······ 10
1.4.3 使用scikit-image读取、保存和显示图像 ······ 12
1.4.4 使用SciPy的misc模块读取、保存和显示图像 ······ 14

1.5 处理不同的文件格式和图像类型,并执行基本的图像操作 ······ 15
1.5.1 处理不同的文件格式和图像类型 ······ 16
1.5.2 执行基本的图像操作 ······ 20

小结 ······ 38

习题 39
拓展阅读 40

第 2 章 采样、傅里叶变换与卷积   41

2.1 图像形成——采样和量化 42
　　2.1.1 采样 42
　　2.1.2 量化 48
2.2 离散傅里叶变换 51
　　2.2.1 为什么需要 DFT 51
　　2.2.2 用快速傅里叶变换算法计算 DFT 51
2.3 理解卷积 56
　　2.3.1 为什么需要卷积图像 57
　　2.3.2 使用 SciPy 信号模块的 convolve2d 函数进行卷积 57
　　2.3.3 使用 SciPy 中的 ndimage.convolve 函数进行卷积 61
　　2.3.4 相关与卷积 62
小结 66
习题 66

第 3 章 卷积和频域滤波   67

3.1 卷积定理和频域高斯模糊 67
3.2 频域滤波 75
　　3.2.1 什么是滤波器 75
　　3.2.2 高通滤波器 76
　　3.2.3 低通滤波器 81
　　3.2.4 DoG 带通滤波器 87
　　3.2.5 带阻（陷波）滤波器 88
　　3.2.6 图像复原 90

小结 98
习题 98

第4章　图像增强　99

4.1　逐点强度变换——像素变换 100
4.1.1　对数变换 101
4.1.2　幂律变换 103
4.1.3　对比度拉伸 104
4.1.4　二值化 108

4.2　直方图处理——直方图均衡化和直方图匹配 112
4.2.1　基于 scikit-image 的对比度拉伸和直方图均衡化 113
4.2.2　直方图匹配 117

4.3　线性噪声平滑 120
4.3.1　PIL 平滑 120
4.3.2　基于 SciPy ndimage 进行盒核与高斯核平滑比较 124

4.4　非线性噪声平滑 124
4.4.1　PIL 平滑 125
4.4.2　scikit-image 平滑（去噪） 127
4.4.3　SciPy ndimage 平滑 131

小结 132
习题 133

第5章　应用导数方法实现图像增强　134

5.1　图像导数——梯度和拉普拉斯算子 134
5.1.1　导数与梯度 135
5.1.2　拉普拉斯算子 138
5.1.3　噪声对梯度计算的影响 140

5.2 锐化和反锐化掩模 141
5.2.1 使用拉普拉斯滤波器锐化图像 141
5.2.2 反锐化掩模 142
5.3 使用导数和滤波器进行边缘检测 144
5.3.1 用偏导数计算梯度大小 145
5.3.2 scikit-image 的 Sobel 边缘检测器 146
5.3.3 scikit-image 的不同边缘检测器——Prewitt、Roberts、Sobel、Scharr 和 Laplace 148
5.3.4 scikit-image 的 Canny 边缘检测器 151
5.3.5 LoG 滤波器和 DoG 滤波器 152
5.3.6 基于 LoG 滤波器的边缘检测 157
5.3.7 基于 PIL 发现和增强边缘 159
5.4 图像金字塔——融合图像 160
5.4.1 scikit-image transform pyramid 模块的高斯金字塔 160
5.4.2 scikit-image transform pyramid 模块的拉普拉斯金字塔 162
5.4.3 构造高斯金字塔 164
5.4.4 仅通过拉普拉斯金字塔重建图像 168
5.4.5 基于金字塔的图像融合 170
小结 172
习题 173

第 6 章 形态学图像处理 174
6.1 基于 scikit-image 形态学模块的形态学图像处理 174
6.1.1 对二值图像的操作 175
6.1.2 利用开、闭运算实现指纹清洗 183
6.1.3 灰度级操作 184
6.2 基于 scikit-image filter.rank 模块的形态学图像处理 185

6.2.1　形态学对比度增强 186
　　6.2.2　使用中值滤波器去噪 187
　　6.2.3　计算局部熵 188
6.3　基于SciPy ndimage.morphology模块的形态学图像处理 189
　　6.3.1　填充二值对象中的孔洞 189
　　6.3.2　采用开、闭运算去噪 190
　　6.3.3　计算形态学Beucher梯度 191
　　6.3.4　计算形态学拉普拉斯 193
小结 194
习题 194

第7章　图像特征提取与描述符　196

7.1　特征检测器与描述符 196
7.2　哈里斯角点检测器 198
　　7.2.1　scikit-image包 198
　　7.2.2　哈里斯角点特征在图像匹配中的应用 200
7.3　基于LoG、DoG和DoH的斑点检测器 204
　　7.3.1　高斯拉普拉斯 204
　　7.3.2　高斯差分 205
　　7.3.3　黑塞矩阵 205
7.4　基于方向梯度直方图的特征提取 206
　　7.4.1　计算HOG描述符的算法 206
　　7.4.2　基于scikit-image计算HOG描述符 207
7.5　尺度不变特征变换 208
　　7.5.1　计算SIFT描述符的算法 208
　　7.5.2　opencv和opencv-contrib的SIFT函数 209
　　7.5.3　基于BRIEF、SIFT和ORB匹配图像的应用 210

7.6 类 Haar 特征及其在人脸检测中的应用 ·············· 217
    7.6.1 基于 scikit-image 的类 Haar 特征描述符 ·············· 218
    7.6.2 基于类 Haar 特征的人脸检测的应用 ·············· 219
小结 ·············· 222
习题 ·············· 222

第 8 章 图像分割   223

8.1 图像分割的概念 ·············· 223
8.2 霍夫变换——检测图像中的圆和线 ·············· 224
8.3 二值化和 Otsu 分割 ·············· 227
8.4 基于边缘/区域的图像分割 ·············· 229
    8.4.1 基于边缘的图像分割 ·············· 229
    8.4.2 基于区域的图像分割 ·············· 231
8.5 基于菲尔森茨瓦布高效图的分割算法、SLIC 算法、快速移位图像分割算法、紧凑型分水岭算法及使用 SimpleITK 的区域生长算法 ·············· 234
    8.5.1 基于菲尔森茨瓦布高效图的分割算法 ·············· 235
    8.5.2 SLIC 算法 ·············· 238
    8.5.3 快速移位图像分割算法 ·············· 240
    8.5.4 紧凑型分水岭算法 ·············· 241
    8.5.5 使用 SimpleITK 的区域生长算法 ·············· 243
8.6 活动轮廓算法、形态学蛇算法和基于 OpenCV 的 GrabCut 图像分割算法 ·············· 245
    8.6.1 活动轮廓算法 ·············· 245
    8.6.2 形态学蛇算法 ·············· 247
    8.6.3 基于 OpenCV 的 GrabCut 图像分割算法 ·············· 250
小结 ·············· 253
习题 ·············· 253

第9章 图像处理中的经典机器学习方法 ... 255

9.1 监督学习与无监督学习 ... 255
9.2 无监督机器学习——聚类、PCA 和特征脸 ... 256
9.2.1 基于图像分割与颜色量化的 k 均值聚类算法 ... 256
9.2.2 用于图像分割的谱聚类算法 ... 260
9.2.3 PCA 与特征脸 ... 261
9.3 监督机器学习——基于手写数字数据集的图像分类 ... 268
9.3.1 下载 MNIST（手写数字）数据集 ... 270
9.3.2 可视化数据集 ... 270
9.3.3 通过训练 KNN、高斯贝叶斯和 SVM 模型对 MNIST 数据集分类 ... 272
9.4 监督机器学习——目标检测 ... 278
9.4.1 使用类 Haar 特征的人脸检测和使用 AdaBoost 的级联分类器——Viola-Jones 算法 ... 279
9.4.2 使用基于 HOG 特征的 SVM 检测目标 ... 283
小结 ... 287
习题 ... 287

第10章 图像处理中的深度学习——图像分类 ... 289

10.1 图像处理中的深度学习 ... 289
10.1.1 什么是深度学习 ... 290
10.1.2 经典学习与深度学习 ... 290
10.1.3 为何需要深度学习 ... 292
10.2 卷积神经网络 ... 292
10.3 使用 TensorFlow 或 Keras 进行图像分类 ... 295
10.3.1 使用 TensorFlow 进行图像分类 ... 295
10.3.2 使用 Keras 对密集全连接层进行分类 ... 302
10.3.3 使用基于 Keras 的卷积神经网络进行分类 ... 306

10.4　应用于图像分类的主流深度卷积神经网络 ……………………………… 311

小结 ……………………………………………………………………………… 322

习题 ……………………………………………………………………………… 322

第 11 章　图像处理中的深度学习——目标检测等　323

11.1　YOLO v2 ……………………………………………………………………… 323

11.1.1　对图像进行分类与定位以及目标检测 ……………………………… 324

11.1.2　使用卷积神经网络检测目标 ………………………………………… 325

11.1.3　使用 YOLO v2 ………………………………………………………… 326

11.2　利用 DeepLab v3+ 的深度语义分割 ………………………………………… 333

11.2.1　语义分割 ……………………………………………………………… 334

11.2.2　DeepLab v3+ ………………………………………………………… 334

11.3　迁移学习——什么是迁移学习以及什么时候使用迁移学习 ……………… 337

11.4　使用预训练的 Torch 模型和 cv2 实现神经风格迁移 ……………………… 342

11.4.1　了解 NST 算法 ………………………………………………………… 342

11.4.2　使用迁移学习实现 NST ……………………………………………… 342

11.4.3　计算总损失 …………………………………………………………… 344

11.5　使用 Python 和 OpenCV 实现神经风格迁移 ……………………………… 344

小结 ……………………………………………………………………………… 347

习题 ……………………………………………………………………………… 347

第 12 章　图像处理中的其他问题　348

12.1　接缝雕刻 ……………………………………………………………………… 348

12.1.1　使用接缝雕刻进行内容感知的图像大小调整 ……………………… 349

12.1.2　使用接缝雕刻移除目标 ……………………………………………… 352

12.2　无缝克隆和泊松图像编辑 …………………………………………………… 354

12.3　图像修复 ……………………………………………………………………… 356

12.4 变分图像处理 ···358
　　12.4.1 全变分去噪 ··359
　　12.4.2 使用全变分去噪创建平面纹理卡通图像 ·····································361
12.5 图像绗缝 ··362
　　12.5.1 纹理合成 ··362
　　12.5.2 纹理迁移 ··362
12.6 人脸变形 ··363
小结 ··364
习题 ··364

第 1 章 图像处理入门

图像处理，顾名思义，可以简单地定义为利用计算机算法（通过代码）对图像进行分析、操作的处理技术。它包括如下不同的几个方面：图像的存储、表示、提取、操作、增强、复原和解释。本章将对图像处理技术的各个方面进行基本介绍，并介绍使用 Python 库进行图像处理实践编程。本书中的所有示例代码都基于 Python 3 编写。

本章首先介绍图像处理的概念，并介绍图像处理的应用；其次介绍图像处理的基本流程，即在计算机上处理图像的一般步骤；再次介绍用于图像处理的不同 Python 库及如何在 Python 3 下安装它们；接下来介绍如何使用不同的库编写 Python 代码读/写（存储）图像；之后介绍 Python 中用于表示图像的数据结构以及如何显示图像；最后介绍不同的图像类型和图像文件格式，以及如何用 Python 执行基本的图像操作。

学习本章后，读者应该能够了解图像处理的概念、图像处理的步骤和图像处理的应用；能够从不同的 Python 图像处理库导入和调用函数；能够了解 Python 中存储不同图像类型的数据结构，能够用不同的 Python 库读/写图像文件，并能利用 Python 库编写 Python 代码来执行基本图像操作。

本章主要包括以下内容：

- 图像处理的概念及其应用；
- 图像处理的步骤；
- 如何在 Python 中安装不同的图像处理库；
- 如何用 Python 进行图像输入/输出和显示；
- 处理不同的文件格式和图像类型，并执行基本的图像操作。

1.1 什么是图像处理及图像处理的应用

什么是图像？它是如何存储在计算机里的？用 Python 编程如何处理？

1.1.1 什么是图像以及图像是如何存储的

从概念上讲，形式最简单的图像（**单通道**，例如二值或单色，灰度或黑白图像）是一个二维函数 $f(x,y)$，即将坐标点映射为与点的强度/颜色相关的整数/实数。点称为**像素**或**图像基本单位**（图像元素）。一幅图像可以有多个通道，例如，对于彩色 RGB 图像，可以使用颜色表示三通道——红、绿、蓝。彩色 RGB 图像的像素点(x,y)可以表示为三元组$(r_{x,y}, g_{x,y}, b_{x,y})$。

为了能够在计算机上描述图像，对于图像 $f(x,y)$，我们必须在空间和振幅两方面对其进行数字化。空间坐标(x,y)的数字化称为**图像采样**，振幅数字化称为**灰度量化**。在计算机中，通常将像素通道所对应的值表示为整数（0～255）或浮点数（0～1）。可以将图像存储为不同类型（格式）的文件。每个文件通常包括元数据和多维数组的数据（例如，二值或灰度图像的二维数组，RGB 和 YUV 彩色图像的三维数组）。图 1-1 显示了如何将图像数据存储为不同类型图像的数组。可以看到，对于灰度图像，用"宽度×高度"（二维数组）的模式足以存储；而对于 RGB 图像，则需要用"宽度×高度×3"（三维数组）的模式存储。

二值图像、灰度图像和 RGB 图像如图 1-2 所示。

本书重点讨论图像数据的处理，用 Python 库实现从图像中提取数据，并运用算法进行图像处理。样本图像均取自互联网——伯克利图像分割数据集、基准数据集和 USC-SIPI 图像数据库，其中大多是用于图像处理的标准图像。

1.1 什么是图像处理及图像处理的应用

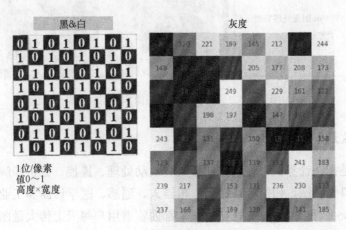

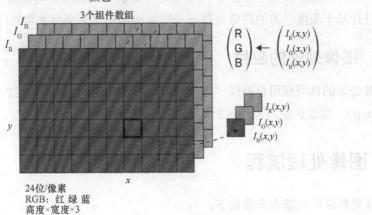

图 1-1　图像的存储

图 1-2 二值图像、灰度图像和 RGB 图像

1.1.2 什么是图像处理

图像处理是指在计算机上使用算法和代码自动处理、操控、分析和解释图像,广泛应用于诸多学科和领域,如电视、摄影、机器人、遥感、医学诊断和工业检验。像大众所熟知的 Facebook 和 Instagram 社交网站,都面临着用户每天上传大量图片的情况,需要使用图像处理算法或对图像处理算法进行创新来处理上传的图片。

在本书中,我们用 Python 包来处理图像:首先,用一组库来做经典的图像处理——提取图像数据,用库函数的算法将数据转换为预处理、增强、复原、表示(用描述符)、分割、分类、检测和识别(对象),从而更好地分析、理解和解释数据;其次,我们用另一组库进行基于深度学习的图像处理——这种技术近年来变得非常热门。

1.1.3 图像处理的应用

图像处理的典型应用包括医学/生物领域的应用(如 X 射线和 CT 扫描)、计算摄影(Photoshop)、指纹认证、人脸识别等。

1.2 图像处理流程

图像处理流程的基本步骤如下。

(1)图像的获取与存储。获取图像(如使用相机获取),并以文件的形式(如 JPEG 文件)将其存储在某些设备(如硬盘)上。

(2)加载图像数据至内存并存盘。从磁盘读取图像数据至内存,使用某种数据结构(如 `numpy ndarray`)作为存储结构,之后将数据结构序列化到一个图像文件中,也可能是在对图像运行了算法之后。

（3）操作、增强和复原。需运行预处理算法完成如下任务。

① 图像转换（采样和操作，如灰度转换）。

② 图像质量增强（滤波，如图像由模糊变清晰）。

③ 图像去噪，图像复原。

（4）图像分割。为了提取感兴趣的对象，需要对图像进行分割。

（5）信息提取/表示。图像需以其他形式表示，如表示为以下几项。

① 某些可从图像中计算出来的人工标识的特征描述符（如 HOG 描述符、经典图像处理）。

② 某些可自动从图像中学习的功能（例如，在深度学习神经网络的隐藏层中学到权重和偏差值）。

③ 以另一种表示方法表示图像。

（6）图像理解/图像解释。以下表示形式可用于更好地理解图像。

① 图像分类（例如，图像是否包含人类对象）。

② 对象识别（例如，在带有边框的图像中查找 car 对象的位置）。

图像处理流程如图 1-3 所示。

用于各种图像处理任务的不同模块如图 1-4 所示。除此之外，还会用到以下图像处理模块。

（1）scipy.ndimage 和 opencv 用于不同图像处理。

（2）scikit-learn 用于经典的机器学习。

（3）tensorflow 和 keras 用于深度学习。

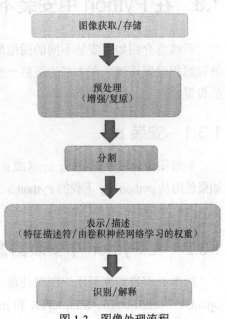

图 1-3　图像处理流程

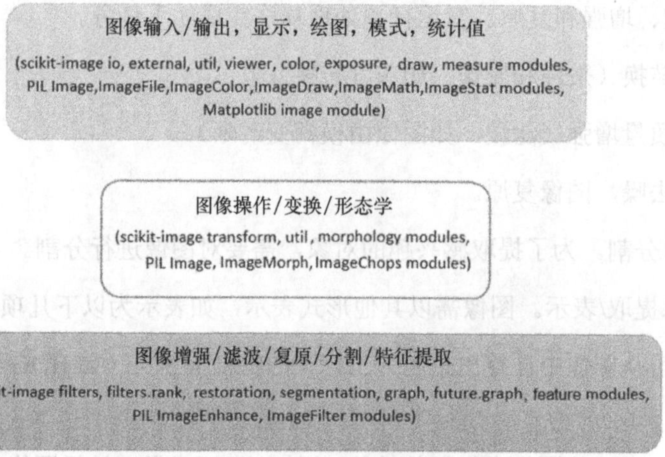

```
图像输入/输出，显示，绘图，模式，统计值
(scikit-image io, external, util, viewer, color, exposure, draw, measure modules,
PIL Image, ImageFile, ImageColor, ImageDraw, ImageMath, ImageStat modules,
Matplotlib image module)
```

```
图像操作/变换/形态学
(scikit-image transform, util, morphology modules,
PIL Image, ImageMorph, ImageChops modules)
```

```
图像增强/滤波/复原/分割/特征提取
(scikit-image filters, filters.rank, restoration, segmentation, graph, future.graph, feature modules,
PIL ImageEnhance, ImageFilter modules)
```

图 1-4 用于图像处理任务的不同模块

1.3 在 Python 中安装不同的图像处理库

后续将介绍如何安装不同的图像处理库，并为用 Python 经典图像处理技术进行图像处理编程设置环境。在本书的最后一些章节使用基于深度学习的方法时，需要使用不同的设置。

1.3.1 安装 pip

安装图像处理库要用到 pip（或 pip3）工具。因此，如果还没安装它，先安装 pip。如果使用从 python.org 下载的 Python 3 或 3.4 及以上的版本，或者已工作在由 virtualenv 或 pyvenv 创建的虚拟环境中，则说明 pip 已经安装好了，只需要确保 pip 升级即可。

1.3.2 在 Python 中安装图像处理库

Python 有许多库可用于图像处理，如 NumPy、SciPy、scikit-image、PIL（Pillow）、OpenCV、scikit-learn、SimpleITK 和 matplotlib。matplotlib 库主要用于图像显示，而 numpy 主要用于图像存储，scikit-learn 库构建用于图像处理的机器学习模型，scipy 主要用于图像增强，scikit-image、mahotas 和 opencv 库用于不同的图像处理算法。

以下代码展示了通过 Python 提示符（交互模式），如何下载安装所需的库：

```
>>> pip install numpy
>>> pip install scipy
>>> pip install scikit-image
>>> pip install scikit-learn
>>> pip install pillow
>>> pip install SimpleITK
>>> pip install opencv-python
>>> pip install matplotlib
```

如果操作系统平台不同,可能还会用到一些附加的安装说明。读者应该浏览文档站点来获取每个库在特定平台详细安装库的说明。此外,读者应该熟悉 Stack Overflow 等网站,以解决不同平台依赖安装库的问题。

最后,可以通过 Python 提示符导入库来验证库是否安装正确。如果库成功导入(没有抛出错误消息),那么安装没有问题。可以将安装的库的版本是可以输出到控制台的。

scikit-image 和 PIL Python 库的版本如下面的代码所示:

```
>>> import skimage, PIL, numpy
>>> print(skimage.__version__)
# 0.14.0
>>> PIL.__version__
# 5.1.0
>>> numpy.__version__
# 1.14.5
```

要确保所有库为最新版本。

1.3.3　安装 Anaconda 发行版

请下载并安装最新版本的 Anaconda 发行版,以免去直接安装众多的 Python 包的麻烦。

1.3.4　安装 Jupyter 笔记本

如果用 Jupyter 笔记本来编写 Python 代码,需要先通过 Python 提示符安装 jupyter 包,即首先使用>>>pip install jupyter,然后使用>>>jupyter notebook,在浏览器中启动 Jupyter Notebook 应用程序。这时在应用程序中就可以新建 Python 笔记本并选择核了。如果使用的是 Anaconda,就不需要显式安装 Jupyter,因为最新的 Anaconda 发行版本附带了 Jupyter。

1.4 使用 Python 进行图像输入/输出和显示

由于图像是作为文件存储在磁盘上的，因此从文件中读取和写入图像是磁盘输入/输出操作。可以通过多种方式使用不同的库完成这些任务，本节给出了其中一些方式。从导入所有必需的包开始，代码如下：

```
# for inline image display inside notebook
# % matplotlib inline
import numpy as np
from PIL import Image, ImageFont, ImageDraw
from PIL.ImageChops import add, subtract, multiply, difference, screen
import PIL.ImageStat as stat
from skimage.io import imread, imsave, imshow, show, imread_collection, imshow_collection
from skimage import color, viewer, exposure, img_as_float, data
from skimage.transform import SimilarityTransform, warp, swirl
from skimage.util import invert, random_noise, montage
import matplotlib.image as mpimg
import matplotlib.pylab as plt
from scipy.ndimage import affine_transform, zoom
from scipy import misc
```

1.4.1 使用 PIL 读取、保存和显示图像

PIL 的 `open()` 函数用于从 Image 对象的磁盘读取图像，如下面的代码所示。图像作为 `PIL.PngImagePlugin.PngImageFile` 类的对象加载，读者可以用宽度、高度和模式等属性来查找图像的大小[宽度×高度（像素）或分辨率]和模式。

```
im = Image.open("../images/parrot.png") # read the image, provide the
correct path
print(im.width, im.height, im.mode, im.format, type(im))
# 453 340 RGB PNG <class 'PIL.PngImagePlugin.PngImageFile'>
im.show() # display the image
```

运行上述代码，输出结果如图 1-5 所示，从文件中读取图像，然后再将图像显示在屏幕上。

用 PIL 函数 `convert()` 将彩色 RGB 图像转换为灰度图像，代码如下：

```
im_g = im.convert('L')                 # convert the RGB color image to a
                                        grayscale image
im_g.save('../images/parrot_gray.png')  # save the image to disk
Image.open("../images/parrot_gray.png").show() # read the grayscale image from disk and show
```

运行上述代码，结果如图 1-6 所示，输出的是鹦鹉的灰度图像。

图 1-5　读取的鹦鹉图像

图 1-6　输出鹦鹉的灰度图像

提供磁盘上图像的正确路径

建议创建一个文件夹（子目录）来存储要处理的图像（例如，对于 Python 代码示例，建议读者使用名为 images 的文件夹来存储图像），然后提供文件夹的路径以访问图像，以免出现"找不到文件"的异常。

1.4.2 使用 matplotlib 读取、保存和显示图像

接下来演示如何使用 matplotlib.image 中的 imread() 函数来读取浮点 numpy ndarray 中的图像,其中,像素值表示为介于 0 和 1 之间的真值。代码如下:

```
im = mpimg.imread("../images/hill.png") # read the image from disk as a numpy ndarray
print(im.shape, im.dtype, type(im))     # this image contains an α channel, hence num_channels= 4
# (960, 1280, 4) float32 <class 'numpy.ndarray'>
plt.figure(figsize=(10,10))
plt.imshow(im) # display the image
plt.axis('off')
plt.show()
```

运行上述代码,输出结果如图 1-7 所示。

图 1-7 用 imread() 函数读取的山峰图像

接下来展示如何将图像更改为较暗的图像。首先将所有像素值设置为 0 和 0.5 之间的数,然后将 numpy ndarray 保存到磁盘。保存的图像将重新加载并显示。代码如下:

```
im1 = im
im1[im1 < 0.5] = 0   # make the image look darker
plt.imshow(im1)
plt.axis('off')
```

```
plt.tight_layout()
plt.savefig("../images/hill_dark.png")        # save the dark image
im = mpimg.imread("../images/hill_dark.png")  # read the dark image
plt.figure(figsize=(10,10))
plt.imshow(im)
plt.axis('off') # no axis ticks
plt.tight_layout()
plt.show()
```

运行上述代码，输出结果为较暗的山峰图像，如图 1-8 所示。

图 1-8 较暗的山峰图像

使用 matplotlib imshow() 在显示时插值

matplotlib 中的 `imshow()` 函数提供了多种不同类型的插值方法用以绘制图像。当所绘制的图像很小时，这些方法特别有用。通过图 1-9 所示的尺寸为 50×50 的 Lena 图像来查看用不同插值方法绘制图像的效果。

如下代码演示了如何通过 `imshow()` 函数使用不同的插值方法：

图 1-9 Lena 图像

```
im = mpimg.imread("../images/lena_small.jpg") # read the image from disk as
a numpy ndarray
methods = ['none', 'nearest', 'bilinear', 'bicubic', 'spline16', 'lanczos']
fig, axes = plt.subplots(nrows=2, ncols=3, figsize=(15, 30),subplot_kw={'xticks': [],
 'yticks': []})
```

```
fig.subplots_adjust(hspace=0.05, wspace=0.05)
for ax, interp_method in zip(axes.flat, methods):
 ax.imshow(im, interpolation=interp_method)
 ax.set_title(str(interp_method), size=20)
plt.tight_layout()
plt.show()
```

运行上述代码，输出结果如图 1-10 所示。

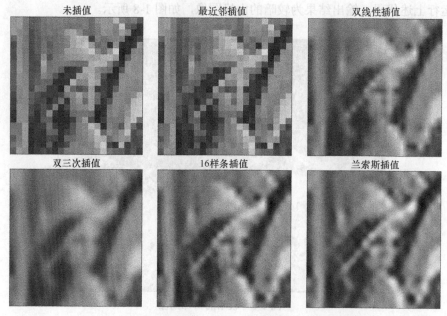

图 1-10　使用不同插值方法对 Lena 图像进行处理的效果

1.4.3　使用 scikit-image 读取、保存和显示图像

以下代码演示了如何用 scikit-image 中的 imread() 函数读取 numpy ndarray 中的图像。图像类型为 uint8（8 位无符号整数），因此图像像素值是介于 0 和 255 之间的数。然后，用 hsv2rgb() 函数从 Image.color 模块将彩色 RGB 图像转换为 HSV 图像（更改图像类型或模式，本书稍后讨论）。接下来，将所有像素点的饱和度（色彩）更改为常量值，但色调和值通道保持不变。这样，图像就被 rgb2hsv() 函数转换回了 RGB 模式，从而创建新图像，并保存和显示图像。

```
im = imread("../images/parrot.png")       # read image from disk, provide the
 correct path
print(im.shape, im.dtype, type(im))
```

```
# (362, 486, 3) uint8 <class 'numpy.ndarray'>
hsv = color.rgb2hsv(im) # from RGB to HSV color space
hsv[:, :, 1] = 0.5 # change the saturation
im1 = color.hsv2rgb(hsv) # from HSV back to RGB
imsave('../images/parrot_hsv.png', im1) # save image to disk
im = imread("../images/parrot_hsv.png")
plt.axis('off'), imshow(im), show()
```

运行上述代码,输出结果如图 1-11 所示。这是一张饱和度发生了变化的鹦鹉新图像。

图 1-11　饱和度发生了变化的鹦鹉新图像

还可以用 scikit-image 的 viewer 模块在弹出窗口中显示图像,代码如下:

```
viewer = viewer.ImageViewer(im)
viewer.show()
```

1. 使用 scikit-image 的 astronaut 数据集

以下代码显示了如何使用 data 模块从 scikit-image 库的图像数据集中加载 astronaut(宇航员)图像。该模块包含一些其他流行的数据集,如 cameraman 数据集,该数据集可以用类似的方法加载。

```
im = data.astronaut()
imshow(im), show()
```

运行上述代码,输出结果如图 1-12 所示。

图 1-12　使用 data 模块加载宇航员图像

2. 一次性同时读取和显示多个图像

可以用 scikit-image 的 io 模块中的 imread_collection() 函数将文件名中具有特定模式的所有图像加载到一个文件夹中,并用 imshow_collection() 函数同时显示它们。具体代码实现留给读者作为练习。

1.4.4　使用 SciPy 的 misc 模块读取、保存和显示图像

SciPy 的 misc 模块也可用于图像的输入/输出和显示。下面将演示如何使用 misc 模块的函数。

使用 misc 模块的 face 数据集

以下代码展示了如何显示 misc 模块的 face 数据集:

```
im = misc.face() # load the raccoon's face image
misc.imsave('face.png', im) # uses the Image module (PIL)
plt.imshow(im), plt.axis('off'), plt.show()
```

运行上述代码,输出结果如图 1-13 所示,即显示了 misc 模块的 face 图像。

图 1-13 浣熊脸部图像

读者可以使用 misc.imread() 从磁盘读取图像,代码如下:

```
im = misc.imread('../images/pepper.jpg')
print(type(im), im.shape, im.dtype)
# <class 'numpy.ndarray'> (225, 225, 3) uint8
```

由于 I/O 函数的 imread() 在 SciPy 1.0.0 中已被弃用,在 1.2.0 中也即将被删除,因此文档建议使用 imageio 库代替。如下代码展示了如何使用 imageio.imread() 函数读取图像,以及如何使用 matplotlib 显示图像:

```
import imageio
im = imageio.imread('../images/pepper.jpg')
print(type(im), im.shape, im.dtype)
# <class 'imageio.core.util.Image'> (225, 225, 3) uint8
plt.imshow(im), plt.axis('off'), plt.show()
```

运行上述代码,输出结果如图 1-14 所示。

图 1-14 读取与显示的辣椒图像

1.5 处理不同的文件格式和图像类型,并执行基本的图像操作

本节将讨论处理不同的文件格式和图像类型,并执行基本的图像操作。

1.5.1 处理不同的文件格式和图像类型

图像可以以不同的文件格式和不同的模式（类型）保存。接下来我们将讨论如何使用 Python 库来处理不同的文件格式和类型的图像。

1. 文件格式

图像文件可以有不同的格式，其中一些流行的格式包括 BMP（8 位、24 位、32 位）、PNG、JPG（JPEG）、GIF、PPM、PNM 和 TIFF。读者不需要担心图像文件的特定格式（如何存储元数据）以及从中提取数据。

Python 图像处理库将读取图像，并提取数据和一些其他有用的信息（例如图像尺寸、类型/模式和数据类型）。

从一种文件格式转换为另一种文件格式 使用 PIL 可以读取一种文件格式的图像并将其保存为另一种文件格式，将 PNG 格式的图像保存为 JPG 格式的图像的代码如下：

```
im = Image.open("../images/parrot.png")
print(im.mode)

# RGB
im.save("../images/parrot.jpg")
```

但如果 PNG 文件是在 RGBA 模式下，则读者在将其保存为 JPG 格式之前需要将其转换为 RGB 模式，否则将报错。以下代码展示了先转换再保存的方法：

```
im = Image.open("../images/hill.png")
print(im.mode)
# RGBA
im.convert('RGB').save("../images/hill.jpg") # first convert to RGB mode
```

2. 图像类型（模式）

图像可以是以下不同的类型。

（1）单通道图像。每个像素由单个值表示。包括二值（单色）图像（每个像素由一个 0～1 位表示）和灰度图像（每个像素由 8 位表示，其值通常在 0～255 内）都是单通道图像。

（2）多通道图像。每个像素由一组值表示。多通道图像包括三通道图像和四通道图像。

① 三通道图像。RGB 图像和 HSV 图像都是三通道图像。RGB 图像的每个像素由三元组（r, g, b）值表示，这三个值分别表示每个像素的红色、绿色和蓝色的通道颜色值。HSV 图像的每个像素由三元组（h, s, v）值表示，这三个值分别表示每个像素的色调（颜色）、饱和度（色彩，即颜色与白色的混合程度）和值（亮度，即颜色与黑色的混合程度）的通道颜色值。HSV 模型描述颜色的方式与人眼感知颜色的方式是相似的。

② 四通道图像。RGBA 图像的每个像素由四元组（r, g, b, a）值表示，其中最后一个通道表示透明度。

一种图像模式转换为另一种图像模式　例如，读者可以在读取图像本身的同时将 RGB 图像转换为灰度图像，如下面的代码所示：

```
im = imread("images/parrot.png", as_gray=True)
print(im.shape)
#(362L, 486L)
```

请注意，在将某些彩色图像转换为灰度图像时，可能会丢失一些信息。以下代码显示了使用石原板（Ishihara plate）检测色盲这样一个例子，这里使用 color 模块中的 rgb2gray() 函数，彩色图像和灰度图像并排显示。

```
im = imread("../images/Ishihara.png")
im_g = color.rgb2gray(im)
plt.subplot(121), plt.imshow(im, cmap='gray'), plt.axis('off')
plt.subplot(122), plt.imshow(im_g, cmap='gray'), plt.axis('off')
plt.show()
```

运行上述代码，输出结果如图 1-15 所示。可以看到，彩色图像转换成了灰度图像。在彩色图像中，数字 8 是可见的，而在转换后的灰色版本图像中，数字 8 几乎不可见。

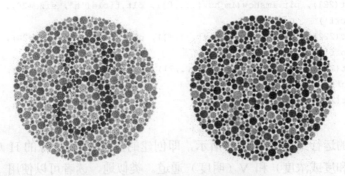

图 1-15　彩色图像至灰色图像的转换

3. 一些颜色空间（通道）

图像的几个常用通道/颜色空间包括 RGB、HSV、XYZ、YUV、YIQ、YPbPr、YCbCr 和 YDbDr。我们可以使用仿射映射将图像从一个颜色空间转换到另一个颜色空间。RGB 颜色空间与 YIQ 颜色空间的线性映射关系矩阵如图 1-16 所示。

RGB 到 YIQ

$$\begin{bmatrix} Y \\ I \\ Q \end{bmatrix} = \begin{bmatrix} 0.299 & 0.587 & 0.114 \\ 0.596 & -0.274 & -0.322 \\ 0.211 & -0.523 & 0.312 \end{bmatrix} \begin{bmatrix} R \\ G \\ B \end{bmatrix}$$

YIQ 到 RGB

$$\begin{bmatrix} R \\ G \\ B \end{bmatrix} = \begin{bmatrix} 1 & 0.956 & 0.621 \\ 1 & -0.272 & -0.647 \\ 1 & -1.106 & 1.703 \end{bmatrix} \begin{bmatrix} Y \\ I \\ Q \end{bmatrix}$$

图 1-16 RGB 颜色空间与 YIQ 颜色空间的线性映射关系矩阵

从一个颜色空间转换到另一个颜色空间 读者可以使用库函数将图像从一个颜色空间转换到另一个颜色空间，例如将图像从 RGB 颜色空间转换为 HSV 颜色空间，代码如下所示：

```
im = imread("../images/parrot.png")
im_hsv = color.rgb2hsv(im)
plt.gray()
plt.figure(figsize=(10,8))
plt.subplot(221), plt.imshow(im_hsv[...,0]), plt.title('h', size=20),
plt.axis('off')
plt.subplot(222), plt.imshow(im_hsv[...,1]), plt.title('s', size=20),
plt.axis('off')
plt.subplot(223), plt.imshow(im_hsv[...,2]), plt.title('v', size=20),
plt.axis('off')
plt.subplot(224), plt.axis('off')
plt.show()
```

上述代码的运行结果如图 1-17 所示，即创建的鹦鹉 HSV 图像的 H（hue 或 color：色调）、S（饱和度或浓度）和 V（明度）通道。类似地，读者可以使用 `rgb2yuv()` 函数将图像转换到 YUV 颜色空间。

1.5 处理不同的文件格式和图像类型,并执行基本的图像操作

图 1-17 从 RGB 颜色空间转换到 HSV 颜色空间的鹦鹉图像

4. 用于存储图像的数据结构

如前所述,PIL 使用 Image 对象存储图像,而 scikit-image 使用 numpy ndarray 数据结构存储图像数据。接下来,我们将描述如何在这两种数据结构之间进行转换。

转换图像数据结构 如下代码将展示如何从 PIL 的 Image 对象转换为 numpy ndarray(由 scikit-image 使用):

```
im = Image.open('../images/flowers.png') # read image into an Image object with PIL
im = np.array(im) # create a numpy ndarray from the Image object
imshow(im) # use skimage imshow to display the image
plt.axis('off'), show()
```

运行上述代码,输出结果如图 1-18 所示,可以看到,输出的是一幅花的图像。

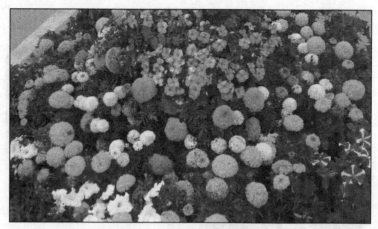

图 1-18 从 PIL 的 image 对象转换为 numpy ndarray 对象

如下代码将展示如何将 numpy ndarray 转换为 PIL 的 image 对象。运行代码后，会看到与图 1-18 相同的输出。

```
im = imread('../images/flowers.png') # read image into numpy ndarray with skimage
im = Image.fromarray(im) # create a PIL Image object from the numpy ndarray
im.show() # display the image with PIL Image.show() method
```

1.5.2 执行基本的图像操作

不同的 Python 库都可以用于基本的图像操作。几乎所有库都以 numpy ndarray 存储图像（例如灰度图像的二维数组和 RGB 图像的三维数组）。彩色 Lena 图像的正 x 和 y 方向（原点是图像二维数组的左上角）如图 1-19 所示。

1. 使用 numpy 数组的切片进行图像处理

如下代码显示了如何使用 numpy 数组的切片和掩模在 Lena 图像上创建圆形掩模：

图 1-19 Lena 彩色图像的坐标方向

```
lena = mpimg.imread("../images/lena.jpg") # read the image from disk as a numpy ndarray
print(lena[0, 40])
# [180  76  83]
# print(lena[10:13, 20:23,0:1]) # slicing
lx, ly, _ = lena.shape
X, Y = np.ogrid[0:lx, 0:ly]
```

```
mask = (X - lx / 2) ** 2 + (Y - ly / 2) ** 2 > lx * ly / 4
lena[mask,:] = 0 # masks
plt.figure(figsize=(10,10))
plt.imshow(lena), plt.axis('off'), plt.show()
```

运行上述代码，输出结果如图 1-20 所示。

简单的图像变形——使用交叉溶解的两个图像的 α 混合

如下代码展示了通过使用如下公式给出的两张图像 numpy ndarrays 的线性组合，如何从一张人脸图像（$image_1$）开始，以另一张人脸图像（$image_2$）结束。

$$(1-\alpha) \cdot image_1 + \alpha \cdot image_2$$

通过迭代地将 α 从 0 增加到 1 来实现图像的变形效果。

图 1-20　Lena 图像的圆形掩模

```
im1 = mpimg.imread("../images/messi.jpg") / 255 # scale RGB values in [0,1]
im2 = mpimg.imread("../images/ronaldo.jpg") / 255
i = 1
plt.figure(figsize=(18,15))
for alpha in np.linspace(0,1,20):
 plt.subplot(4,5,i)
 plt.imshow((1-alpha)*im1 + alpha*im2)
 plt.axis('off')
 i += 1
plt.subplots_adjust(wspace=0.05, hspace=0.05)
plt.show()
```

运行上述代码，输出结果是 α-混合图像的序列。本书后续章节将介绍更加高级的图像变形技术。

2．使用 PIL 进行图像处理

PIL 提供了许多进行图像处理的函数，例如，使用点变换来更改像素值或对图像实现几何变换。在使用 PIL 进行图像处理之前，加载鹦鹉的 PNG 图像，如下面的代码所示：

```
im = Image.open("../images/parrot.png")      # open the image, provide the correct path
print(im.width, im.height, im.mode, im.format) # print image size, mode and format
# 486 362 RGB PNG
```

接下来将介绍如何使用 PIL 执行不同类型的图像操作。

（1）裁剪图像。可以使用带有所需矩形参数的 `crop()` 函数从图像中裁剪相应的区域，如下面的代码所示：

```
im_c = im.crop((175,75,320,200)) # crop the rectangle given by (left, top,right, bottom) from the image
im_c.show()
```

运行上述代码，输出结果如图 1-21 所示，此图即所创建的裁剪图像。

（2）调整图像尺寸。为了增大或缩小图像的尺寸，可以使用 `resize()` 函数，该函数可在内部分别对图像进行上采样或下采样。这部分内容将在下一章中详细讨论。

① 调整为较大的图像。从尺寸为 107×105 的小时钟图像开始，创建一个尺寸较大的图像。如下代码展示了将要处理的小时钟图像：

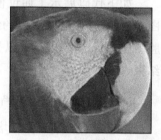

图 1-21　裁剪的鹦鹉图像

```
im = Image.open("../images/clock.jpg")
print(im.width, im.height)
# 107 105
im.show()
```

运行上述代码，输出结果如图 1-22 所示，此图即小时钟图像。

如下代码说明了通过使用双线性插值（一种上采样技术），使用 `resize()` 函数放大先前的输入时钟图像（放大 5 倍），以获得比输入图像放大 25 倍的输出图像。

```
im_large = im.resize((im.width*5, im.height*5), Image.BILINEAR) # bi-linear interpolation
```

有关此技术如何工作的详细信息参见第 2 章。

图 1-22　小时钟图像

② 调整为较小的图像。现在让我们来做相反的事情：从维多利亚纪念堂的大图像（尺寸为 720×540）开始，创建一个尺寸较小的图像。如下代码展示了将要处理的大图像：

```
im = Image.open("../images/victoria_memorial.png")
print(im.width, im.height)
# 720 540
im.show()
```

1.5 处理不同的文件格式和图像类型，并执行基本的图像操作

运行上述代码，输出结果如图 1-23 所示，图为维多利亚纪念堂图像。

图 1-23 维多利亚纪念堂图像

下面一行代码说明了如何使用 resize() 函数来缩小维多利亚纪念堂的当前图像，通过使用抗混叠技术（一种高质量的下采样技术），将图像的宽度和高度都调整为原宽度和高度的 1/5。读者将在第 2 章中看到它是如何实现的。

```
im_small = im.resize((im.width//5, im.height//5), Image.ANTIALIAS)
```

（3）图像负片。可以使用 point() 函数，用单参数函数来转换每个像素值。可以使用它来生成图像负片，如下面的代码所示。像素值用 1 字节无符号整数表示，因此，从最大可能值中减去该值将是每个像素上获得图像反转所需的精确点操作。

```
im = Image.open("../images/parrot.png")
im_t = im.point(lambda x: 255 - x)
im_t.show()
```

运行上述代码，输出结果如图 1-24 所示，图中显示的即是鹦鹉负片图像。

（4）将图像转换为灰度图像。可以使用带有"L"参数的 convert() 函数将 RGB 彩色图像更改为灰度图像，如下面的代码所示：

```
im_g = im.convert('L')   # convert the RGB color image to a grayscale image
```

本书将在接下来的几个灰度转换中使用这个图像。

（5）某些灰度级变换。在这里将探讨两个变换。其中一个使用一个函数，将输入图

像中的每个像素值变换为输出图像的相应像素值。函数 point() 可用于此操作。每个像素的值介于 0 和 255 之间（含 0 和 255）。

图 1-24　鹦鹉负片图像

① 对数变换。对数变换可以有效地压缩具有动态像素值范围的图像。下面的代码使用了点变换进行对数变换：

```
im_g.point(lambda x: 255*np.log(1+x/255)).show()
```

图 1-25 所示为鹦鹉图像的对数变换结果，可以看到，像素值的范围缩小，输入图像中较亮的像素变暗，较暗的像素变亮，从而缩小了像素值的范围。

图 1-25　鹦鹉图像的对数变换

② 幂律变换。幂律变换用作图像的 γ 校正。下面一行代码说明了如何使用 point()

函数进行幂律变换，其中 $\gamma = 0.6$：

```
im_g.point(lambda x: 255*(x/255)**0.6).show()
```

图 1-26 显示了运行上述代码生成的鹦鹉的幂律变换图像。

图 1-26 鹦鹉图像的幂律变换

（6）一些几何变换。本节将讨论另一些变换，这些变换是通过将适当的矩阵（通常用齐次坐标表示）与图像矩阵相乘来完成的。由于这些变换会改变图像的几何方向，因此称这些变换为几何变换。

① 镜像图像。可以使用 transpose() 函数得到在水平或垂直方向上的镜像图像，代码如下所示：

```
im.transpose(Image.FLIP_LEFT_RIGHT).show() # reflect about the vertical axis
```

运行上述代码，得到图 1-27 所示的鹦鹉图像的镜像。

② 旋转图像。可以使用 rotate() 函数将图像旋转一个角度（以度为单位），代码如下所示：

```
im_45 = im.rotate(45)    #rotate the image by 45 degrees
im_45.show()             #show the retated image
```

运行上述代码，输出鹦鹉图像的旋转变换图像，如图 1-28 所示。

③ 在图像上应用仿射变换。二维仿射变换矩阵 **T** 可以应用于图像的每个像素（在齐次坐标中），以进行仿射变换，这种变换通常通过反向映射（扭曲）来实现。

图 1-27 鹦鹉图像的镜像

图 1-28 鹦鹉图像的旋转变换

如下代码所示的是用 shear（剪切）变换矩阵变换输入图像时得到的输出图像。transform()函数中的数据参数是一个六元组（a, b, c, d, e, f），其中包含仿射变换矩阵（affine transform matrix）的前两行。对于输出图像中的每个像素（x, y），新值取自输入图像中的位置（$ax+by+c, dx+ey+f$），使用最接近的像素进行近似。transform()函数可用于缩放、平移、旋转和剪切原始图像。

```
im = Image.open("../images/parrot.png")
im.transform((int(1.4*im.width), im.height), Image.AFFINE,
data=(1,-0.5,0,0,1,0)).show() # shear
```

运行上述代码，所输出的剪切变换图像如图 1-29 所示。

④ 透视变换。通过使用 Image.PERSPECTIVE 参数，可以使用 transform() 函数对图像进行透视变换，如下面的代码所示：

```
params = [1, 0.1, 0, -0.1, 0.5, 0, -0.005, -0.001]
im1 = im.transform((im.width//3, im.height), Image.PERSPECTIVE, params,Image.BICUBIC)
im1.show()
```

运行上述代码，透视投影之后获得的图像如图 1-30 所示。

（7）更改图像的像素值。可以使用 putpixel() 函数更改图像中的像素值。接着讨论使用函数向图像中添加噪声的主流应用。

图 1-29 鹦鹉图像的剪切变换

图 1-30 鹦鹉图像的透视变换

可以通过从图像中随机选择几个像素值，然后将这些像素值的一半设置为黑色，另一半设置为白色，来为图像添加一些椒盐噪声（salt-and-pepper noise）。如下代码展示了如何添加噪声：

```
# choose 5000 random locations inside image
im1 = im.copy() # keep the original image, create a copy
n = 5000
x, y = np.random.randint(0, im.width, n), np.random.randint(0, im.height,n)
for (x,y) in zip(x,y):
    im1.putpixel((x, y), ((0,0,0) if np.random.rand() < 0.5 else
```

```
(255,255,255))) # salt-and-pepper noise
im1.show()
```

运行上述代码,输出噪声图像,如图 1-31 所示。

(8)在图像上绘制图形。可以用 PIL.ImageDraw 模块中的函数在图像上绘制线条或其他几何图形(例如 ellipse() 函数可用于绘制椭圆),如下面的代码所示:

```
im = Image.open("../images/parrot.png")
draw = ImageDraw.Draw(im)
draw.ellipse((125, 125, 200, 250), fill=(255,255,255,128))
del draw
im.show()
```

运行上述代码,输出结果如图 1-32 所示。

图 1-31 添加了椒盐噪声的鹦鹉图像

图 1-32 在鹦鹉图像上绘制椭圆

(9)在图像上添加文本。可以使用 PIL.ImageDraw 模块中的 text() 函数向图像添加文本,如下面的代码所示:

```
draw = ImageDraw.Draw(im)
font = ImageFont.truetype("arial.ttf", 23) # use a truetype font
draw.text((10, 5), "Welcome to image processing with python", font=font)
del draw
im.show()
```

运行上述代码,输出结果如图 1-33 所示。

(10)创建缩略图。可以使用 thumbnail() 函数创建图像的缩略图,如下面的代码所示:

```
im_thumbnail = im.copy() # need to copy the original image first
im_thumbnail.thumbnail((100,100))
# now paste the thumbnail on the image
im.paste(im_thumbnail, (10,10))
im.save("../images/parrot_thumb.jpg")
im.show()
```

运行上述代码，输出结果如图 1-34 所示。

图 1-33　在鹦鹉图像上绘制文本

图 1-34　鹦鹉图像的缩略图

（11）计算图像的基本统计信息。可以使用 stat 模块来计算一幅图像的基本统计信息（不同通道像素值的平均值、中值、标准差等），如下面的代码所示：

```
s = stat.Stat(im)
print(s.extrema) # maximum and minimum pixel values for each channel R, G,B
# [(4, 255), (0, 255), (0, 253)]
print(s.count)
# [154020, 154020, 154020]
print(s.mean)
# [125.41305674587716, 124.43517724970783, 68.38463186599142]
print(s.median)
# [117, 128, 63]
print(s.stddev)
# [47.56564506512579, 51.08397900881395, 39.067418896260094]
```

（12）绘制图像 RGB 通道像素值的直方图。histogram() 函数可用于计算每个通道像素的直方图（像素值与频率表），并返回相关联的输出（例如，对于 RGB 图像，输出包含 3 × 256 = 768 个值），如下面的代码所示：

```
pl = im.histogram()
plt.bar(range(256), pl[:256], color='r', alpha=0.5)
```

```
plt.bar(range(256), pl[256:2*256], color='g', alpha=0.4)
plt.bar(range(256), pl[2*256:], color='b', alpha=0.3)
plt.show()
```

运行上述代码，输出结果如图 1-35 所示，即 RGB 三色直方图。

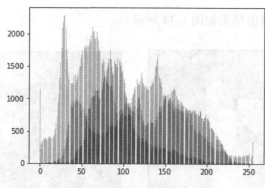

图 1-35 RGB 三色直方图

（13）分离图像的 RGB 通道。可以用 split() 函数来分离多通道图像的通道，如下面的代码可对 RGB 图像实现 RGB 通道的分离：

```
ch_r, ch_g, ch_b = im.split() # split the RGB image into 3 channels: R, G and B
# we shall use matplotlib to display the channels
plt.figure(figsize=(18,6))
plt.subplot(1,3,1); plt.imshow(ch_r, cmap=plt.cm.Reds); plt.axis('off')
plt.subplot(1,3,2); plt.imshow(ch_g, cmap=plt.cm.Greens); plt.axis('off')
plt.subplot(1,3,3); plt.imshow(ch_b, cmap=plt.cm.Blues); plt.axis('off')
plt.tight_layout()
plt.show() # show the R, G, B channels
```

运行上述代码，输出结果如图 1-36 所示，即 R（红色）、G（绿色）和 B（蓝色）通道创建的三个输出图像。

图 1-36 红、绿、蓝通道输出的鹦鹉图像

（14）合并图像的多个通道。可以使用 merge() 函数合并多通道图像的通道，如下面的代码所示。其中颜色通道是通过分离鹦鹉的 RGB 图像，并在红蓝通道交换后合并得到的。

```
im = Image.merge('RGB', (ch_b, ch_g, ch_r)) # swap the red and blue channels obtained
last time with split()
im.show()
```

运行上述代码，输出结果如图 1-37 所示，即合并 B、G 和 R 通道而创建的 RGB 输出图像。

图 1-37　通过合并通道创建的鹦鹉图像

（15）两幅图像的 α-混合。blend() 函数可将一个常量 α 插入两个给定的图像（大小相同），从而创建一个新的图像。两个图像的大小和模式必须相同。输出图像由下式给出：

$$out = (1.0-\alpha) \cdot image_1 + \alpha \cdot image_2$$

如果 α 为 0.0，则返回第一个图像的副本；如果 α 为 1.0，则返回第二个图像的副本。以下代码展示了一个示例：

```
im1 = Image.open("../images/parrot.png")
im2 = Image.open("../images/hill.png")
# 453 340 1280 960 RGB RGBA
im1 = im1.convert('RGBA') # two images have different modes, must be converted to
# the same mode
im2 = im2.resize((im1.width, im1.height), Image.BILINEAR) # two images have different sizes,
#must be converted to the same size
im = Image.blend(im1, im2, alpha=0.5).show()
```

运行上述代码，输出结果如图 1-38 所示，这是混合两个图像生成的输出图像。

图 1-38　鹦鹉图像与山峰图像的 α 混合

（16）两幅图像叠加。通过将两个输入图像（大小相同）的像素相乘，可以将一个图像叠加到另一个图像的顶部。如下代码演示了一个示例：

```
im1 = Image.open("../images/parrot.png")
im2 = Image.open("../images/hill.png").convert('RGB').resize((im1.width,im1.height))
multiply(im1, im2).show()
```

运行上述代码，输出结果如图 1-39 所示，图中即叠加两个图像时生成的输出图像。

图 1-39　鹦鹉与山峰图像的叠加

（17）两幅图像相加。下面的代码展示了如何通过逐个对像素相加的方式，使用两个输入图像（大小相同）生成一个新图像：

```
add(im1, im2).show()
```

运行上述代码，输出结果如图 1-40 所示。

（18）计算两个图像之间的差值。图像差值可以用来检测两个图像之间的变化。如下代码展示了如何计算图像的差值（difference），图像取自 2018 年国际足联世界杯比赛的视频录制（来自 YouTube）中的连续两帧。

图 1-40　鹦鹉与山峰图像的相加

```
from PIL.ImageChops import subtract, multiply, screen, difference, add
im1 = Image.open("../images/goal1.png") # load two consecutive frame images from the video
im2 = Image.open("../images/goal2.png")
im = difference(im1, im2)
im.save("../images/goal_diff.png")

plt.subplot(311)
plt.imshow(im1)
plt.axis('off')
plt.subplot(312)
plt.imshow(im2)
plt.axis('off')
plt.subplot(313)
plt.imshow(im), plt.axis('off')
plt.show()
```

运行上述代码，输出图 1-41 所示的连续两帧图像及两幅图像的差值图像。

第一帧

第二帧

差值图像

图 1-41　国际足联世界杯比赛的连续两帧图像及其差值图像

（19）减去两个图像和叠加两个图像负片。substract()函数的作用是：首先减去两个图像，然后将结果除以比例（默认值为1.0），再加上偏移量（默认值为0.0）。类似地，screen()函数可用于将两个反转图像叠加在一起。

3. 使用 scikit-image 进行图像操作

正如前面使用 PIL 库所做的那样，还可以使用 scikit-image 库函数进行图像操作。下面将展示一些实例。

（1）使用 warp() 函数进行反向扭曲和几何转换。scikit-image 中 transform 模块的 warp() 函数可用于图像几何变换的反向扭曲（在前一节中讨论过），示例如下。

在图像上应用仿射变换　可以使用 SimilarityTransform() 函数来计算变换矩阵，然后使用 warp() 函数来执行变换，如下面的代码所示：

```
im = imread("../images/parrot.png")
tform = SimilarityTransform(scale=0.9,
rotation=np.pi/4,translation=(im.shape[0]/2, -100))
warped = warp(im, tform)
import matplotlib.pyplot as plt
plt.imshow(warped), plt.axis('off'), plt.show()
```

运行上述代码，输出结果如图 1-42 所示。

图 1-42　鹦鹉图像的仿射变换

（2）应用旋流变换（swirl transform）。这是 scikit-image 文档中定义的非线性变换。如下代码展示了如何使用 swirl() 函数来实现变换，其中 strength 是函数的旋流量参数，radius 以像素表示旋流程度，rotation 用来添加旋转角度。

将 radius 变换为 r 是为了确保变换在指定半径内衰减到约 1/1000th。

```
im = imread("../images/parrot.png")
swirled = swirl(im, rotation=0, strength=15, radius=200)
plt.imshow(swirled)
plt.axis('off')
plt.show()
```

运行上述代码，输出图 1-43 所示的通过旋流变换生成的输出图像。

图 1-43　鹦鹉图像的旋流变换

（3）在图像中添加随机高斯噪声。可以使用 random_noise() 函数向图像添加不同类型的噪声。如下代码展示了如何将具有不同方差的高斯噪声添加到图像中：

```
im = img_as_float(imread("../images/parrot.png"))
plt.figure(figsize=(15,12))
sigmas = [0.1, 0.25, 0.5, 1]
for i in range(4):
 noisy = random_noise(im, var=sigmas[i]**2)
 plt.subplot(2,2,i+1)
 plt.imshow(noisy)
 plt.axis('off')
 plt.title('Gaussian noise with sigma=' + str(sigmas[i]), size=20)
plt.tight_layout()
plt.show()
```

运行上述代码，输出图 1-44 所示的添加不同方差的高斯噪声生成的输出图像，从图中可以看到，高斯噪声的标准差越大，输出图像的噪声就越大。

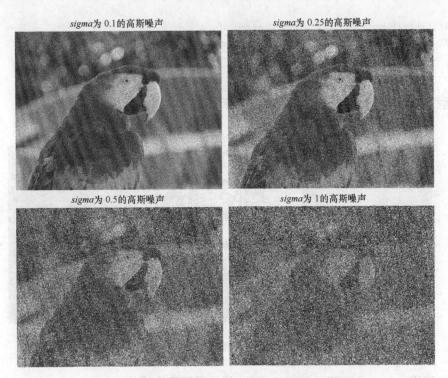

图 1-44 鹦鹉图像添加不同高斯噪声生成的输出图像

(4) 计算图像的累积分布函数。可以使用 cumulative_distribution() 函数计算已知图像的**累积分布函数**（Cumulative Distribution Function，CDF），正如读者将在第 4 章中看到的那样。然而现在，鼓励读者找到这个函数的用法来计算 CDF。

4. 使用 matplotlib 进行图像操作

可以使用 matplotlib 库中的 pylab 模块进行图像操作。为此，接下来将演示一个相应的示例，即为图像绘制轮廓线。图像的轮廓线是一条连接所有像素的曲线，这些像素具有相同的特定值。如下代码演示了如何为爱因斯坦的灰度图像绘制轮廓线和填充轮廓：

```
im = rgb2gray(imread("../images/einstein.jpg")) # read the image from disk as a numpy ndarray
plt.figure(figsize=(20,8))
plt.subplot(131), plt.imshow(im, cmap='gray'), plt.title('Original Image', size=20)
plt.subplot(132), plt.contour(np.flipud(im), colors='k', levels=np.logspace(-15, 15, 100))
```

```
plt.title('Image Contour Lines', size=20)
plt.subplot(133), plt.title('Image Filled Contour', size=20),
plt.contourf(np.flipud(im), cmap='inferno')
plt.show()
```

运行上述代码,输出结果如图 1-45 所示。

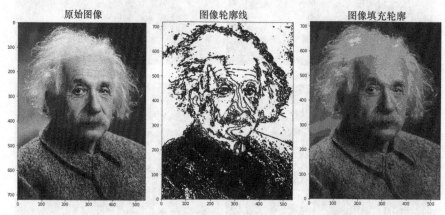

图 1-45 为爱因斯坦图像绘制轮廓线和填充轮廓

5. 使用 scipy.misc 和 scipy.ndimage 模块进行图像操作

也可以使用 scipy 库中的 misc 和 ndimage 模块进行图像操作,这部分留给读者作为练习,请找到相关的函数并熟悉它们的用法。

小结

本章首先介绍了图像处理的入门知识,以及图像处理中所要解决问题的相关基本概念;接着讨论了图像处理的不同任务要求和步骤,以及 Python 中的主要图像处理库,并将使用这些库进行代码编写;接下来说明了如何在 Python 中安装不同的图像处理库,以及如何导入它们并从模块中调用函数;讨论了在 Python 中如何使用不同的库进行图像输入/输出和显示;还介绍了有关图像类型、文件格式和数据结构的基本概念,以使用不同的 Python 库存储图像数据。在第 2 章中,我们将深入研究图像的采样、量化、卷积、傅里叶变换和频域滤波。

习题

1. 使用 `scikit-image` 库的函数来读取图像集,并将它们展示出来。

2. 使用 `SciPy ndimage` 和 `misc` 模块的函数,对图像进行缩放、裁剪、调整大小和仿射变换。

3. 创建一个 Python 翻版的 Gotham Instagram 滤波器(提示:使用 PIL 的 `split()`、`merge()` 和 `numpy interp()` 函数操作图像,创建通道插值)。

4. 使用 `scikit-image` 的 `warp()` 函数来实现旋流变换。注意,旋流变换也可以用以下公式表示:

$$x(u,v) = (u-x_0)\cos(\theta) + (v-y_0)\sin(\theta) + x_0$$
$$y(u,v) = -(u-x_0)\sin(\theta) + (v-y_0)\cos(\theta) + y_0$$
$$r = \sqrt{(u-x_0)^2 + (v-y_0)^2}$$
$$\theta = \frac{\pi r}{512}$$

5. 实现如下所示的波形转换(提示:使用 `scikit-image` 的 `warp()`):

$$x(u,v) = u + 20\sin\left(\frac{2\pi v}{64}\right)$$
$$y(u,v) = v$$

6. 使用 PIL 加载带有调色板的 RGB.png 文件并转换为灰度图像。通过对调色板进行索引,将图 1-46 所示的 RGB 图像(来自 VOC2012 数据集)转换为灰度图像。

7. 为本章中所使用的鹦鹉图像的每个颜色通道绘制 3D 图(提示:使用 `mpl_toolkits.mplot3d` 模块的 `plot_surface()` 函数和 NumPy 的 `meshgrid()` 函数)。

8. 使用 `scikit-image` 变换模块的 `ProjectTransform` 从原始图像到目标图像估计单应矩阵,并使用 `inverse()` 函数将 Lena 图像(或读者自己的图像)嵌入空白画布处,如图 1-47 所示。

图 1-46 RGB 图像

原始图像

目标图像

图 1-47　将 Lena 图像嵌入空白画布处

拓展阅读

- *Digital Image Processing*, a book by Rafael C. Gonzalez and Richard E. Woods for image processing concepts.

第 2 章
采样、傅里叶变换与卷积

本章将阐述如何实现二维信号在时域和频域之间的相互转换。首先，我们将提出"采样"这样一个用于调整图像大小的重要概念，列举采样中所遇到的挑战，并试着用 Python 库中的函数来解决这些问题。其次，介绍图像的量化。量化是指在图像中每个像素所使用的比特数，以及它对图像质量的影响。本章还将介绍**离散傅里叶变换**（Discrete Fourier Transform，DFT）。学完本章，读者可以用 numpy 和 scipy 函数库中的**快速傅里叶变换**（Fast Fourier Transform，FFT）算法实现 DFT，并将其应用于图像的实现。

本章还将介绍二维卷积的相关内容，它能显著加快卷积的速度。首先，我们将给出卷积定理的基本概念，并通过一个实例来澄清"相关"和"卷积"这两个概念之间由来已久的混淆。其次，通过一个 SciPy 的示例，展示如何通过应用互关联的模板来查找图像中特定模式的位置。

本章还将介绍一些滤波技术，以及如何用 Python 库实现它们。读者应该会对用这些滤波器进行图像去噪后所得到的结果感兴趣。

本章主要包括以下内容：

- 图像形成——采样和量化；
- 离散傅里叶变换；
- 理解卷积。

2.1 图像形成——采样和量化

本节将描述图像形成的两个重要概念——采样和量化,并介绍如何使用 PIL 和 scikit-image 库通过采样和颜色量化来调整图像的大小。我们将使用一种实战的方法,并在实践中定义这两个概念。

从导入如下所需要的包开始,如下面的代码所示:

```
% matplotlib inline # for inline image display inside notebook
from PIL import Image
from skimage.io import imread, imshow, show
import scipy.fftpack as fp
from scipy import ndimage, misc, signal
from scipy.stats import signaltonoise
from skimage import data, img_as_float
from skimage.color import rgb2gray
from skimage.transform import rescale
import matplotlib.pylab as pylab
import numpy as np
import numpy.fft
import timeit
```

2.1.1 采样

采样是指对图像像素点的选择/拒绝,是一种空间操作。可以使用采样(上采样或下采样)来增大或缩小图像。在接下来的几节中,将通过示例讨论不同的采样技术。

1. 上采样

正如第 1 章简要介绍的,为了增加图像的大小,需要对图像进行上采样。但问题是新的大图像中会有一些像素在原来的小图像中没有对应的像素,这就需要猜测这些未知像素的值。可以采取以下方法来猜测未知像素的值:

(1)聚合值,例如它最近的一个或多个像素邻域值的平均值;

(2)使用双线性或三次插值的像素邻域的内插值。

基于最近邻的上采样可能会导致质量较差的输出图像,编写如下代码来验证这一点:

```
im = Image.open("../images/clock.jpg") # the original small clock image
pylab.imshow(im), pylab.show()
```

可以看到，原始的小时钟图像如图 2-1 所示。

现在将原始图像的宽度和高度增大 5 倍（从而使图像大小放大了 25 倍），如下面的代码所示：

```
im1 = im.resize((im.width*5, im.height*5),
Image.NEAREST) # nearest neighbor interpolation
    pylab.figure(figsize=(10,10)), pylab.
imshow(im1), pylab.show()
```

这是最近邻的上采样的图像输出，效果不太理想，得到的是一个图 2-2 所示的更大的像素化图像。

图 2-1　原始的小时钟图像

图 2-2　放大了 25 倍后的小时钟图像

可以看出，使用最近邻方法创建的输出图像比使用 PIL 库的 resize() 函数创建的输入图像放大了 25 倍。但是很明显，输出的图像是像素化的（带有方块效应和锯齿状边缘），质量很差。

接下来介绍上采样和插值。要提高上采样输出图像的质量，可以采用双线性或双三次插值等方法。

（1）双线性插值。考虑到一个灰度图像，它基本上是一个整数网格中像素值的二维矩阵。为了对网格上任意点 P 的像素值进行插值，可以使用类似二维线性插值的方法：双线性插值。在这种情况下，对于每个可能的点 P（想插值的点），4 个邻域点（即 Q_{11}、Q_{12}、Q_{22} 和 Q_{21}）的强度值将被结合起来在点 P 处计算插值，如图 2-3 所示。

使用 PIL 库的 resize() 函数进行双线性插值，其实现的代码如下所示：

```
im1 = im.resize((im.width*5, im.height*5), Image.BILINEAR) # up-sample with bi-linear interpolation
pylab.figure(figsize=(10,10)), pylab.imshow(im1), pylab.show()
```

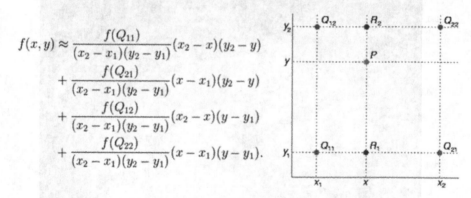

图 2-3　双线性插值

图 2-4 所示的是调整后的图像。请注意当双线性插值用于上采样时，图像质量是如何得以提高的。

（2）双三次插值。双三次插值是在二维规则网格上插值数据点的三次插值的扩展。插值曲面比双线性插值或最近邻插值得到的相应曲面光滑。双三次插值可以使用拉格朗日多项式、三次样条或三次卷积算法来完成。PIL 在 4×4 的环境下使用三次样条插值。

使用 PIL 库的 resize()函数进行双三次插值的代码如下所示：

```
im.resize((im.width*10, im.height*10), Image.BICUBIC).show() # bi-cubic interpolation
pylab.figure(figsize=(10,10)), pylab.imshow(im1), pylab.show()
```

运行上述代码，输出结果如图 2-5 所示。可以看到，使用双三次插值时，调整后的图像质量是如何提高的。

2．下采样

要缩小图像的尺寸，应对图像进行下采样。对于新的缩小图像中的每个像素，其中很多都源自原来的大图像。为此，可以通过以下步骤来计算新图像中一个像素的值。

（1）以系统的方式从较大的图像中删除一些像素（例如，如果希望得到的图像的大小是原始图像的 1/4，则可以每隔一行和每隔一列删除）。

（2）计算新的像素值并将其作为原始图像中相应多个像素的聚合值。

图 2-4　双线性插值处理后的放大的小时钟　　图 2-5　双三次插值处理后的放大的小时钟

使用 tajmahal.jpg 图像，并使用 resize()函数将其大小调整为输入图像的 1/25，同样再一次使用 PIL 库：

```
im = Image.open("../images/tajmahal.jpg")
im.show()
```

将输入图像的宽度和高度分别设置为原来图像宽度和高度的 1/5（即将图像的大小调

整为原来图像大小的 1/25），只需从输入图像中选择 5 行中的每一行和 5 列中的每一列，如下面的代码所示：

```
im = im.resize((im.width//5, im.height//5))
pylab.figure(figsize=(15,10)), pylab.imshow(im), pylab.show()
```

运行上述代码，输出结果如图 2-6 所示。可以看到，图像中有一些在原始图像中不存在的黑色斑点或伪影——这种效果称为**混叠**。之所以发生混叠效果，通常是因为采样率比奈奎斯特速率小（像素太少了的缘故），因此避免混叠的一种方法是增加采样率，使其大于奈奎斯特速率，但是如果想要输出的图像更小呢？

如图 2-6 所示，下采样对于缩小图像的效果并不是太理想，因为它会产生混叠效果。例如，如果尝试通过将宽度和高度设置为原来的 1/5 来调整（下采样）原始图像的大小，将会得到有斑点的糟糕结果。

图 2-6　调整为原来图像大小 1/25 后的泰姬陵图像

抗混叠　这里的问题在于输出图像中的一个像素对应于输入图像中的 25 个像素，但是只能对其中的某一单个像素的值进行采样。因此，应该采取对输入图像中的一小块区域求平均，并将平均值作为采样值的方法。这可以通过 ANTIALIAS（一个高质量的下采样滤波器）来实现，如下面的代码所示：

```
im = im.resize((im.width//5, im.height//5), Image.ANTIALIAS)
pylab.figure(figsize=(15,10)), pylab.imshow(im), pylab.show()
```

使用 PIL 与抗混叠所生成的图像如图 2-7 所示，这里生成图像的质量更好（几乎没有任何伪影/混叠效果)。

抗混叠通常是在向下采样之前通过平滑图像(通过图像与低通滤波器的卷积,如高斯滤波器)来完成的。

可使用scikit-image变换模块的具有抗混叠效果的rescale()函数来解决另一幅名为umbc.png图像的混叠问题,实现代码如下:

```
im = imread('../images/umbc.png')
im1 = im.copy()
pylab.figure(figsize=(20,15))
for i in range(4):
    pylab.subplot(2,2,i+1), pylab.imshow(im1, cmap='gray'),pylab.axis('off')
    pylab.title('image size = ' + str(im1.shape[1]) + 'x' +str(im1.shape[0]))
    im1 = rescale(im1, scale = 0.5, multichannel=True, anti_aliasing=False)
pylab.subplots_adjust(wspace=0.1, hspace=0.1)
pylab.show()
```

图 2-7 调整为原来图像大小的 1/25 的抗混叠泰姬陵图像

运行上述代码,所生成的图像结果如图 2-8 所示。可以看出,对图像进行下采样,以创建逐渐缩小的生成图像,在不使用抗混叠技术时,混叠效果就更加明显。

将以上的相应代码行改变为使用抗混叠,如下面的代码所示:

```
im1 = rescale(im1, scale = 0.5, multichannel=True, anti_aliasing=True)
```

则生成的图像质量更佳,如图 2-9 所示。

图 2-8 下采样图像的混叠及效果变化

图 2-9 下采样图像的抗混叠及其效果变化

2.1.2 量化

量化(quantization)与图像的强度有关,可以由每个像素所使用的比特数来定义。数字图像通常被量化到 256 灰度级。在这里,读者可以看到,随着像素存储的比特数的减少,量化误差增大,导致假边界、假轮廓和像素化,从而导致图像质量降低。

PIL 量化

使用 PIL 中 Image 模块的 convert() 函数进行颜色量化,其中,选定 P 模式和颜色参数作为可能颜色的最大数目。使用 SciPy 中 stats 模块的 signaltonoise() 函数来获得图像(parrot.jpg)的**信噪比**(Signal-to-Noise Ratio,SNR),信噪比是指图像数组的均值除以图像数组的标准差。实现的代码如下:

```
im = Image.open('../images/parrot.jpg')
pylab.figure(figsize=(20,30))
num_colors_list = [1 << n for n in range(8,0,-1)]
snr_list = []
i = 1
for num_colors in num_colors_list:
    im1 = im.convert('P', palette=Image.ADAPTIVE, colors=num_colors)
    pylab.subplot(4,2,i), pylab.imshow(im1), pylab.axis('off')
    snr_list.append(signaltonoise(im1, axis=None))
    pylab.title('Image with # colors = ' + str(num_colors) + ' SNR = ' +str(np.round
    (snr_list[i-1],3)), size=20)
    i += 1
pylab.subplots_adjust(wspace=0.2, hspace=0)
pylab.show()
```

运行上述代码,输出结果如图 2-10 和图 2-11 所示。可以看出,图像质量如何随着颜色量化变小而降低,这是因为要存储一个像素的比特数减少了。图 2-10 为第一帧图像的效果。

图 2-10 鹦鹉图像质量与颜色量化之间的关系(第一帧)

图 2-11 为第二帧图像的效果。

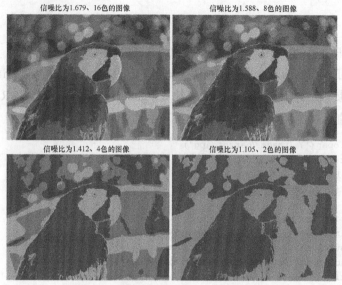

图 2-11　鹦鹉图像质量与颜色量化之间的关系（第二帧）

现在绘制出表示颜色量化与图像信噪比之间关系的图形，通常这是图像质量的一种度量方法，信噪比越高，图像质量越好，如下面的代码所示：

```
pylab.plot(num_colors_list, snr_list, 'r.-')
pylab.xlabel('Max# colors in the image')
pylab.ylabel('SNR')
pylab.title('Change in SNR w.r.t. # colors')
pylab.xscale('log', basex=2)
pylab.gca().invert_xaxis()
pylab.show()
```

可以看出，若以信噪比来衡量的话，颜色量化虽然缩小了图像的尺寸（因为比特/像素的数量减少了），但是也使得图像的质量变差了，如图 2-12 所示。

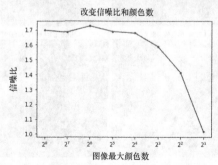

图 2-12　颜色量化与图像信噪比之间的关系

2.2 离散傅里叶变换

傅里叶变换方法有着悠久的数学历史，相关内容可以在任何数字信号处理或数字图像处理理论书中找到，故此处不加以讨论。就图像处理而言，读者只需关注二维离散的傅里叶变换（DFT）。傅里叶变换方法的基本思想是图像可以看作二维函数 f，这个函数可以表示成在二个维度上正弦和余弦（傅里叶基本函数）的加权和。

使用 DFT 可将（空间域/时域）图像中的一组灰度像素值转换为一组（频域）傅里叶系数，而且它是离散的，这是因为空间和变换变量只可以使用离散连续整数的值（通常二维数组的位置表示图像）。

类似地，频域中的傅里叶系数二维数组可以通过离散傅里叶逆变换（IDFT）变换至空间域，也称这样的变换为利用傅里叶系数重建图像。DFT 和 IDFT 的数学定义如图 2-13 所示。

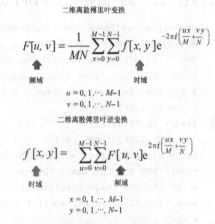

图 2-13 DFT 和 IDFT 的数学定义

2.2.1 为什么需要 DFT

将图像变换到频域可以更好地理解图像。读者在接下来的章节中可以看到，频域中的低频对应于图像中信息的平均总体水平，而高频对应于边缘、噪声和更详细的信息。

通常，图像本质上是平滑的，这就是为什么大多数图像可以用少量的 DFT 系数表示，而其余所有较高的系数几乎可以被忽略或为 0。

DFT 对图像压缩是非常有用的，尤其是对于稀疏傅里叶图像，只有少数的傅里叶系数需要重建图像，因此，只有那些频率可以被存储，其他的则可以丢弃，这会导致高压缩，例如，在 JPEG 图像压缩算法中使用了类似于变换的**离散余弦变换**（Discrete Cosine Transform，DCT）。同样，正如将在本章后面看到的，在频域中使用 DFT 进行滤波比在空间域中进行滤波快得多。

2.2.2 用快速傅里叶变换算法计算 DFT

快速傅里叶变换（Fast Fourier Transform，FFT）是一种分而治之的算法，对于一幅

$n \times n$ 的图像，它递归计算 DFT 的速度快得多（时间复杂度为 $O(N\log_2 N)$），而离散傅里叶变换计算的速度慢得多（时间复杂度为 $O(N^2)$）。在 Python 中，numpy 和 scipy 库都提供了使用 FFT 算法计算 2D DFT/IDFT 的函数。以下为其应用的几个例子。

1. FFT 的 scipy.fftpack 模块

基于灰度图像（rhino.jpg）的 FFT 算法，利用 scipy.fftpack 模块的 fft2()/ifft2() 函数来计算 DFT/IDFT，如下面的代码所示：

```python
im = np.array(Image.open('../images/rhino.jpg').convert('L')) # we shall work with
# grayscale image
snr = signaltonoise(im, axis=None)
print('SNR for the original image = ' + str(snr))
# SNR for the original image = 2.023722773801701
# now call FFT and IFFT
freq = fp.fft2(im)
im1 = fp.ifft2(freq).real
snr = signaltonoise(im1, axis=None)
print('SNR for the image obtained after reconstruction = ' + str(snr))
# SNR for the image obtained after reconstruction = 2.0237227738013224
assert(np.allclose(im, im1)) # make sure the forward and inverse FFT are close to
# each other
pylab.figure(figsize=(20,10))
pylab.subplot(121), pylab.imshow(im, cmap='gray'), pylab.axis('off')
pylab.title('Original Image', size=20)
pylab.subplot(122), pylab.imshow(im1, cmap='gray'), pylab.axis('off')
pylab.title('Image obtained after reconstruction', size=20)
pylab.show()
```

运行上述代码，输出结果如图 2-14 所示。

原始图像　　　　　　　　　　　　　　　重建后获得的图像

图 2-14　犀牛原始图像和 DFT/IDFT 重建后的图像

从内联输出的信噪比和输入与重建图像的视觉差异可以看出，重建图像丢失了一些信息。如果把得到的所有系数都用在重建上,这些差异就可以忽略不计。

绘制频谱图 由于傅里叶系数是复数,因此我们可以直观地看出其幅度。显示傅里叶变换的幅度称为**变换的频谱**。DFT 的 F 值[0,0]称为**直流系数**(DC coefficient)。DC 系数对于其他系数值而言太大,因此看不到,所以我们需要通过显示变换的对数来增大变换值。此外,为了显示方便,变换系数被移位(使用 `fftshift()`),使直流分量在中间。想要创建犀牛图像的傅里叶频谱吗?下面的代码可以实现:

```
# the quadrants are needed to be shifted around in order that the low spatial
# frequencies are in the center of he 2D fourier-transformed image.
freq2 = fp.fftshift(freq)
pylab.figure(figsize=(10,10)), pylab.imshow( (20*np.log10( 0.1 +freq2)).astype(int)),
pylab.show()
```

感到惊讶吗?图 2-15 所示的就是犀牛图像的傅里叶频谱。

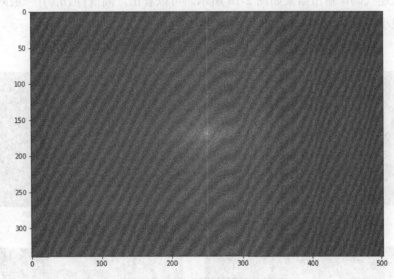

图 2-15 犀牛图像的傅里叶频谱

2. FFT 的 numpy.fft 模块

可以参照下面的例子,用 `numpy.fft` 模块的类似功能集计算图像的 DFT。以下例子可实现计算 DFT 的幅值和相位。

计算 DFT 的幅值和相位 将 house.png 图像作为输入,利用 `fft2()` 得到傅里叶系数的实分量和虚分量;然后计算幅值、频谱和相位,最后用 `ifft2()` 重建图像,代码如下:

```python
import numpy.fft as fp
im1 = rgb2gray(imread('../images/house.png'))
pylab.figure(figsize=(12,10))
freq1 = fp.fft2(im1)
im1_ = fp.ifft2(freq1).real
pylab.subplot(2,2,1), pylab.imshow(im1, cmap='gray'),
pylab.title('Original Image', size=20)
pylab.subplot(2,2,2), pylab.imshow(20*np.log10( 0.01 +
np.abs(fp.fftshift(freq1))),
cmap='gray')
pylab.title('FFT Spectrum Magnitude', size=20)
pylab.subplot(2,2,3), pylab.imshow(np.angle(fp.fftshift(freq1)), cmap='gray')
pylab.title('FFT Phase', size=20)
pylab.subplot(2,2,4), pylab.imshow(np.clip(im1_,0,255), cmap='gray')
pylab.title('Reconstructed Image', size=20)
pylab.show()
```

运行上述代码，输出结果如图 2-16 所示。可以看出，幅值 $|F(u,v)|$ 一般随空间频率的增加而减小，而 FFT 相位所呈现的信息更少。

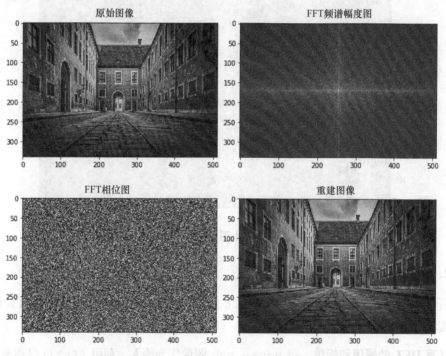

图 2-16 房屋原始图像、FFT 频谱幅度图、FFT 相位图及重建图像

使用另一个输入图像 house2.png 计算幅度、频谱、相位和重建图像的代码如下：

```
im2 = rgb2gray(imread('../images/house2.png'))
pylab.figure(figsize=(12,10))
freq2 = fp.fft2(im2)
im2_ = fp.ifft2(freq2).real
pylab.subplot(2,2,1), pylab.imshow(im2, cmap='gray'), pylab.title('Original Image', size=20)
pylab.subplot(2,2,2), pylab.imshow(20*np.log10( 0.01 +np.abs(fp.fftshift(freq2))), cmap='gray')
pylab.title('FFT Spectrum Magnitude', size=20)
pylab.subplot(2,2,3), pylab.imshow(np.angle(fp.fftshift(freq2)),cmap='gray')
pylab.title('FFT Phase', size=20)
pylab.subplot(2,2,4), pylab.imshow(np.clip(im2_,0,255), cmap='gray')
pylab.title('Reconstructed Image', size=20)
pylab.show()
```

运行上述代码，输出结果如图 2-17 所示。

图 2-17　房屋原始图像、FFT 频谱幅度图、FFT 相位图及重建图像

虽然 FFT 相位的信息不像幅值那么丰富，但也很重要，如果相位不可用或使用不同的相位阵列，就无法正确地重建图像。

为了证实这一点,假设利用一幅图像的频谱实分量和另一幅图像的频谱虚分量来看看重建的输出图像是如何变得扭曲的,如下面的代码所示:

```
pylab.figure(figsize=(20,15))
im1_ = fp.ifft2(np.vectorize(complex)(freq1.real, freq2.imag)).real
im2_ = fp.ifft2(np.vectorize(complex)(freq2.real, freq1.imag)).real
pylab.subplot(211), pylab.imshow(np.clip(im1_,0,255), cmap='gray')
pylab.title('Reconstructed Image (Re(F1) + Im(F2))', size=20)
pylab.subplot(212), pylab.imshow(np.clip(im2_,0,255), cmap='gray')
pylab.title('Reconstructed Image (Re(F2) + Im(F1))', size=20)
pylab.show()
```

运行上述代码,混合频谱实分量和频谱虚分量得到的重建图像,如图 2-18 所示。

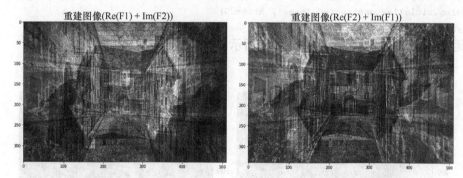

图 2-18　混合两幅房屋图像的频谱实分量和频谱虚分量后得到的重建图像

2.3　理解卷积

卷积是对两幅图像进行操作的运算:一幅是输入图像;另一幅图像是作为输入图像的滤波器而产生输出图像的掩模(也称为核)。

卷积滤波用于图像的空间频率特性的修正。它的工作原理是通过将所有相邻像素的加权重相加来确定中心像素的值,从而计算出输出图像中像素的新值。输出图像中的像素值是通过输入图像遍历核窗口来计算的,如图 2-19 所示(具有"有效"模式的卷积,参照本章后述卷积模式)。

可以看到,在输入图像箭头标记的核窗口遍历图像,并在卷积后获得映射到输出图像上的值。

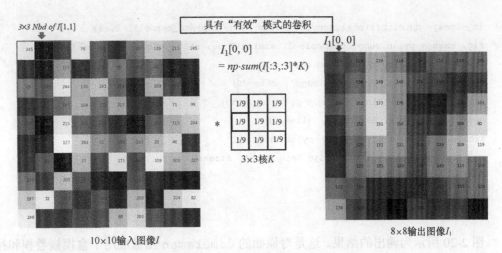

图 2-19 具有"有效"模式的卷积

2.3.1 为什么需要卷积图像

卷积对输入图像使用了一种通用的滤波效果,这样做是为了在图像上使用合适的核实现各种效果(如平滑、锐化和浮雕),以及在边缘检测等操作中实现各种效果。

2.3.2 使用 SciPy 信号模块的 convolve2d 函数进行卷积

SciPy 信号模块的 `convolve2d()` 函数可用于互相关,后续将使用 `convolve2d` 函数对核图像进行卷积。

1. 对灰度图像应用卷积

首先通过卷积拉普拉斯核检测灰度图像 cameraman.jpg 的边缘,然后用 box(方框)核模糊图像,代码如下:

```
im = rgb2gray(imread('../image s/cameraman.jpg')).astype(float)
print(np.max(im))
# 1.0
print(im.shape)
# (225, 225)
blur_box_kernel = np.ones((3,3)) / 9
edge_laplace_kernel = np.array([[0,1,0],[1,-4,1],[0,1,0]])
im_blurred = signal.convolve2d(im, blur_box_kernel)
```

```
im_edges = np.clip(signal.convolve2d(im, edge_laplace_kernel), 0, 1)
fig, axes = pylab.subplots(ncols=3, sharex=True, sharey=True, figsize=(18,6))
axes[0].imshow(im, cmap=pylab.cm.gray)
axes[0].set_title('Original Image', size=20)
axes[1].imshow(im_blurred, cmap=pylab.cm.gray)
axes[1].set_title('Box Blur', size=20)
axes[2].imshow(im_edges, cmap=pylab.cm.gray)
axes[2].set_title('Laplace Edge Detection', size=20)
for ax in axes:
    ax.axis('off')
pylab.show()
```

图 2-20 所示为输出的结果。这是对原始的 cameraman 图像应用了盒模糊卷积和拉普拉斯核卷积后所生成的图像，是使用了 scipy.signal 模块的 convolve2d() 函数得到的。

图 2-20 对摄影师图像应用盒模糊卷积和卷积拉普拉斯核后的图像

卷积模式、填充值和边界条件 卷积模式、填充值和边界条件取决于对边缘像素做怎样的处理，这里有 3 个参数：mode、boundary 和 fillvalue，它们都将传递给 SciPy 的 convolve2d() 函数。这里仅简要讨论 mode 参数。

（1）mode='full'。默认模式，其中输出是输入的完全离散线性卷积。

（2）mode='valid'。忽略边缘像素，只计算所有相邻像素（不需要零填充的像素）。对于所有核（除了 1×1），输出图像的大小都小于输入图像的大小。

（3）mode='same'。输出图像与输入图像的大小相同，它以 full 输出为中心。

2. 彩色图像的卷积

使用 scipy.convolve2d() 可以锐化彩色图像，这要求对每个图像通道分别进行卷积。

使用 emboss 核和 schar 边缘检测复杂核对 tajmahal.jpg 图像进行卷积，实现代码如下所示：

```
im = misc.imread('../images/tajmahal.jpg')/255 # scale each pixel value in [0,1]
print(np.max(im))
print(im.shape)
emboss_kernel = np.array([[-2,-1,0],[-1,1,1],[0,1,2]])
edge_scharr_kernel = np.array([[ -3-3j, 0-10j, +3 -3j], [-10+0j, 0+ 0j,+10+0j], [ -3+3j, 0+10j, +3 +3j]])
im_embossed = np.ones(im.shape)
im_edges = np.ones(im.shape)
for i in range(3):
    im_embossed[...,i] = np.clip(signal.convolve2d(im[...,i],emboss_kernel, mode='same', boundary="symm"),0,1)
for i in range(3):
    im_edges[:,:,i] = np.clip(np.real(signal.convolve2d(im[...,i],edge_scharr_kernel, mode='same', boundary="symm")),0,1)
fig, axes = pylab.subplots(nrows=3, figsize=(20, 30))
axes[0].imshow(im)
axes[0].set_title('Original Image', size=20)
axes[1].imshow(im_embossed)
axes[1].set_title('Embossed Image', size=20)
axes[2].imshow(im_edges)
axes[2].set_title('schar Edge Detection', size=20)
for ax in axes:
    ax.axis('off')
pylab.show()
```

下面给出原始图像及其与几个不同的核进行卷积所生成的图像。泰姬陵的原始图像如图 2-21 所示。泰姬陵的浮雕图像如图 2-22 所示。泰姬陵的 Scharr 边缘检测图像如图 2-23 所示。

图 2-21 泰姬陵的原始图像

图 2-22 泰姬陵的浮雕图像

图 2-23 泰姬陵的 Scharr 边缘检测图像

2.3.3 使用 SciPy 中的 ndimage.convolve 函数进行卷积

使用 scipy.ndimage.convolve()，可以直接锐化 RGB 图像而不需要对每个图像通道分别进行卷积。使用带有 sharpen 核和 emboss 核的 victoria_memorial.png 图像，代码如下：

```
im = misc.imread('../images/victoria_memorial.png').astype(np.float) # read as float
print(np.max(im))
sharpen_kernel = np.array([0, -1, 0, -1, 5, -1, 0, -1, 0]).reshape((3, 3,1))
emboss_kernel =
np.array(np.array([[-2,-1,0],[-1,1,1],[0,1,2]])).reshape((3, 3, 1))
im_sharp = ndimage.convolve(im, sharpen_kernel, mode='nearest')
im_sharp = np.clip(im_sharp, 0, 255).astype(np.uint8) # clip (0 to 255) and convert
# to unsigned int
im_emboss = ndimage.convolve(im, emboss_kernel, mode='nearest')
im_emboss = np.clip(im_emboss, 0, 255).astype(np.uint8)
pylab.figure(figsize=(10,15))
pylab.subplot(311), pylab.imshow(im.astype(np.uint8)), pylab.axis('off')
pylab.title('Original Image', size=25)
pylab.subplot(312), pylab.imshow(im_sharp), pylab.axis('off')
pylab.title('Sharpened Image', size=25)
pylab.subplot(313), pylab.imshow(im_emboss), pylab.axis('off')
pylab.title('Embossed Image', size=25)
pylab.tight_layout()
pylab.show()
```

运行上述代码，输出维多利亚纪念馆原始图像，以及卷积后所生成的锐化图像和浮雕图像。

维多利亚纪念馆的原始图像如图 2-24 所示。

图 2-24　维多利亚纪念馆的原始图像

卷积后所生成维多利亚纪念馆的锐化图像如图 2-25 所示。

图 2-25　卷积后所生成维多利亚纪念馆的锐化图像

卷积后所生成维多利亚纪念馆的浮雕图像如图 2-26 所示。

图 2-26　卷积后所生成维多利亚纪念馆的浮雕图像

2.3.4　相关与卷积

与卷积运算非常相似，相关也接收一个输入图像和另一个核，计算像素邻域值与核值的加权组合，通过输入遍历核窗口，生成输出图像。唯一的区别是，与相关不同，卷积在计算加权组合之前会对核进行两次翻转（相对于水平轴和垂直轴）。

图 2-27 用数学方法描述了图像的相关和卷积的区别。

相关

$$g(x,y) = f * K = \sum_{u=-h}^{h}\sum_{v=-h}^{h} f(x+u, y+v)K(u,v)$$

$h \times h$ 核 K

卷积

$$g(x,y) = f * K = \sum_{u=-h}^{h}\sum_{v=-h}^{h} f(x-u, y-v)K(u,v)$$

图 2-27　相关与卷积的区别

SciPy 信号模块的 `correlation2d()` 函数可用于相关。如果核是对称的，则相关类似于卷积；如果核是不对称的，为了获得与 `convolution2d()` 相同的结果，在将核置于图像中之前，我们必须将图像上下颠倒、左右翻转。

既然已经清楚了逻辑，为了获得图 2-28 所示的输出结果，我们继续编写代码，以 lena_g 图像作为输入，并基于 `correlation2d()` 和 `convolution2d()` 分别在该图像上应用非对称 3×3 波纹核($[[0,1,\sqrt{2}\,],[1,0,1],[-\sqrt{2}\ 1\ 0]])$。

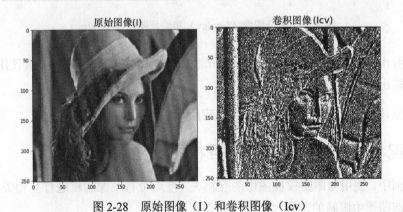

图 2-28　原始图像（I）和卷积图像（Icv）

第二帧图像如图 2-29 所示。

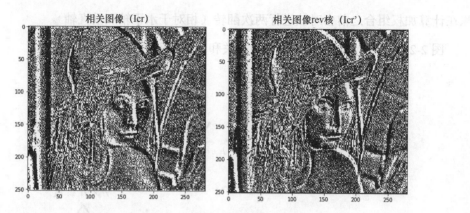

图 2-29 相关图像（Icr）和相关图像 rev 核（Icr'）

第三帧图像如图 2-30 所示。

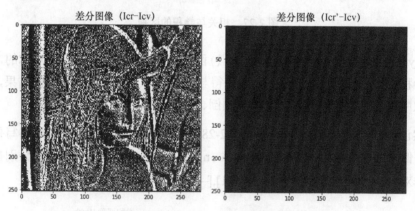

图 2-30 差分图像（Icr-Icv）和差分图像（Icr'-Icv）

可以看出，如果在应用 correlation2d() 之前翻转非对称核，那么使用相关与卷积得到的输出图像的差值为空。

接下来让我们看看相关性的一个有趣应用。

模板匹配与图像和模板之间的互相关

在本例中，使用与眼睛模板图像的互相关（使用带有图像的核进行互相关），可以找到浣熊面部图像中眼睛的位置，实现代码如下：

```
face_image = misc.face(gray=True) - misc.face(gray=True).mean()
template_image = np.copy(face_image[300:365, 670:750]) # right eye
```

```
template_image -= template_image.mean()
face_image = face_image + np.random.randn(*face_image.shape) * 50 # add random noise
correlation = signal.correlate2d(face_image, template_image, boundary='symm', mode='same')
y, x = np.unravel_index(np.argmax(correlation), correlation.shape) # find the match
fig, (ax_original, ax_template, ax_correlation) = pylab.subplots(3, 1, figsize=(6, 15))
ax_original.imshow(face_image, cmap='gray')
ax_original.set_title('Original', size=20)
ax_original.set_axis_off()
ax_template.imshow(template_image, cmap='gray')
ax_template.set_title('Template', size=20)
ax_template.set_axis_off()
ax_correlation.imshow(correlation, cmap='afmhot')
ax_correlation.set_title('Cross-correlation', size=20)
ax_correlation.set_axis_off()
ax_original.plot(x, y, 'ro')
fig.show()
```

图 2-31 所示为上述代码运行的效果，在图中已经用点标记了最大互相关值（与模板的最佳匹配）的位置。模板如图 2-32 所示。

图 2-31 用点（最大相关值）标识的浣熊的原始图像　　图 2-32 眼睛模板

应用互相关，其输出结果如图 2-33 所示。从图 2-33 可以看出，输入图像中浣熊的一只眼睛与眼模板图像的互相关性最高。

图 2-33 浣熊与模板的互相关

小结

本章主要讨论了与二维 DFT 相关的重要概念及其在图像处理中的相关应用,如频域滤波,并使用 scikit-image 包中的 `numpy.fft`、`scipy.fftpack`、`signal` 和 `ndimage` 模块进行较多的举例说明。

希望读者对采样和量化这两个重要的图像形成技术已经有了清晰的认识。本章还介绍了二维 DFT、FFT 算法及其 Python 实现、图像去噪与复原以及 DFT 在图像处理中的相关与卷积、在滤波器设计中与合适的核卷积的应用,以及在模板匹配中相关的应用等内容。

通过以上学习,读者应该能够掌握使用 PIL/SciPy/scikit-image 库编写 Python 代码来实现图像的采样与量化,并使用 FFT(快速傅里叶变换)算法在 Python 中实现二维 FT/IFT(傅里叶变换/傅里叶逆变换),而且读者将会发现通过某些核对图像进行基本的二维卷积是如此轻而易举。

在第 3 章中,我们将主要探讨卷积并探索其广泛应用,在此基础上还将学习频域滤波,以及各种频域滤波器。

习题

1. 如何使用高斯 LPF 实现下采样和抗混叠。(提示:应用高斯滤波器,每隔一行和一列过滤,将房子灰度图像缩小为原来的 1/4,并将下采样前与使用 LPF 进行预处理前后的输出图像进行对比。)

2. 使用 FFT 对图像进行上采样:先通过在每个交替位置填充 0 行或列将 Lena 灰度图像的大小增大一倍,然后使用 FFT,再使用 LPF,最后使用 IFFT 来获得输出图像。为什么这样做?

3. 对彩色(RGB)图像进行傅里叶变换和重建图像。(提示:对每个通道分别应用 FFT。)

4. (在数学上和以一个二维核的例子)证明高斯核的傅里叶变换是另一个高斯核。

5. 利用 Lena 图像和非对称波纹核生成具有相关性和卷积性的图像。结果显示输出图像是不同的。现在,将核翻转两次(上下颠倒和左右翻转)并应用与翻转核的相关性,输出图像是否与使用原始核卷积得到的图像相同?

第 3 章
卷积和频域滤波

本章将继续学习二维卷积,并理解在频域中如何更快地进行卷积(利用卷积定理的基本概念)。通过对一幅图像相关和卷积的例子来理解相关和卷积之间的基本区别。本章还将引述一个 SciPy 的示例,展示如何通过使用互相关的模板图像在图像中查找特定模式的位置。最后,介绍频域中的几种滤波技术(可以通过核卷积实现,如盒核或高斯核),如高通、低通、带通和带阻滤波器,以及如何通过示例使用 Python 库实现它们。通过示例演示一些滤波器如何用于图像去噪(例如,带阻滤波器或陷波滤波器用于从图像中去除周期性噪声,逆向滤波器或维纳滤波器用于对使用高斯或运动模糊核进行模糊处理的图像进行去模糊)。

本章主要包括以下内容:

- 卷积定理和频域高斯模糊;
- 频域滤波。

3.1 卷积定理和频域高斯模糊

在本节中,我们可以了解到更多使用 Python 模块(如 scipy signal 和 ndimage)对图像进行卷积应用的知识。让我们从卷积定理开始,看看卷积定理在频域中是如何变得更简单的。

卷积定理的应用

卷积定理是指在图像域中的卷积等价于频域中的简单乘法。定义如下:

卷积定理
$f(x,y) * h(x,y) \Leftrightarrow F(u,v)H(u,v)$
空域卷积=频域乘法

傅里叶变换的应用如图 3-1 所示。

图 3-1 傅里叶变换的应用

频域滤波的基本步骤如图 3-2 所示。我们将原始图像 F 和核（掩模、退化或增强函数）作为输入。首先，两个输入项都需要用 DFT 转换成频域，然后应用卷积（根据卷积定理，这只是一个元素的乘法）。将卷积后的图像输出到频域，在频域上应用 IDFT 得到重建后的图像（对原始图像进行一定的退化或增强）。

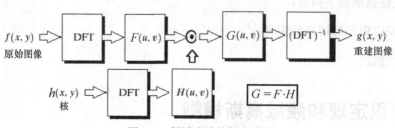

图 3-2 频域滤波的基本步骤

下面通过一些图像和 Python 库函数来演示说明这个定理。先导入所有必需的库，就像在第 2 章所做的那样。

1．带有 numpy fft 的频域高斯模糊滤波器

以下代码展示了如何使用卷积定理和 `numpy fft` 在频域中应用高斯模糊滤波器（因为在频域中它只是简单乘法）。

```python
pylab.figure(figsize=(20,15))
pylab.gray() # show the filtered result in grayscale
im = np.mean(imread('../images/lena.jpg'), axis=2)
gauss_kernel = np.outer(signal.gaussian(im.shape[0], 5),
signal.gaussian(im.shape[1], 5))
freq = fp.fft2(im)
assert(freq.shape == gauss_kernel.shape)
freq_kernel = fp.fft2(fp.ifftshift(gauss_kernel))
convolved = freq*freq_kernel # by the convolution theorem, simply multiply
in the frequency domain
im1 = fp.ifft2(convolved).real
pylab.subplot(2,3,1), pylab.imshow(im), pylab.title('Original Image',
size=20), pylab.axis('off')
pylab.subplot(2,3,2), pylab.imshow(gauss_kernel), pylab.title('Gaussian
Kernel', size=20)
pylab.subplot(2,3,3), pylab.imshow(im1) # the imaginary part is an artifact
pylab.title('Output Image', size=20), pylab.axis('off')
pylab.subplot(2,3,4), pylab.imshow( (20*np.log10( 0.1 +
fp.fftshift(freq))).astype(int))
pylab.title('Original Image Spectrum', size=20), pylab.axis('off')
pylab.subplot(2,3,5), pylab.imshow( (20*np.log10( 0.1 +
fp.fftshift(freq_kernel))).astype(int))
pylab.title('Gaussian Kernel Spectrum', size=20), pylab.subplot(2,3,6)
pylab.imshow( (20*np.log10( 0.1 + fp.fftshift(convolved))).astype(int))
pylab.title('Output Image Spectrum', size=20), pylab.axis('off')
pylab.subplots_adjust(wspace=0.2, hspace=0)
pylab.show()
```

运行上述代码，输出结果如图 3-3 所示。可以看到，其中包括在空域上 Lena 的原始图像、高斯核、卷积后的结果图像，以及在频域上的原始图像频谱、高斯核频谱和输出图像频谱。

在本节中，我们将看到高斯核在二维和三维绘图频域中的样子。

（1）二维高斯 LPF 核频谱。以下代码展示了如何用对数变换在二维图中绘制高斯核的频谱：

```python
im = rgb2gray(imread('../images/lena.jpg'))
gauss_kernel = np.outer(signal.gaussian(im.shape[0], 1),
signal.gaussian(im.shape[1], 1))
freq = fp.fft2(im)
freq_kernel = fp.fft2(fp.ifftshift(gauss_kernel))
pylab.imshow( (20*np.log10( 0.01 +
fp.fftshift(freq_kernel))).real.astype(int),cmap='coolwarm') # 0.01 is
```

```
added to keep the argument to log function always positive
pylab.colorbar()
pylab.show()
```

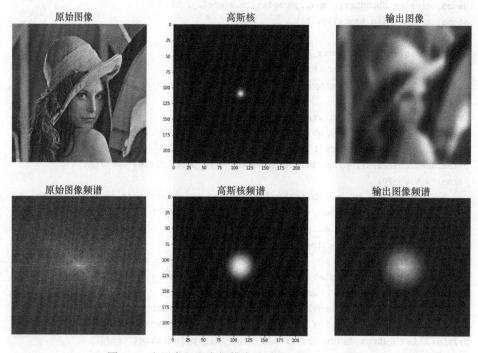

图 3-3　应用卷积和高斯模糊滤波器后的 Lena 图像

运行上述代码,输出结果如图 3-4 所示。可以看到,图中有一个颜色条。因为高斯核是一种低通滤波器,它的频谱对于中心的频率有较高的值(允许更多的低频值),并且随着值从中心向高频值的移动而逐渐减小。

图 3-5 所示为三维高斯核频谱,从图中可以看出,高斯核的 DFT 是另一个高斯核。绘制三维图的 Python 代码留给读者作为练习(参见本章习题 3 和提示)。

(2)三维高斯 LPF 核频谱。横轴为频率平面,纵轴为高斯核在频域内的响应,不带对数轴和带对数轴时分别为左右两图。

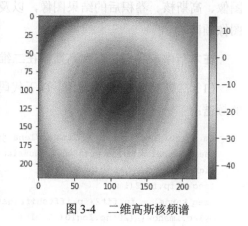

图 3-4　二维高斯核频谱

3.1 卷积定理和频域高斯模糊

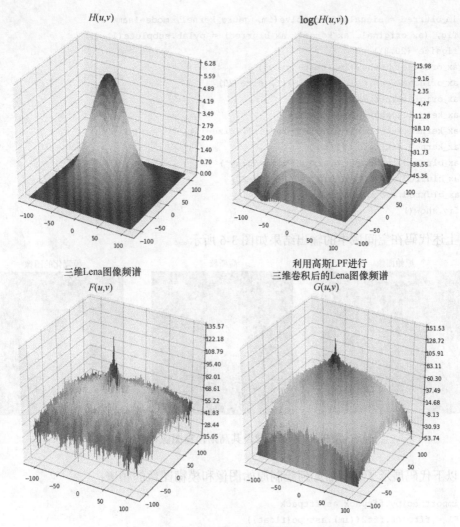

图 3-5 三维高斯核频谱

2. 带有 SciPy 信号模块的 fftconvolve()函数的频域高斯模糊滤波器

以下代码演示了带有 SciPy 信号模块的 fftconvolve()函数是如何在频域中运行卷积的（内部仅通过乘法和卷积定理）：

```
im = np.mean(misc.imread('../images/mandrill.jpg'), axis=2)
print(im.shape)
# (224, 225)
gauss_kernel = np.outer(signal.gaussian(11, 3), signal.gaussian(11, 3))
#2D Gaussian kernel of size 11x11 withσ = 3
```

```
im_blurred = signal.fftconvolve(im, gauss_kernel, mode='same')
fig, (ax_original, ax_kernel, ax_blurred) = pylab.subplots(1, 3, 
figsize=(20,8))
ax_original.imshow(im, cmap='gray')
ax_original.set_title('Original', size=20)
ax_original.set_axis_off()
ax_kernel.imshow(gauss_kernel)
ax_kernel.set_title('Gaussian kernel', size=15)
ax_kernel.set_axis_off()
ax_blurred.imshow(im_blurred, cmap='gray')
ax_blurred.set_title('Blurred', size=20)
ax_blurred.set_axis_off()
fig.show()
```

上述代码在空间域中的输出结果如图 3-6 所示。

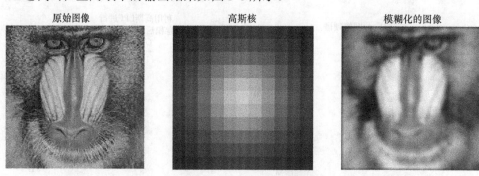

图 3-6　山魈图像及其高斯模糊图像（空域）

以下代码展示了卷积后如何绘制原始图像和模糊图像的频谱：

```
import scipy.fftpack as fftpack
F1 = fftpack.fft2((im).astype(float))
F2 = fftpack.fftshift( F1 )
pylab.figure(figsize=(15,8))
pylab.subplot(1,2,1), pylab.imshow( (20*np.log10( 0.1 + F2)).astype(int),cmap=pylab.cm.gray)
pylab.title('Original Image Spectrum', size=20)
F1 = fftpack.fft2((im_blurred).astype(float))
F2 = fftpack.fftshift( F1 )
pylab.subplot(1,2,2), pylab.imshow( (20*np.log10( 0.1 + F2)).astype(int),cmap=pylab.cm.gray)
pylab.title('Blurred Image Spectrum', size=20)
pylab.show()
```

上述代码在频域中的输出结果如图 3-7 所示。

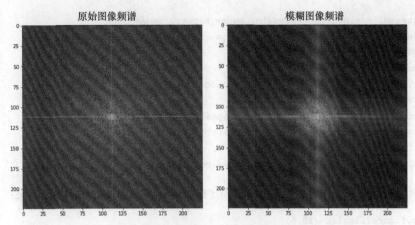

图 3-7 山魈的原始图像频谱及其模糊图像频谱（频域）

利用与上述代码相同的代码块计算维多利亚纪念馆的形象的模糊版本，但这次使用了更大（50×50）的高斯核 $\sigma = 10$ 进行 `fftconvolve()` 函数的调用。图 3-8 所示的是使用新图像和修改的核后运行前面相同代码的输出结果。

图 3-8 维多利亚纪念馆原始图像、高斯核及模糊图像

3. 比较 SciPy convolve() 和 fftconvolve() 与高斯模糊核的运行时间

可以利用 Python 的 `timeit` 模块来比较图像域和频域卷积函数的运行时间。由于频域卷积涉及单个矩阵的乘法运算，而不是一系列滑动窗口算法的计算，因此预计它会快得多。以下代码比较了它们的运行时间：

```
im = np.mean(misc.imread('../images/mandrill.jpg'), axis=2)
print(im.shape)
# (224, 225)
gauss_kernel = np.outer(signal.gaussian(11, 3), signal.gaussian(11, 3))
#2D Gaussian kernel of size 11x11 with σ = 3
```

```
im_blurred1 = signal.convolve(im, gauss_kernel, mode="same")
im_blurred2 = signal.fftconvolve(im, gauss_kernel, mode='same')
def wrapper_convolve(func):
    def wrapped_convolve():
        return func(im, gauss_kernel, mode="same")
    return wrapped_convolve
wrapped_convolve = wrapper_convolve(signal.convolve)
wrapped_fftconvolve = wrapper_convolve(signal.fftconvolve)
times1 = timeit.repeat(wrapped_convolve, number=1, repeat=100)
times2 = timeit.repeat(wrapped_fftconvolve, number=1, repeat=100)
```

以下代码展示了使用 convolve() 和 fftconvolve() 函数的输出结果：

```
pylab.figure(figsize=(15,5))
pylab.gray()
pylab.subplot(131), pylab.imshow(im), pylab.title('Original Image',size=15), pylab.axis('off')
pylab.subplot(132), pylab.imshow(im_blurred1), pylab.title('convolve Output', size=15), pylab.axis('off')
pylab.subplot(133), pylab.imshow(im_blurred2), pylab.title('ffconvolve Output', size=15), pylab.axis('off')
```

运行上述代码，输出山魈的原始图像、卷积输出图像和快速傅里叶卷积输出图像，如图 3-9 所示。可以看到，convolve() 和 fftconvolve() 函数的输出结果是相同的模糊输出图像。

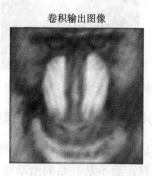
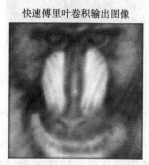

图 3-9 山魈的原始图像、卷积输出图像及快速傅里叶卷积输出图像

以下代码可视化了运行时间之间的差异。每个函数都在相同高斯核的输入图像上运行 100 次，然后每个函数所花费时间的箱形图被绘制出来。

```
data = [times1, times2]
pylab.figure(figsize=(8,6))
```

```
box = pylab.boxplot(data, patch_artist=True) #notch=True,
colors = ['cyan', 'pink']
for patch, color in zip(box['boxes'], colors):
    patch.set_facecolor(color)
pylab.xticks(np.arange(3), ('', 'convolve', 'fftconvolve'), size=15)
pylab.yticks(fontsize=15)
pylab.xlabel('scipy.signal convolution methods', size=15)
pylab.ylabel('time taken to run', size = 15)
pylab.show()
```

运行上述代码，输出结果如图 3-10 所示。可以看到，fftconvolve()函数的平均运行速度更快。

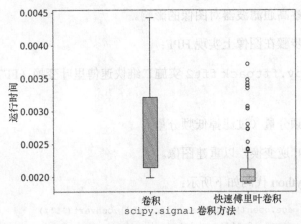

图 3-10 convolve()与 fftconvolve()卷积函数运行时间比较

3.2 频域滤波

回顾第 1 章中所讲述的图像处理流程可知，获取图像后紧接着就是图像预处理。图像经常被亮度和照度的随机变化所破坏或图像的对比度差，因此获取的图像通常不能直接使用，需要增强。这就是滤波器的用武之地。

3.2.1 什么是滤波器

滤波指对像素的强度值进行变换，以揭示特定的图像特征，例如：

（1）增强——这种图像特征提高了对比度；

(2)平滑——这种图像特征消除了噪声；

(3)模板匹配——这种图像特征检测已知模式。

滤波后的图像由离散卷积描述，滤波器则由 $n \times n$ 离散卷积掩模描述。

3.2.2 高通滤波器

高通滤波器（High-Pass Filter，HPF）只允许来自图像（通过 DFT 获得）的频域表示的高频分量通过，并阻止低于截止值的全部低频。利用离散傅里叶逆变换重建图像，由于高频分量对应于边缘、细节、噪声等，高通滤波器往往会提取出它们或增强高频分量。后续几节将演示如何利用 numpy、scipy 和 scikit-image 库的不同函数来实现高通滤波器以及观察高通滤波器对图像的影响。

可以通过以下步骤在图像上实现 HPF：

（1）利用 scipy.fftpack fft2 实施二维快速傅里叶变换（FFT），得到频域中的图像表示；

（2）仅保留高频分量（过滤掉低频分量）；

（3）执行傅里叶逆变换，以重建图像。

实现 HPF 的 Python 代码如下所示：

```
im = np.array(Image.open('../images/rhino.jpg').convert('L'))
pylab.figure(figsize=(10,10)), pylab.imshow(im, cmap=pylab.cm.gray),pylab.axis
('off'), pylab.show()
```

运行上述代码，结果如图 3-11 所示，其中显示了犀牛的原始图像。可以看到，高频分量更多的是对应于图像的边缘，而平均（平面）图像信息随着去除越来越多的低频成分而丢失。

如下代码展示了如何在对数域中绘制犀牛原始图像频谱：

```
freq = fp.fft2(im)
(w, h) = freq.shape
half_w, half_h = int(w/2), int(h/2)
freq1 = np.copy(freq)
freq2 = fp.fftshift(freq1)
pylab.figure(figsize=(10,10)), pylab.imshow( (20*np.log10( 0.1 +freq2)).astype(int)),
pylab.show()
```

运行上述代码，输出犀牛原始图像频谱，如图 3-12 所示。

3.2 频域滤波

图 3-11 犀牛原始图像

图 3-12 犀牛原始图像频谱

以下代码展示了如何通过应用 HPF 来阻断 NumPy2D 数组中的低频:

```
# apply HPF
freq2[half_w-10:half_w+11,half_h-10:half_h+11] = 0 # select all but the first 20x20
# (low) frequencies
```

```
pylab.figure(figsize=(10,10))
pylab.imshow( (20*np.log10( 0.1 + freq2)).astype(int))
pylab.show()
```

应用 HPF 后的犀牛原始图像频谱如图 3-13 所示,此为运行上述代码后的输出结果。

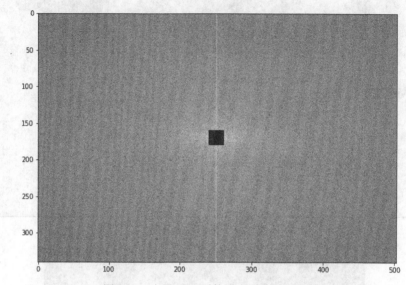

图 3-13　应用 HPF 后的犀牛原始图像频谱

以下代码展示了如何通过应用 ifft2() 函数从上面的光谱中获取图像:

```
im1 = np.clip(fp.ifft2(fftpack.ifftshift(freq2)).real,0,255) # clip pixel values after IFFT
print(signaltonoise(im1, axis=None))
# 0.5901647786775175
pylab.imshow(im1, cmap='gray'), pylab.axis('off'), pylab.show()
```

运行上述代码,输出应用 HPF 之后的犀牛图像,如图 3-14 所示。可以看到,图像中的边缘变得更加突出,HPF 找到了图像中的边缘(其对应于更高的频率)。

现在来看看 HPF 的截止频率是如何改变输出图像的。从摄影师灰度图像入手,如图 3-15 所示,对其进行 FFT 处理,通过切断截止值 F 阻断其以下的低频成分,从而重建输出图像,F 值不同,它对输出图像的影响也将发生变化。

3.2 频域滤波

图 3-14 应用 HPF 后的犀牛图像

图 3-15 摄影师灰度图像

如下代码演示了在不同截止频率 F 下，HPF 在摄影师灰度图像上的应用：

```
from scipy import fftpack
im = np.array(Image.open('../images/cameraman.jpg').convert('L'))
freq = fp.fft2(im)
(w, h) = freq.shape
half_w, half_h = int(w/2), int(h/2)
snrs_hp = []
lbs = list(range(1,25))
pylab.figure(figsize=(12,20))
for l in lbs:
    freq1 = np.copy(freq)
```

```
        freq2 = fftpack.fftshift(freq1)
        freq2[half_w-l:half_w+l+1,half_h-l:half_h+l+1] = 0 # select all but the first lxl
# (low) frequencies
        im1 = np.clip(fp.ifft2(fftpack.ifftshift(freq2)).real,0,255) # clip pixel values
# after IFFT
        snrs_hp.append(signaltonoise(im1, axis=None))
        pylab.subplot(6,4,l), pylab.imshow(im1, cmap='gray'), pylab.axis('off')
        pylab.title('F = ' + str(l+1), size=20)
pylab.subplots_adjust(wspace=0.1, hspace=0)
pylab.show()
```

可以看到，随着截止频率 F 的增加，HPF 是怎样实现检测到更多摄影师的边缘信息，并舍弃图像中的总体水平信息，如图 3-16 所示。

信噪比随截止频率的变化情况

如下代码展示了如何绘制信噪比随着 HPF 截止频率 F 的变化而变化的图形：

```
pylab.plot(lbs, snrs_hp, 'b.-')
pylab.xlabel('Cutoff Frequency for HPF', size=20)
pylab.ylabel('SNR', size=20)
pylab.show()
```

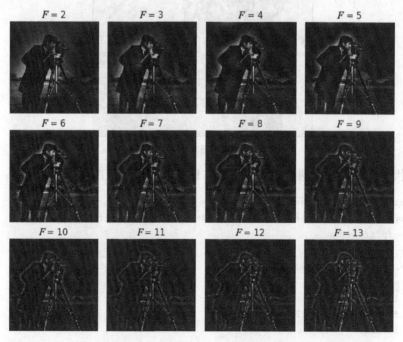

图 3-16　不同截止频率 F 下 HPF 在摄影师灰度图像上的应用

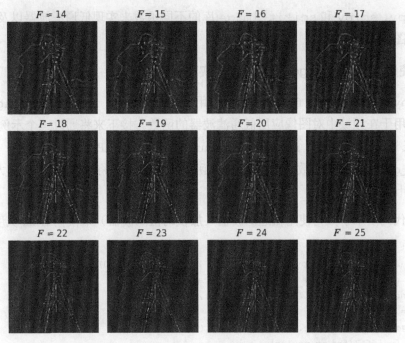

图 3-16　不同截止频率 F 下 HPF 在摄影师灰度图像上的应用（续）

图 3-17 显示了输出图像的信噪比是如何随着 HPF 截止频率 F 的增加而降低的。

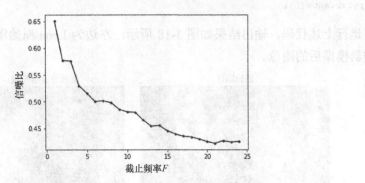

图 3-17　信噪比与截止频率 F 的变化关系

3.2.3　低通滤波器

低通滤波器（Low-Pass Filter，LPF）只允许图像（通过 DFT 获得）的频域表示的低频分量通过，并阻止超过截止值的全部高频。利用离散傅里叶逆变换重建图像，由于高频分量对应于边缘、细节、噪声等，低通滤波器往往会滤除它们。后续几节将演示如何利用 numpy、scipy 和 scikit-image 库的不同函数来实现低通滤波器以及观察低通滤波器对图像的影响。

1. 使用 SciPy ndimage 和 numpy fft 实现 LPF

numpy fft 模块的 fft2() 函数也可用于图像的 FFT。SciPy 的 ndimage 模块提供了一组用于在频域中对图像应用低通滤波器的函数。接下来将通过一个示例演示其中的一个低通滤波器，即 fourierer_gaussian()。SciPy 的 ndimage 模块中的 fourier_gaussian() 函数可实现多维高斯函数傅里叶滤波，将频率数组与已知大小的高斯核的傅里叶变换相乘。

以下代码演示了如何使用低通滤波器（加权均值滤波器）来模糊 Lena 灰度图像：

```
import numpy.fft as fp
fig, (axes1, axes2) = pylab.subplots(1, 2, figsize=(20,10))
pylab.gray() # show the result in grayscale
im = np.mean(imread('../images/lena.jpg'), axis=2)
freq = fp.fft2(im)
freq_gaussian = ndimage.fourier_gaussian(freq, sigma=4)
im1 = fp.ifft2(freq_gaussian)
axes1.imshow(im), axes1.axis('off'), axes2.imshow(im1.real) # the imaginary part is an artifact
axes2.axis('off')
pylab.show()
```

运行上述代码，输出结果如图 3-18 所示，左边为 Lena 原始图像，右边为使用低通滤波器模糊后的图像。

图 3-18　原始 Lena 图像和使用低通滤波器模糊后的图像

上述代码在应用盒核后才会显示出图像的频谱,如下面的代码所示:

```
pylab.figure(figsize=(10,10))
pylab.imshow( (20*np.log10( 0.1 +
numpy.fft.fftshift(freq_gaussian))).astype(int))
pylab.show()
```

运行上述代码,输出结果为应用高斯核后的图像频谱,如图 3-19 所示。

图 3-19　应用高斯核后的 Lena 图像频谱

2. 使用 SciPy fftpack 实现低通滤波器

我们可以通过以下步骤在图像上实现低通滤波器:

(1) 利用 `scipy.fftpack fft2` 实现二维快速傅里叶变换,并获得图像的频域表示;

(2) 只保留低频分量(去除高频分量);

(3) 执行傅里叶逆变换,以重建图像。

实现 LPF 的 Python 代码如下所示。从图 3-20 所示的图像可以看出,高频分量更多的是对应于图像的平均信息,而随着我们去除越来越多的高频分量,图像的细节信息(例如边缘）就会丢失。

```
from scipy import fftpack
im = np.array(Image.open('../images/rhino.jpg').convert('L'))
# low pass filter
freq = fp.fft2(im)
(w, h) = freq.shape
half_w, half_h = int(w/2), int(h/2)
freq1 = np.copy(freq)
freq2 = fftpack.fftshift(freq1)
freq2_low = np.copy(freq2)
freq2_low[half_w-10:half_w+11,half_h-10:half_h+11] = 0 # block the lowfrequencies
freq2 -= freq2_low # select only the first 20x20 (low) frequencies, block the high frequencies
im1 = fp.ifft2(fftpack.ifftshift(freq2)).real
print(signaltonoise(im1, axis=None))
# 2.389151856495427
pylab.imshow(im1, cmap='gray'), pylab.axis('off')
pylab.show()
```

例如，如果只保留第一个频率分量，而丢弃其他所有分量，从经过傅里叶逆变换后所得到的图像中，几乎看不出犀牛，但是随着保留的频率越来越高，犀牛在最终图像中变得越来越清晰。

运行上述代码，输出结果如图 3-20 所示，对输入的犀牛图像应用 LPF，得到没有细节信息的输出图像。

图 3-20　对犀牛图像应用 LPF 后的输出图像

以下代码演示了在阻断高频后如何在对数域中绘制图像的频谱，换言之，就是只允许低频通过。

```
pylab.figure(figsize=(10,10))
pylab.imshow( (20*np.log10( 0.1 + freq2)).astype(int))
pylab.show()
```

运行上述代码，得到了对图像应用 LPF 后获得的频谱，如图 3-21 所示。

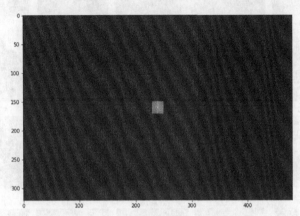

图 3-21　对犀牛图像应用 LPF 后的频谱

以下代码演示了在不同的截止频率 F 下，LPF 在摄影师灰度图像上的应用：

```
im = np.array(Image.open('../images/cameraman.jpg').convert('L'))
freq = fp.fft2(im)
(w, h) = freq.shape
half_w, half_h = int(w/2), int(h/2)
snrs_lp = []
ubs = list(range(1,25))
pylab.figure(figsize=(12,20))
for u in ubs:
    freq1 = np.copy(freq)
    freq2 = fftpack.fftshift(freq1)
    freq2_low = np.copy(freq2)
    freq2_low[half_w-u:half_w+u+1,half_h-u:half_h+u+1] = 0
    freq2 -= freq2_low # select only the first 20x20 (low) frequencies
    im1 = fp.ifft2(fftpack.ifftshift(freq2)).real
    snrs_lp.append(signaltonoise(im1, axis=None))
    pylab.subplot(6,4,u), pylab.imshow(im1, cmap='gray'), pylab.axis('off')
    pylab.title('F = ' + str(u), size=20)
pylab.subplots_adjust(wspace=0.1, hspace=0)
pylab.show()
```

运行上述代码,输出结果如图 3-22 所示。可以看到,随着截止频率 F 的增大,LPF 检测到的图像细节越丰富。

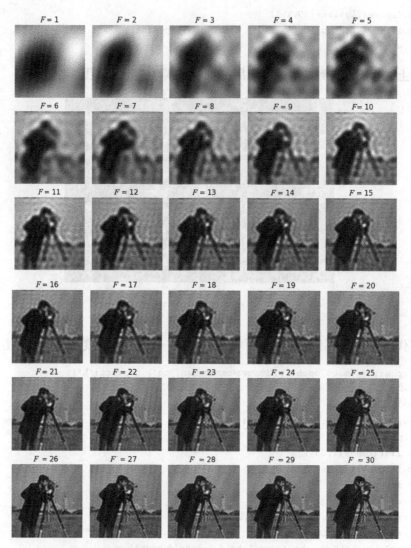

图 3-22 不同截止频率 F 的 LPF 在摄影师图像上的应用

3. 信噪比与截止频率的变化关系

如下代码展示了如何绘制信噪比(SNR)随 LPF 截止频率 F 值变化而变化的图形:

```
snr = signaltonoise(im, axis=None)
```

```
pylab.plot(ubs, snrs_lp, 'b.-')
pylab.plot(range(25), [snr]*25, 'r-')
pylab.xlabel('Cutoff Freqeuncy for LPF', size=20)
pylab.ylabel('SNR', size=20)
pylab.show()
```

运行上述代码，输出结果如图 3-23 所示。可以看到，输出图像的信噪比随着 LPF 截止频率 F 的增大而降低。水平线表示原始图像的信噪比，用于绘制图形的参照。

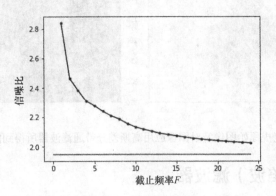

图 3-23　图像信噪比与 LPF 截止频率 F 的关系

3.2.4　DoG 带通滤波器

高斯差分（Difference of Gaussian，DoG）核可用作一种带通滤波器（Band-Pass Filter，BPF），允许保留某一频段内的频率分量，而丢弃其余所有频率分量。以下代码显示了 DoG 核可以与 fftconvolve() 一起实现带通滤波器：

```
from skimage import img_as_float
im = img_as_float(pylab.imread('../images/tigers.jpeg'))
pylab.figure(), pylab.imshow(im), pylab.axis('off'), pylab.show()
x = np.linspace(-10, 10, 15)
kernel_1d = np.exp(-0.005*x**2)
kernel_1d /= np.trapz(kernel_1d) # normalize the sum to 1
gauss_kernel1 = kernel_1d[:, np.newaxis] * kernel_1d[np.newaxis, :]
kernel_1d = np.exp(-5*x**2)
kernel_1d /= np.trapz(kernel_1d) # normalize the sum to 1
gauss_kernel2 = kernel_1d[:, np.newaxis] * kernel_1d[np.newaxis, :]
DoGKernel = gauss_kernel1[:, :, np.newaxis] - gauss_kernel2[:, :,np.newaxis]
im = signal.fftconvolve(im, DoGKernel, mode='same')
pylab.figure(), pylab.imshow(np.clip(im, 0, 1)), print(np.max(im)),
pylab.show()
```

运行上述代码，输出对图像应用高斯差分带通滤波器所得到的输出图像，如图 3-24 所示。

图 3-24　老虎原始图像及对图像应用高斯差分带通滤波器所得到的输出图像

3.2.5　带阻（陷波）滤波器

带阻滤波器（Band-Stop Filter，BSF）可阻塞或拒绝来自图像（通过 DFT 获得）频域表示的经选择的频率成分。正如下面将提及的，带阻滤波器对从图像中去除周期性噪声（periodic noise）非常有用。

在本例中，先添加一些周期性噪声（正弦噪声）至鹦鹉图像中，创建一个有噪声成分的鹦鹉图像（在现实中，因为某种电信号的干扰，很可能发生这种情况），然后观察图像频域中噪声的影响。其实现代码如下所示：

```
from scipy import fftpack
pylab.figure(figsize=(15,10))
im = np.mean(imread("../images/parrot.png"), axis=2) / 255
print(im.shape)
pylab.subplot(2,2,1), pylab.imshow(im, cmap='gray'), pylab.axis('off')
pylab.title('Original Image')
F1 = fftpack.fft2((im).astype(float))
F2 = fftpack.fftshift( F1 )
pylab.subplot(2,2,2), pylab.imshow( (20*np.log10( 0.1 + F2)).astype(int),
cmap=pylab.cm.gray)
pylab.xticks(np.arange(0, im.shape[1], 25))
pylab.yticks(np.arange(0, im.shape[0], 25))
pylab.title('Original Image Spectrum')
# add periodic noise to the image
```

```
for n in range(im.shape[1]):
    im[:, n] += np.cos(0.1*np.pi*n)
pylab.subplot(2,2,3), pylab.imshow(im, cmap='gray'), pylab.axis('off')
pylab.title('Image after adding Sinusoidal Noise')
F1 = fftpack.fft2((im).astype(float)) # noisy spectrum
F2 = fftpack.fftshift( F1 )
pylab.subplot(2,2,4), pylab.imshow( (20*np.log10( 0.1 + F2)).astype(int),
cmap=pylab.cm.gray)
pylab.xticks(np.arange(0, im.shape[1], 25))
pylab.yticks(np.arange(0, im.shape[0], 25))
pylab.title('Noisy Image Spectrum')
pylab.tight_layout()
pylab.show()
```

运行上述代码，输出结果如图 3-25 所示。可以看到，在 $u = 175$ 附近的频谱中，水平线上的周期噪声非常明显。

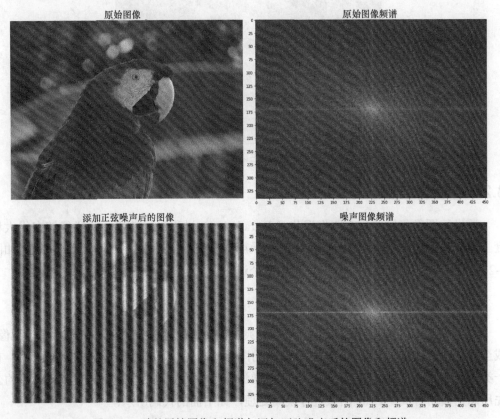

图 3-25　鹦鹉原始图像和频谱与添加正弦噪声后的图像和频谱

为此，现在设计一个带阻或陷波滤波器，通过如下代码将对应的频率分量设置为零来消除产生噪声的频率：

```
F2[170:176,:220] = F2[170:176,230:] = 0 # eliminate the frequencies most likely
responsible for noise (keep some low frequency components)
    im1 = fftpack.ifft2(fftpack.ifftshift( F2 )).real
    pylab.axis('off'), pylab.imshow(im1, cmap='gray'), pylab.show()
```

运行上述代码，输出结果如图 3-26 所示，该图即应用带阻滤波器后所得到的复原图像。可以看到，原始图像比复原图像更清晰，这是因为原始图像本身的一些真实频率连同噪声一起被带阻（陷波）滤波器所清除。

图 3-26　应用带阻滤波器去除鹦鹉图像中的周期性噪声

3.2.6　图像复原

要进行图像复原，需对图像**退化**（degradation）过程进行建模，这样能够在很大程度上消除退化的影响，但面临图像信息和噪声会丢失的挑战。图像的基本退化模型如图 3-27 所示。我们将在后续的章节里介绍两个退化模型，即逆滤波器和维纳滤波器。

1. 利用 FFT 去卷积和逆滤波

假定有已知的具有模糊核的模糊图像，典型的图像处理任务要求就是恢复原始图像，或至少近似于原始图像。我们称这种特殊的图像处理过程为**去卷积**（deconvolution）。有一类朴素滤波器可以应用于频域中来实现逆滤波器的功能，这就是本节中将要讨论的。先用高斯模糊对灰度 Lena 图像进行模糊处理，如下面的代码所示：

```
im = 255*rgb2gray(imread('../images/lena.jpg'))
```

```
gauss_kernel = np.outer(signal.gaussian(im.shape[0], 3),
signal.gaussian(im.shape[1], 3))
freq = fp.fft2(im)
freq_kernel = fp.fft2(fp.ifftshift(gauss_kernel)) # this is our H
convolved = freq*freq_kernel # by convolution theorem
im_blur = fp.ifft2(convolved).real
im_blur = 255 * im_blur / np.max(im_blur) # normalize
```

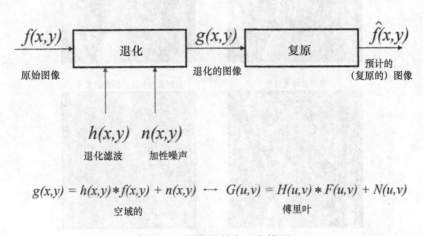

图 3-27 图像的基本退化模型

然后就可以对模糊的图像使用逆滤波器（即使用相同的 H）获得原始图像。以下代码演示了如何实现图像复原：

```
epsilon = 10**-6
freq = fp.fft2(im_blur)
freq_kernel = 1 / (epsilon + freq_kernel) # avoid division by zero
convolved = freq*freq_kernel
im_restored = fp.ifft2(convolved).real
im_restored = 255 * im_restored / np.max(im_restored)
print(np.max(im), np.max(im_restored))
pylab.figure(figsize=(10,10))
pylab.gray()
pylab.subplot(221), pylab.imshow(im), pylab.title('Original image'),pylab.axis('off')
pylab.subplot(222), pylab.imshow(im_blur), pylab.title('Blurred image'),pylab.axis('off')
pylab.subplot(223), pylab.imshow(im_restored), pylab.title('Restored image
with inverse filter'), pylab.axis('off')
pylab.subplot(224), pylab.imshow(im_restored - im), pylab.title('Diff
restored & original image'), pylab.axis('off')
pylab.show()
```

运行上述代码，输出结果如图 3-28 所示。可以看到，虽然逆滤波器对模糊图像进行了去模糊处理,但是也导致了一些信息的丢失。

图 3-28　Lena 图像模糊与逆滤波处理

图 3-29 所示分别是逆滤波器(HPF)的频谱、原始 Lena 图像频谱、利用高斯低通滤波器处理的模糊的 Lena 图像频谱,以及复原后的 Lena 图像在对数标度下的频谱。其 Python 实现代码留给读者作为练习(见习题 3)。

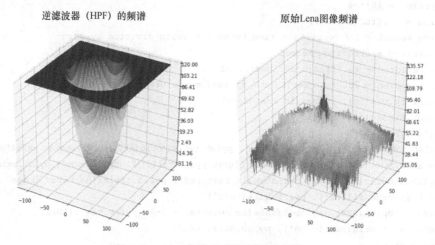

图 3-29　Lena 图像及模糊图像的频谱

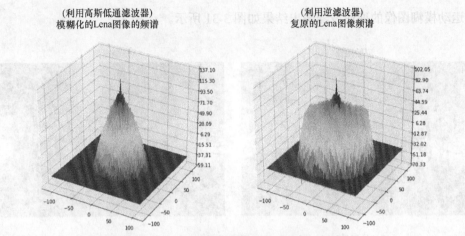

图 3-29 Lena 图像及模糊图像的频谱（续）

如果输入图像是有噪声的，则逆滤波器（即 HPF）的性能很差，因为在输出图像中噪声也得到了增强（参见习题 4）。

类似地，可以使用逆滤波器对已知运动模糊核的模糊图像进行去模糊处理。代码保持不变，只有核发生了变化，如下面的代码所示。注意，需要创建一个大小等于原始图像大小的**零填充核**，然后才能在频域中应用卷积（使用 np.pad()，更多详细用法留给读者作为练习）。

```
kernel_size = 21 # a 21 x 21 motion blurred kernel
mblur_kernel = np.zeros((kernel_size, kernel_size))
mblur_kernel[int((kernel_size-1)/2), :] = np.ones(kernel_size)
mblur_kernel = mblur_kernel / kernel_size
# expand the kernel by padding zeros
```

上述代码所定义的运动模糊核的频谱如图 3-30 所示。

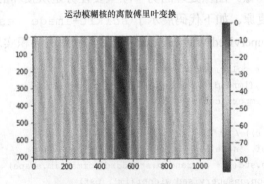

图 3-30 运动模糊核的频谱

运动模糊图像的逆滤波器输出结果如图 3-31 所示。

图 3-31　运动模糊图像的逆滤波器输出图像

2. 利用维纳滤波器去卷积

在前文中，读者已经了解了如何使用逆滤波器从模糊图像（利用一个已知模糊核）中获得（近似）原始图像。图像处理的另一项重要任务是从损坏的信号中去除噪声，这就是众所周知的图像复原。如下代码展示了 scikit-image restoration 模块的**无监督维纳滤波器**（unsupervised Wiener fitter）是如何利用去卷积实现图像去噪的：

```
from skimage import color, data, restoration
im = color.rgb2gray(imread('../images/elephant_g.jpg'))
from scipy.signal import convolve2d as conv2
n = 7
psf = np.ones((n, n)) / n**2
im1 = conv2(im, psf, 'same')
im1 += 0.1 * astro.std() * np.random.standard_normal(im.shape)
im2, _ = restoration.unsupervised_wiener(im1, psf)
fig, axes = pylab.subplots(nrows=1, ncols=3, figsize=(20, 4), sharex=True, sharey=True)
```

```
pylab.gray()
axes[0].imshow(im), axes[0].axis('off'), axes[0].set_title('Original image', size=20)
axes[1].imshow(im1), axes[1].axis('off'), axes[1].set_title('Noisy blurred image',
size=20)
axes[2].imshow(im2), axes[2].axis('off'), axes[2].set_title('Self tuned restoration',
size=20)
fig.tight_layout()
pylab.show()
```

运行上述代码,输出结果如图 3-32 所示,可以看到原始图像、模糊噪声图像及使用无监督维纳滤波器复原的图像。

图 3-32 大象的原始图像、模糊噪声图像及使用无监督维纳滤波器复原的图像

3. 利用 FFT 实现图像去噪

现在演示如何先利用具有 FFT 的 LPF 来阻塞傅里叶元素中的高频分量,以实现图像去噪。先通过如下程序来显示噪声灰度图像:

```
im = pylab.imread('../images/moonlanding.png').astype(float)
pylab.figure(figsize=(10,10))
pylab.imshow(im, pylab.cm.gray), pylab.axis('off'), pylab.title('Original image'),
pylab.show()
```

运行上述代码,输出结果如图 3-33 所示,这就是登月者原始噪声图像。

如下代码实现了噪声图像的频谱显示:

```
from scipy import fftpack
from matplotlib.colors import LogNorm
im_fft = fftpack.fft2(im)
def plot_spectrum(im_fft):
    pylab.figure(figsize=(10,10))
    pylab.imshow(np.abs(im_fft), norm=LogNorm(vmin=5),
cmap=pylab.cm.afmhot), pylab.colorbar()
pylab.figure(), plot_spectrum(fftpack.fftshift(im_fft))
pylab.title('Spectrum with Fourier transform', size=20)
```

图 3-33 登月者原始噪声图像

运行上述代码,输出原始噪声图像的傅里叶频谱,如图 3-34 所示。

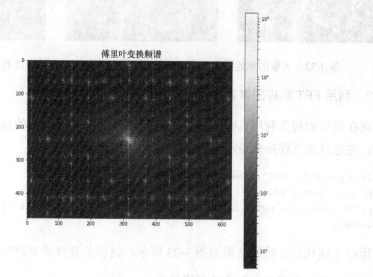

图 3-34 原始噪声图像的傅里叶频谱

(1) FFT 中的滤波器。以下代码演示了如何拒绝高频分量,并实现低通滤波器来衰减来自图像的噪声(对应于高频分量):

```
# Copy the original spectrum and truncate coefficients.
# Define the fraction of coefficients (in each direction) to keep as
keep_fraction = 0.1
im_fft2 = im_fft.copy()
# Set r and c to the number of rows and columns of the array.
r, c = im_fft2.shape
```

```
# Set all rows to zero with indices between r*keep_fraction and r*(1-keep_fraction)
im_fft2[int(r*keep_fraction):int(r*(1-keep_fraction))] = 0
# Similarly with the columns
im_fft2[:, int(c*keep_fraction):int(c*(1-keep_fraction))] = 0
pylab.figure(),plot_spectrum(fftpack.fftshift(im_fft2)),pylab.title('Filtered Spectrum')
```

运行上述代码，输出应用低通滤波器滤波后的频谱，如图 3-35 所示。

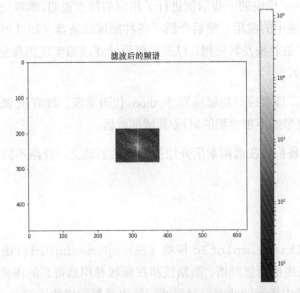

图 3-35 对登月者噪声图像应用低通滤波器滤波后的频谱

（2）重建最终图像。以下代码演示了如何使用 IFFT 从滤波后的傅里叶系数重建图像：

```
# Reconstruct the denoised image from the filtered spectrum, keep only the
    real part for display.
    im_new = fp.ifft2(im_fft2).real
    pylab.figure(figsize=(10,10)), pylab.imshow(im_new, pylab.cm.gray),
    pylab.axis('off')
    pylab.title('Reconstructed Image', size=20)
```

运行上述代码，输出结果如图 3-36 所示。可以看到，原噪声图像在频域滤波后，得到了更清晰的输出图像，实现了图像的重建。

图 3-36 登月者噪声图像重建后的图像

小结

本章主要讨论了与二维卷积相关的重要概念及其在图像处理中的相关应用），还讨论了几种不同的频域滤波技术，并利用 scikit-image numpy fft、scipy、fftpack、signal 和 ndimage 模块的一些示例进行了相应的技术说明。本章先引出卷积定理及并讨论了其在频域滤波中的应用，然后介绍了各种频域滤波器（如 LPF、HPF、陷波滤波器等），最后讨论了去卷积及其应用，以及如何设计滤波器实现图像复原的应用（如逆滤波器、维纳滤波器）。

读完本章之后，读者应该能够编写 Python 代码实现二维卷积/滤波，也应该能够编写 Python 代码实现带或不带卷积的时域/频域滤波器。

在第 4 章中，我们将在前两章所介绍的概念的基础上，介绍不同的图像增强技术。

习题

1. 使用 mpl_toolkits.mplot3d 模块（注：np.meshgrid()函数可以方便地绘制曲面）绘制出三维的图像频谱、高斯核和在频域卷积后得到的图像，三维输出结果应该类似于各章节中所示的曲面。对逆滤波器也重复同样的练习。
2. 给 Lena 图像添加随机噪声，用高斯核模糊图像，然后尝试使用逆滤波器来复原图像，如本章所给出的相应案例所示。发生了什么？为什么？
3. 在频域中使用 SciPy 信号的 fftconvolve()函数对彩色图像应用高斯模糊。
4. 在频域中使用 SciPy 的 ndimage 模块的函数 fourier_uniform()和 fourier_ellipsoid()函数分别将具有盒核和椭球核的低通滤波器应用到图像上。

第4章
图像增强

本章将讨论图像处理中一些最基本的工具,如均值滤波/中值滤波和直方图均衡化,它们仍然是最强大的工具。图像增强的目的是提高图像的质量或使特定的特征显得更加突出。这些技术更为通用,并且没有假定退化过程的强模型(与图像复原不同)。图像增强技术的一些例子有对比度拉伸、平滑和锐化。本章将介绍这些基本概念,并讲述如何使用 Python 库函数和 PIL、scikit-image 和 scipy ndimage 库实现这些技术。读者将能熟知这些简单而仍然流行的方法。

从内容安排上来说,本章先从介绍逐点强度变换开始;接着介绍对比度拉伸、二值化、半色调化和抖动算法,以及相应的 Python 库函数;然后讨论不同的直方图处理技术,如直方图均衡化(包括其全局和自适应版本)及直方图匹配;接下来介绍几种图像去噪技术。在介绍图像去噪技术时,我们先介绍一些线性平滑技术,如均值滤波器和高斯滤波器,然后介绍相对较新的非线性噪声平滑技术,如中值滤波器、双边滤波器和非局部均值滤波器,以及在 Python 中实现它们的方法;最后介绍数学形态学上不同的图像操作及其应用和实现。

本章主要包括以下内容:

- 逐点强度变换——像素转换;
- 直方图处理——直方图均衡化和直方图匹配;
- 线性噪声平滑(均值滤波器);
- 非线性噪声平滑(中值滤波器)。

4.1 逐点强度变换——像素变换

逐点强度变换运算对输入图像的每个像素 $f(x,y)$ 应用传递函数 T，在输出图像中生成相应的像素。变换可以表示为 $g(x,y) = T[f(x,y)]$ 或等同于 $s = T(r)$，其中 r 为输入图像中像素的灰度级，s 为输出图像中相同像素的灰度级变换。这是一个无内存操作，在 (x, y) 处的输出强度只取决于同一点的输入强度。相同强度的像素得到相同的变换。这不会带来新的信息，也不可能导致信息的丢失，但可以改善视觉外观或者使其特征更容易检测。这就是为什么这些变换通常作为图像处理流程中的预处理步骤。图 4-1 所示的是点处理、掩模/核处理，正如所看到的，对于考虑到邻域像素的空间滤波器，其也应用于变换。

一些常见的强度变换包括图像负片、颜色空间变换、对数变换、幂律变换、对比度拉伸和二值化。

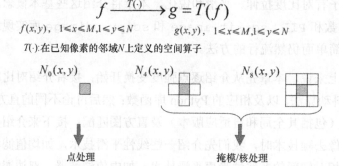

图 4-1 点处理、掩模/核处理

在第 1 章中，我们已经讨论了以上的其中一些内容。为此，在这里将从使用 PIL 对彩色 RGB 图像进行对数变换开始，然后讨论那些还没有涉及的变换。

我们还是先从相关 Python 库中导入所有需要的模块，如下面的代码所示：

```
import numpy as np
```

```
from skimage import data, img_as_float, img_as_ubyte, exposure, io, color
from skimage.io import imread
from skimage.exposure import cumulative_distribution
from skimage.restoration import denoise_bilateral, denoise_nl_means,
estimate_sigma
from skimage.measure import compare_psnr
from skimage.util import random_noise
from skimage.color import rgb2gray
from PIL import Image, ImageEnhance, ImageFilter
from scipy import ndimage, misc
import matplotlib.pylab as pylab
```

4.1.1 对数变换

当需要在图像中压缩或拉伸至一定灰度范围时，对数变换是非常有用的。例如，为了显示傅里叶频谱，因为其中直流分量的值要比其他分量的值高得多，所以如果没有对数变换，其他频率分量几乎总是看不见的。对数变换的点变换函数的一般形式为：$s=T(r)=c*\log(1+r)$，其中 c 是常数。

实现输入图像的颜色通道直方图的代码如下所示：

```
def plot_image(image, title=''):
    pylab.title(title, size=20), pylab.imshow(image)
    pylab.axis('off') # comment this line if you want axis ticks
def plot_hist(r, g, b, title=''):
    r, g, b = img_as_ubyte(r), img_as_ubyte(g), img_as_ubyte(b)
    pylab.hist(np.array(r).ravel(), bins=256, range=(0, 256), color='r',alpha=0.5)
    pylab.hist(np.array(g).ravel(), bins=256, range=(0, 256), color='g',alpha=0.5)
    pylab.hist(np.array(b).ravel(), bins=256, range=(0, 256), color='b',alpha=0.5)
    pylab.xlabel('pixel value', size=20), pylab.ylabel('frequency',size=20)
    pylab.title(title, size=20)
im = Image.open("../images/parrot.png")
im_r, im_g, im_b = im.split()
pylab.style.use('ggplot')
pylab.figure(figsize=(15,5))
pylab.subplot(121), plot_image(im, 'original image')
pylab.subplot(122), plot_hist(im_r, im_g, im_b,'histogram for RGB channels')
pylab.show()
```

运行上述代码，输出结果如图 4-2 所示，可以看到在应用对数变换之前的原始图像及其颜色通道直方图。

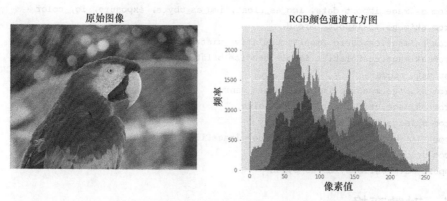

图 4-2　鹦鹉原始图像及其颜色通道直方图

现在使用 PIL（Python 图像库）图像模块的 point() 函数进行对数变换，并将此变换作用于 RGB 图像，从而对不同色彩通道直方图产生影响。代码如下所示：

```
im = im.point(lambda i: 255*np.log(1+i/255))
im_r, im_g, im_b = im.split()
pylab.style.use('ggplot')
pylab.figure(figsize=(15,5))
pylab.subplot(121), plot_image(im, 'image after log transform')
pylab.subplot(122), plot_hist(im_r, im_g, im_b, 'histogram of RGB channels log transform')
pylab.show()
```

运行上述代码，输出结果如图 4-3 所示。

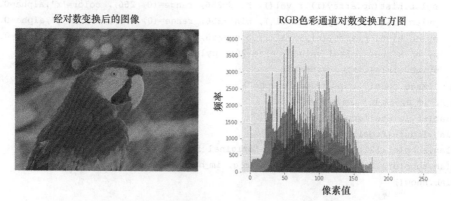

图 4-3　经对数变换后的鹦鹉图像及 RGB 色彩通道对数变换直方图

4.1.2 幂律变换

在第 1 章中,使用 PIL 的 point() 函数对灰度图像进行点变换(变换函数的一般形式: $s = T(r) = c * r^{\gamma}$,其中 c 是一个常数)。这里将应用幂律变换对具有 scikit-image 的 RGB 彩色图像进行这样的变换,然后可视化变换对颜色通道直方图的影响。其实现代码如下所示:

```
im = img_as_float(imread('../images/earthfromsky.jpg'))
gamma = 5
im1 = im**gamma
pylab.style.use('ggplot')
pylab.figure(figsize=(15,5))
pylab.subplot(121), plot_hist(im[...,0], im[...,1], im[...,2], 'histogram for RGB channels (input)')
pylab.subplot(122), plot_hist(im1[...,0], im1[...,1], im1[...,2],'histogram for RGB channels (output)')
pylab.show()
```

运行上述代码,输出结果如图 4-4 所示。

图 4-4 从天空俯瞰地面的图像

当 $\gamma = 5$ 时,输出图像如图 4-5 所示。

第 4 章　图像增强

图 4-5　幂律变换（$\gamma = 5$）后的从天空俯瞰地面的图像

幂律变换前后的颜色通道直方图如图 4-6 所示。

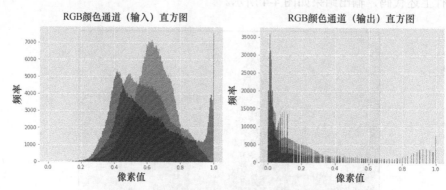

图 4-6　幂律变换前后的颜色通道直方图

4.1.3　对比度拉伸

　　对比度拉伸操作是以低对比度图像作为输入，将强度值的较窄范围拉伸到所需的较宽范围，以输出高对比度的输出图像，从而增强图像的对比度。它只是一个应用于图像像素值的线性缩放函数，因此图像增强不会那么剧烈（相对于更复杂的直方图均衡化，稍后将进行介绍）。对比度拉伸的点变换函数如图 4-7 所示。

　　可以看到，在拉伸可以实施前，必须指定上下像素值的极限值（图像将在其上进行归一化），例如，对于灰度图像，为了使输出图像遍及整个可用像素值范围，通常将极限值设置为 0 和 255。这一切的关键，只需要从原始图像的累积分布函数（CDF）中找到一个合适的 m 值。对比度拉伸变换通过将原始图像灰度级低于 m 值的像素变暗（向下限拉伸值）和灰度级高于 m 的像素变亮（向上限拉伸值），从而产生更高的对比度。接下来几节将介绍如何使用 PIL 库实现对比度拉伸。

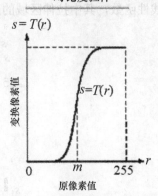

图 4-7 对比度拉伸的点变换函数

1. 使用 PIL 作为点操作

先加载一幅 RGB 图像，并将其划分成不同的颜色通道，以可视化不同颜色通道像素值的直方图。实现代码如下所示：

```
im = Image.open('../images/cheetah.png')
im_r, im_g, im_b, _ = im.split()
pylab.style.use('ggplot')
pylab.figure(figsize=(15,5))
pylab.subplot(121)
plot_image(im)
pylab.subplot(122)
plot_hist(im_r, im_g, im_b)
pylab.show()
```

运行上述代码，输出结果如图 4-8 所示。可以看到，输入的猎豹图像是低对比度图像，因为颜色通道直方图集中在一定的范围内（图右偏），而不是分散在所有可能的像素值上。

 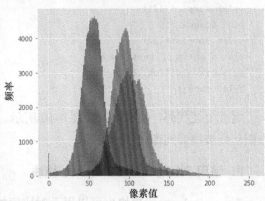

图 4-8 猎豹图像及 RGB 颜色通道直方图

对比度拉伸操作拉伸过度集中的灰度。正如图 4-9 所示，变换函数可以看作一个分段线性函数，其中拉伸区域的斜率大于 1。

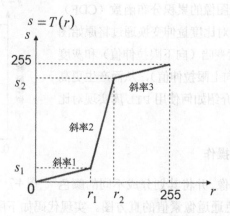

图 4-9 对比度拉伸的变换函数

如下代码演示了 PIL 的 point() 函数如何用于实现对比度拉伸。变换函数由 contrast() 函数定义为分段线性函数。

```
def contrast(c):
    return 0 if c < 70 else (255 if c > 150 else (255*c - 22950) / 48) # piece-wise linear function

im1 = im.point(contrast)
im_r, im_g, im_b, _ = im1.split()
pylab.style.use('ggplot')
pylab.figure(figsize=(15,5))
pylab.subplot(121)
plot_image(im1)
pylab.subplot(122)
plot_hist(im_r, im_g, im_b)
pylab.yscale('log',basey=10)
pylab.show()
```

运行上述代码，输出结果如图 4-10 所示。可以看到，经过点操作后，每个通道的直方图已经被拉伸到像素值的端点。

2. 使用 PIL 的 ImageEnhance 模块

ImageEnhance 模块也可以用于对比度拉伸。如下代码展示了如何使用对比度对象的 enhance() 方法来增强相同输入图像的对比度：

```
contrast = ImageEnhance.Contrast(im)
im1 = np.reshape(np.array(contrast.enhance(2).getdata()).astype(np.uint8),(im.height,
im.width, 4))
pylab.style.use('ggplot')
pylab.figure(figsize=(15,5))
pylab.subplot(121), plot_image(im1)
pylab.subplot(122), plot_hist(im1[...,0], im1[...,1], im1[...,2]),pylab.yscale('log',
basey=10)
pylab.show()
```

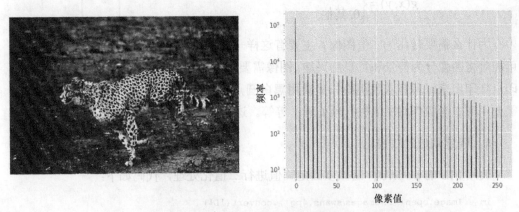

图 4-10 点操作后的猎豹图像及颜色通道直方图拉伸

运行上述代码，输出结果如图 4-11 所示。可以看到，输入图像的对比度增强，色彩通道直方图向端点拉伸。

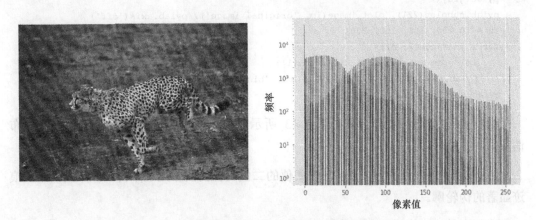

图 4-11 猎豹图像对比度增强及颜色通道直方图拉伸

4.1.4 二值化

这是一种点操作,通过将阈值以下的所有像素变为 0,阈值以上的所有像素变为 1,从灰度级的图像创建二值图像,如图 4-12 所示。

如果 $g(x, y)$ 是 $f(x, y)$ 在全局阈值 T 处的二值函数,则可以表示为:

$$g(x,y)=\begin{cases}1, f(x,y) > T \\ 0, 其他\end{cases}$$

为什么需要转化为二值图像?主要有这样一些原因:可能对将图像分为前景和背景感兴趣;图像需要用黑白打印机打印出来(所有灰色阴影只需要用黑白圆点表示);需要用形态学操作对图像进行预处理;等等。这将在本章后面加以讨论。

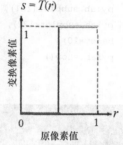

图 4-12 二值化

1. 固定阈值的二值化

使用 PIL 的 point() 函数以固定阈值进行二值化处理,代码如下:

```
im = Image.open('../images/swans.jpg').convert('L')
pylab.hist(np.array(im).ravel(), bins=256, range=(0, 256), color='g')
pylab.xlabel('Pixel values'), pylab.ylabel('Frequency'),
pylab.title('Histogram of pixel values')
pylab.show()
pylab.figure(figsize=(12,18))
pylab.gray()
pylab.subplot(221), plot_image(im, 'original image'), pylab.axis('off')
th = [0, 50, 100, 150, 200]
for i in range(2, 5):
    im1 = im.point(lambda x: x > th[i])
    pylab.subplot(2,2,i), plot_image(im1, 'binary image with threshold=' +str(th[i]))
pylab.show()
```

运行上述代码,输出结果如图 4-13 所示,可以看到,输入图像中像素值的分布情况。

从图 4-14 也可以看到,不同灰度阈值的二值图像的阴影处理不得当,导致了人工痕迹显著的伪轮廓。

我们在第 8 章中讲述图像分割的内容时,将详细讨论几种不同的阈值算法。

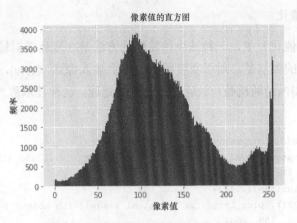

图 4-13　输入图像中像素值的分布情况

图 4-14　天鹅原始图像及不同灰度阈值的二值图像

2. 半色调二值化

在阈值化（二值化）中，一种减少伪轮廓的方法是在量化前对输入图像加入均匀分布的白噪声。具体的做法是，对于灰度图像的每个输入像素 $f(x, y)$，添加一个独立的均匀分布于[−128,128]内的随机数，然后进行二值化处理。这种技术称为半色调二值化，相关代码如下：

```
im = Image.open('../images/swans.jpg').convert('L')
im = Image.fromarray(np.clip(im + np.random.randint(-128, 128, (im.height, im.width)), 0, 255).astype(np.uint8))
pylab.figure(figsize=(12,18))
pylab.subplot(221), plot_image(im, 'original image (with noise)')
th = [0, 50, 100, 150, 200]
for i in range(2, 5):
    im1 = im.point(lambda x: x > th[i])
    pylab.subplot(2,2,i), plot_image(im1, 'binary image with threshold=' +str(th[i]))
pylab.show()
```

运行上述代码，输出结果如图 4-15 所示，可以看到，虽然生成的二值图像仍有一定的噪声，但是伪轮廓已经大大减少，且没那么模糊（当从远处看它们时），给人们的印象有几个灰度级。

图 4-15　天鹅图像的半色调二值化处理

阈值为150的二值图像　　　　　阈值为200的二值图像

图 4-15　天鹅图像的半色调二值化处理（续）

3. 基于误差扩散的 Floyd-Steinberg 抖动

同样，为了防止大尺度的图样模式（如伪轮廓）的出现，我们特意采用一种噪声应用形式来随机量化误差，这个过程称为抖动。Floyd-Steinberg 算法使用误差扩散技术来实现抖动，即将像素的剩余量化误差推加到相邻像素上，再做处理。它将量化误差按图 4-16 所示的分布展开，作为相邻像素的映射。

可以看到，星号（*）表示当前像素，空白像素表示之前扫描过的像素。该算法从左到右、从上到下扫描图像，依次对像素值进行量化，每次量化误差分布在相邻的像素之间（待扫描），而不影响已经量化的像素。因此，如果

图 4-16　量化误差扩散

对多个像素向下取整，那么接下来的像素更有可能被算法向上取整，从而使得平均量化误差接近于零。该算法的伪代码如图 4-17 所示。

```
for each y from top to bottom
    for each x from left to right
        oldpixel  := pixel[x][y]
        newpixel  := find_closest_palette_color(oldpixel)
        pixel[x][y] := newpixel
        quant_error := oldpixel - newpixel
        pixel[x + 1][y    ] := pixel[x + 1][y    ] + quant_error * 7 / 16
        pixel[x - 1][y + 1] := pixel[x - 1][y + 1] + quant_error * 3 / 16
        pixel[x    ][y + 1] := pixel[x    ][y + 1] + quant_error * 5 / 16
        pixel[x + 1][y + 1] := pixel[x + 1][y + 1] + quant_error * 1 / 16
```

图 4-17　Floyd-Steinberg 算法的伪代码

用 Python 实现上述伪代码获得的输出二值图像如图 4-18 所示。可以看到，与之前的半色调化方法相比，得到的二值图像的质量有了明显的提高。

图 4-18　经 Floyd-Steinberg 算法处理后的天鹅二值图像

以上的 Python 实现代码留给读者作为练习。

4.2　直方图处理——直方图均衡化和直方图匹配

直方图处理技术为改变图像中像素值的动态范围提供了一种更好的方法，使其强度直方图具有理想的形状。正如我们在前面图中所看到的，对比度拉伸操作的图像增强是有限的，因为它只能应用线性缩放函数。

直方图处理技术可以通过使用非线性（和非单调）传递函数将输入像素的强度映射到输出像素的强度，从而使其功能变得更加强大。在本节中，我们将用 scikit-image 库的曝光模块来演示两种技术的实现，即直方图均衡化和直方图匹配。

4.2.1 基于 scikit-image 的对比度拉伸和直方图均衡化

直方图均衡化采用单调的非线性映射，该映射重新分配输入图像的像素强度值，使输出图像的强度分布均匀（直方图平坦），从而增强图像的对比度。直方图均衡化的变换函数如图 4-19 所示。

$$s_k = T(r_k) = \sum_{j=0}^{k} P_r(r_j) = \sum_{j=0}^{k} n_j / N$$
$$0 \leq r_k \leq 1, \ k = 0, 1, 2, \cdots, 255$$

N: 全部像素
n_j: 灰度级别 j 的像素频率

图 4-19 直方图均衡化的变换函数

如下代码演示了如何使用曝光模块的 equalize_hist() 函数对 scikit-image 进行直方图均衡化。直方图均衡化的实现有两种不同的风格：第一种是对整个图像的全局操作；第二种是局部的（自适应的）操作，将图像分割成块，并在每个块上运行直方图均衡化。

```
img = rgb2gray(imread('../images/earthfromsky.jpg'))
# histogram equalization
img_eq = exposure.equalize_hist(img)
# adaptive histogram equalization
img_adapteq = exposure.equalize_adapthist(img, clip_limit=0.03)
pylab.gray()
images = [img, img_eq, img_adapteq]
titles = ['original input (earth from sky)', 'after histogram
equalization', 'after adaptive histogram equalization']
for i in range(3):
    pylab.figure(figsize=(20,10)), plot_image(images[i], titles[i])
pylab.figure(figsize=(15,5))
for i in range(3):
    pylab.subplot(1,3,i+1), pylab.hist(images[i].ravel(), color='g'),
pylab.title(titles[i], size=15)
pylab.show()
```

运行上述代码，输出结果如图 4-20 所示。可以看到，经过直方图均衡化后，输出图像的直方图变得几乎一致，但与全局直方图均衡化后的图像相比，自适应直方图均衡化后的图像更清晰地揭示了图像的细节。

图 4-20 俯瞰地面的原始图像及其直方图均衡化处理

局部（近均匀）直方图均衡化和自适应（拉伸和分段均匀）直方图均衡化像素分布的情况如图 4-21 所示（横轴代表像素值，纵轴代表相应的频率）。

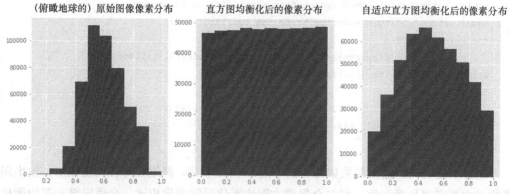

图 4-21 俯瞰地球的原始图像像素分布、直方图均衡化和自适应直方图均衡化后的像素分布情况

如下代码将实现使用两种不同的直方图处理技术，即基于 scikit-image 的对比

度拉伸和直方图均衡化得到的图像增强进行比较：

```
import matplotlib
matplotlib.rcParams['font.size'] = 8
def plot_image_and_hist(image, axes, bins=256):
    image = img_as_float(image)
    _image, axes_hist = axes
    axes_cdf = axes_hist.twinx()
    axes_image.imshow(image, cmap=pylab.cm.gray)
    axes_image.set_axis_off()
    axes_hist.hist(image.ravel(), bins=bins, histtype='step',color='black')
    axes_hist.set_xlim(0, 1)
    axes_hist.set_xlabel('Pixel intensity', size=15)
    axes_hist.ticklabel_format(axis='y', style='scientific', scilimits=(0,0))
    axes_hist.set_yticks([])
    image_cdf, bins = exposure.cumulative_distribution(image, bins)
    axes_cdf.plot(bins, image_cdf, 'r')
    axes_cdf.set_yticks([])
    return axes_image, axes_hist, axes_cdf

im = io.imread('../images/beans_g.png')
# contrast stretching
im_rescale = exposure.rescale_intensity(im, in_range=(0, 100),out_range=(0, 255))
im_eq = exposure.equalize_hist(im) # histogram equalization
im_adapteq = exposure.equalize_adapthist(im, clip_limit=0.03) # adaptive histogram equalization

fig = pylab.figure(figsize=(15, 7))
axes = np.zeros((2, 4), dtype = np.object)
axes[0, 0] = fig.add_subplot(2, 4, 1)
for i in range(1, 4):
    axes[0, i] = fig.add_subplot(2, 4, 1+i, sharex=axes[0,0],sharey=axes[0,0])
for i in range(0, 4):
    axes[1, i] = fig.add_subplot(2, 4, 5+i)
axes_image, axes_hist, axes_cdf = plot_image_and_hist(im, axes[:, 0])
axes_image.set_title('Low contrast image', size=20)
y_min, y_max = axes_hist.get_ylim()
axes_hist.set_ylabel('Number of pixels', size=20)
axes_hist.set_yticks(np.linspace(0, y_max, 5))
axes_image, axes_hist, axes_cdf = plot_image_and_hist(im_rescale,axes[:,1])
axes_image.set_title('Contrast stretching', size=20)
axes_image, axes_hist, axes_cdf = plot_image_and_hist(im_eq, axes[:, 2])
axes_image.set_title('Histogram equalization', size=20)
axes_image, axes_hist, axes_cdf = plot_image_and_hist(im_adapteq,axes[:,3])
axes_image.set_title('Adaptive equalization', size=20)
axes_cdf.set_ylabel('Fraction of total intensity', size=20)
axes_cdf.set_yticks(np.linspace(0, 1, 5))
```

```
fig.tight_layout()
pylab.show()
```

运行上述代码,输出结果如图 4-22 所示——低对比度原始图像、对比度拉伸、直方图均衡化和自适应均衡化及各自的像素分布情况。可以看到,自适应直方图均衡化后的图像比直方图均衡化后的图像的效果更好,因为前者使得输出图像的细节更加清晰。

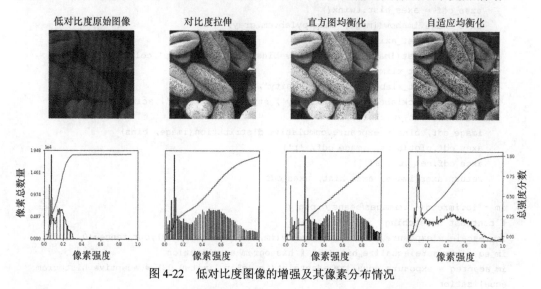

图 4-22 低对比度图像的增强及其像素分布情况

使用低对比度彩色猎豹输入图像代替上述输入图像,运行上述代码,结果如图 4-23 所示。

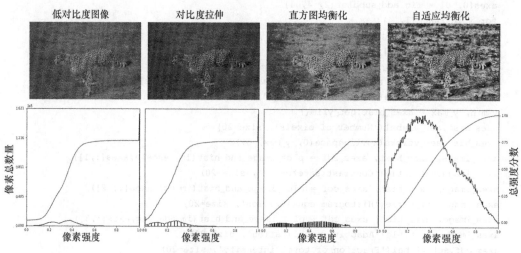

图 4-23 低对比度彩色猎豹图像的增强及其像素分布情况

4.2.2 直方图匹配

直方图匹配是指一幅图像的直方图与另一个参考（模板）图像的直方图相匹配的过程。图像的累积直方图如图 4-24 所示。

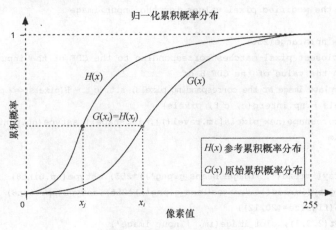

图 4-24 图像的累积直方图

实现直方图匹配过程的算法如下。

（1）计算每个图像的累积直方图，如图 4-24 所示。

（2）已知输入（将要调整的）图像中的任意像素值 x_i，在输出图像中通过匹配输入图像的直方图与模板图像的直方图找到对应的像素值 x_j。

（3）已知 x_i 像素值的累积直方图值 $G(x_i)$，找到一个像素值 x_j，使其累积分布值 $H(x_j)$ 在参照图中等于 $G(x_i)$，即 $H(x_j) = G(x_i)$。

（4）输入值 x_i 由 x_j 替代。

如下 Python 程序演示了如何实现直方图匹配：

```
def cdf(im):
    '''
    computes the CDF of an image im as 2D numpy ndarray
    '''
    c, b = cumulative_distribution(im)
    # pad the beginning and ending pixels and their CDF values
    c = np.insert(c, 0, [0]*b[0])
    c = np.append(c, [1]*(255-b[-1]))
```

```python
        return c
    def hist_matching(c, c_t, im):
        '''
        c: CDF of input image computed with the function cdf()
        c_t: CDF of template image computed with the function cdf()
        im: input image as 2D numpy ndarray
        returns the modified pixel values for the input image
        '''
        pixels = np.arange(256)
        # find closest pixel-matches corresponding to the CDF of the input
image, given the value of the CDF H of
        # the template image at the corresponding pixels, s.t. c_t = H(pixels)<=> pixels = H-1(c_t)
        new_pixels = np.interp(c, c_t, pixels)
        im = (np.reshape(new_pixels[im.ravel()], im.shape)).astype(np.uint8)
        return im
pylab.gray()
im = (rgb2gray(imread('../images/beans_g.png'))*255).astype(np.uint8)
im_t = (rgb2gray(imread('../images/lena_g.png'))*255).astype(np.uint8)
pylab.figure(figsize=(20,12))
pylab.subplot(2,3,1), plot_image(im, 'Input image')
pylab.subplot(2,3,2), plot_image(im_t, 'Template image')
c = cdf(im)
c_t = cdf(im_t)
pylab.subplot(2,3,3)
p = np.arange(256)
pylab.plot(p, c, 'r.-', label='input')
pylab.plot(p, c_t, 'b.-', label='template')
pylab.legend(prop={'size': 15})
pylab.title('CDF', size=20)
im = hist_matching(c, c_t, im)
pylab.subplot(2,3,4), plot_image(im, 'Output image with Hist. Matching')
c1 = cdf(im)
pylab.subplot(2,3,5)
pylab.plot(np.arange(256), c, 'r.-', label='input')
pylab.plot(np.arange(256), c_t, 'b.-', label='template')
pylab.plot(np.arange(256), c1, 'g.-', label='output')
pylab.legend(prop={'size': 15})
pylab.title('CDF', size=20)
pylab.show()
```

运行上述代码，输出结果如图 4-25 所示。可以看到，经过直方图匹配后，输出 Bean 图像的累积分布函数与输入 Lena 图像的 CDF 重合，增强了低对比度输入 Bean 图像的对比度。

4.2 直方图处理——直方图均衡化和直方图匹配

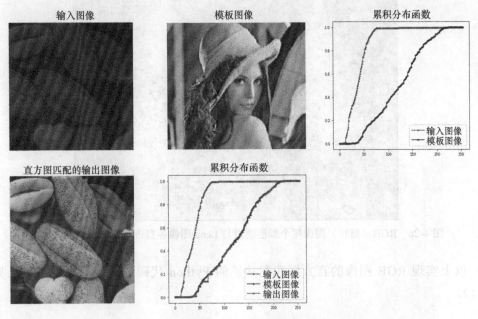

图 4-25 Bean 图像与 Lena 图像直方图匹配与增强

RGB 图像的直方图匹配

对于 RGB 图像的每个颜色通道，可以单独进行直方图匹配，得到图 4-26 所示的输出结果。

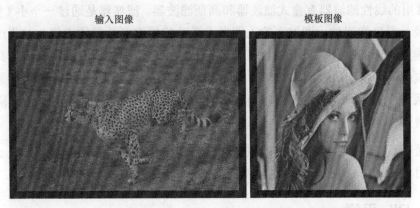

图 4-26 RGB（猎豹）图像每个颜色通道与 Lena 图像各自进行直方图匹配

图 4-26　RGB（猎豹）图像每个颜色通道与 Lena 图像各自进行直方图匹配（续）

以上实现 RGB 图像的直方图匹配功能的 Python 代码留给读者进行练习（见习题 1）。

4.3　线性噪声平滑

线性（空间）滤波具有对（在邻域内）像素值加权求和的功能，它是一种线性运算，可以用来对图像进行模糊或去噪。模糊用于预处理过程，如删除不重要的（不相关的）细节。常用的线性滤波器有盒式滤波器和高斯滤波器。滤波器是通过一个小（如 3×3）核（掩模）得以实现的，通过在输入图像上滑动掩模重新计算像素值，并将过滤函数应用到输入图像的每一个可能的像素（输入图像中心像素值所对应的掩模所具有的权重被像素值的加权和所替代）。例如，盒式滤波器（也称为均值滤波器）用其邻域的平均值替换每个像素，并（通过去除清晰的特征，例如模糊边缘而空间平滑消除噪声）实现平滑效果。

下面几节将阐述如何对图像应用线性噪声平滑：先使用 PIL 的 `ImageFilter` 模块，然后使用 SciPy 的 `ndimage` 模块的滤波功能。

4.3.1　PIL 平滑

下述几节将演示 PIL 的 `ImageFilter` 模块的函数如何用于线性噪声平滑，换言之，如何用线性滤波器平滑噪声。

1. 基于 ImageFilter 平滑

如下代码演示了 PIL 的 `ImageFilter` 模块的滤波功能如何用于对噪声图像进行去噪。通过改变输入图像的噪声水平来观察其对模糊滤波器的影响。本例使用了受欢迎的山魈图像作为输入图像，该图像受知识共享许可协议保护，可在 flickr 官网和 SIPI 图像库中找到它。

```
i = 1
pylab.figure(figsize=(10,25))
for prop_noise in np.linspace(0.05,0.3,3):
    im = Image.open('../images/mandrill.jpg')
    # choose 5000 random locations inside image
    n = int(im.width * im.height * prop_noise)
    x, y = np.random.randint(0, im.width, n), np.random.randint(0, im.height, n)
    for (x,y) in zip(x,y):
        im.putpixel((x, y), ((0,0,0) if np.random.rand() < 0.5 else (255,255,255)))
# generate salt-and-pepper noise
    im.save('../images/mandrill_spnoise_' + str(prop_noise) + '.jpg')
    pylab.subplot(6,2,i), plot_image(im, 'Original Image with ' +
        str(int(100*prop_noise)) + '% added noise')
    i += 1
    im1 = im.filter(ImageFilter.BLUR)
    pylab.subplot(6,2,i), plot_image(im1, 'Blurred Image')
    i += 1
pylab.show()
```

运行上述代码，输出结果如图 4-27 所示，可以看到，随着输入图像噪声的增大，平滑后的图像质量变差。

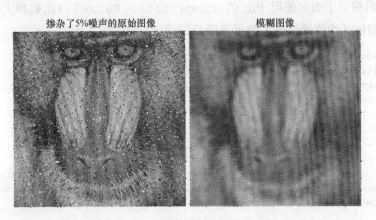

图 4-27 不同噪声水平的山魈图像及其模糊图像

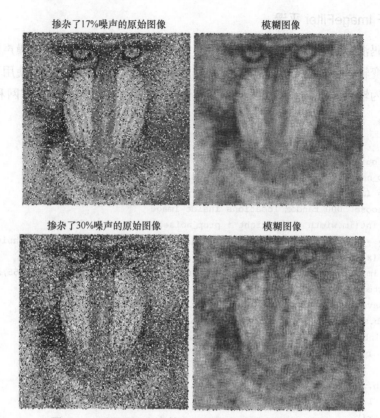

图 4-27 不同噪声水平的山魈图像及其模糊图像（续）

2. 基于盒模糊核均值化平滑

如下代码演示了如何使用 PIL 的 ImageFilter.Kernel()函数和大小为 3×3 和 5×5 的盒模糊核（均值滤波器）来平滑噪声图像：

```
im = Image.open('../images/mandrill_spnoise_0.1.jpg')
pylab.figure(figsize=(20,7))
pylab.subplot(1,3,1), pylab.imshow(im), pylab.title('Original Image',size=30),
pylab.axis('off')
for n in [3,5]:
    box_blur_kernel = np.reshape(np.ones(n*n),(n,n)) / (n*n)
    im1 = im.filter(ImageFilter.Kernel((n,n), box_blur_kernel.flatten()))
    pylab.subplot(1,3,(2 if n==3 else 3))
    plot_image(im1, 'Blurred with kernel size = ' + str(n) + 'x' + str(n))
pylab.suptitle('PIL Mean Filter (Box Blur) with different Kernel size',size=30)
pylab.show()
```

运行上述代码，输出结果如图 4-28 所示。可以看到，输出图像是通过将较大尺寸的盒模糊核与已经过平滑处理的噪声图像进行卷积得到的。

原始图像

核大小为3×3的模糊化
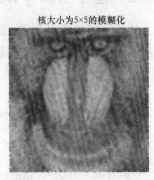
核大小为5×5的模糊化

图 4-28　利用不同核大小的 PIL 均值滤波（盒模糊）

3. 基于高斯模糊滤波器平滑

高斯模糊滤波器也是一种线性滤波器，但与简单的均值滤波器不同的是，它采用核窗口内像素的加权平均值来平滑一个像素（相邻像素的权重随着相邻像素与像素的距离呈指数递减）。如下代码演示了 PIL 的 `ImageFilter.GaussianBlur()` 函数如何用不同半径参数值的核实现对较大噪声图像的平滑：

```
im = Image.open('../images/mandrill_spnoise_0.2.jpg')
pylab.figure(figsize=(20,6))
i = 1
for radius in range(1, 4):
    im1 = im.filter(ImageFilter.GaussianBlur(radius))
    pylab.subplot(1,3,i), plot_image(im1, 'radius = ' +str(round(radius,2)))
    i += 1
pylab.suptitle('PIL Gaussian Blur with different Radius', size=20)
pylab.show()
```

运行上述代码，输出结果如图 4-29 所示。可以看到，随着半径的增大，高斯滤波器去除的噪声越来越多，图像变得更加平滑，也变得更加模糊。

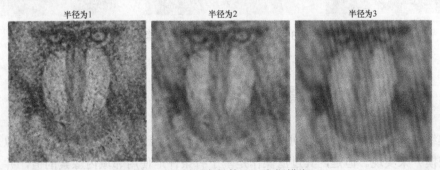

图 4-29　不同半径的 PIL 高斯模糊

4.3.2 基于 SciPy ndimage 进行盒核与高斯核平滑比较

同样也可以使用 SciPy 的 ndimage 模块函数对图像进行线性滤波。如下代码演示了如何应用线性滤波器对带有脉冲（椒盐）噪声的山魈图像进行去噪处理：

```
from scipy import misc, ndimage
import matplotlib.pylab as pylab
im = misc.imread('../images/mandrill_spnoise_0.1.jpg')
k = 7 # 7x7 kernel
im_box = ndimage.uniform_filter(im, size=(k,k,1))
s = 2 # sigma value
t = (((k - 1)/2)-0.5)/s # truncate parameter value for a kxk gaussian kernel with sigma s
im_gaussian = ndimage.gaussian_filter(im, sigma=(s,s,0), truncate=t)
fig = pylab.figure(figsize=(30,10))
pylab.subplot(131), plot_image(im, 'original image')
pylab.subplot(132), plot_image(im_box, 'with the box filter')
pylab.subplot(133), plot_image(im_gaussian, 'with the gaussian filter')
pylab.show()
```

运行上述代码，输出结果如图 4-30 所示。可以看到，盒式滤波器采用相同尺寸 $\sigma = 2$ 的核比高斯滤波器采用同样尺寸的核进行平滑，其输出图像更加模糊。

原始图像
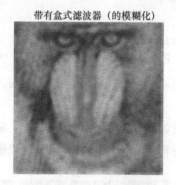
带有盒式滤波器（的模糊化）
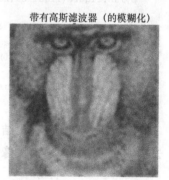
带有高斯滤波器（的模糊化）

图 4-30 不同滤波器平滑噪声图像比较

4.4 非线性噪声平滑

非线性（空间）滤波器也同样作用于邻域，也类似于线性滤波器通过在图像上滑动核（掩模）来实现。但是，其过滤操作是基于有条件地使用邻域内像素的值，并且它们不会显式地使用一般形式的乘积和的系数。例如，采用非线性滤波器可以有效地降低噪声，其基本功能是计算中值滤波器所在邻域的灰度值。这个滤波器是非线性的滤波，因为中值计算是一个非线性的运算操作。中值滤波器非常流行，这是因为对于某些类型的随机噪声（例如脉冲噪声），它们提供了优异的去噪能力，具有比类似大小的线性平滑滤波器相对少得多的模糊。非线性滤波器比线性滤波器更加强大，例如在抑制非高斯噪声时，如尖峰和边缘/纹理保存属性等方面。非线性滤波器的一些例子有中值滤波器、双边滤波器和非局部均值滤波器。后续几节将阐述这些基于 PIL、scikit-image 和 SciPy ndimage 库函数的非线性滤波器。

4.4.1 PIL 平滑

PIL 的 ImageFilter 模块为图像的非线性去噪提供了一系列功能。在本节中，我们将通过案例来展示其中的几种。

1. 中值滤波器

中值滤波器用邻域像素值的中值替换每个像素。尽管这种滤波器可能会去除图像中的某些小细节，但它可以极好地去除椒盐噪声。使用中值滤波器，先要给邻域强度一个优先级，然后选择中间值。中值滤波对统计异常值具有较强的平复性，适应性强，模糊程度较低，易于实现。如下代码演示了 PIL 的 ImageFilter 模块的 MedianFilter() 函数如何从有噪声的山魈图像中去除椒盐噪声，添加不同级别的噪声，使用不同大小的核窗口作为中值滤波器：

```
i = 1
pylab.figure(figsize=(25,35))
for prop_noise in np.linspace(0.05,0.3,3):
    im = Image.open('../images/mandrill.jpg')
    # choose 5000 random locations inside image
    n = int(im.width * im.height * prop_noise)
    x, y = np.random.randint(0, im.width, n), np.random.randint(0,im.height, n)
    for (x,y) in zip(x,y):
        im.putpixel((x, y), ((0,0,0) if np.random.rand() < 0.5 else
(255,255,255))) # geenrate salt-and-pepper noise
    im.save('../images/mandrill_spnoise_' + str(prop_noise) + '.jpg')
    pylab.subplot(6,4,i)
    plot_image(im, 'Original Image with ' + str(int(100*prop_noise)) +'%added noise')
    i += 1
    for sz in [3,7,11]:
        im1 = im.filter(ImageFilter.MedianFilter(size=sz))
```

```
            pylab.subplot(6,4,i), plot_image(im1, 'Output (Median Filter size='+
str(sz) + ')')
            i += 1
pylab.show()
```

运行上述代码，输出结果如图 4-31 所示。从图中可以看出，非线性中值滤波器对脉冲噪声（又称椒盐噪声）的滤波效果明显好于线性均值和加权均值（高斯）滤波器，但存在一定的斑片状，丢失了某些细节。

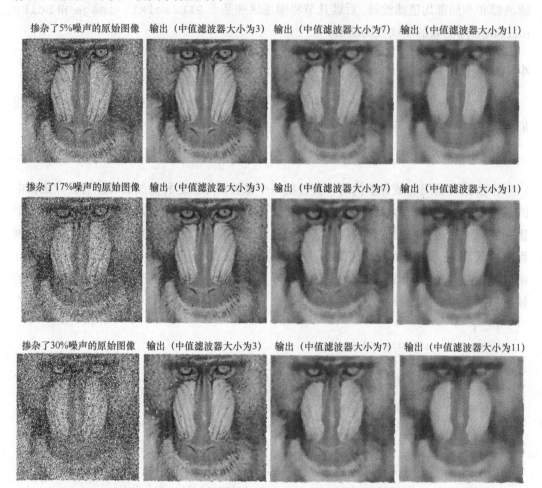

图 4-31　对不同核大小、添加不同噪声级别的噪声图像应用中值滤波器后的输出图像

2. 最大值滤波器和最小值滤波器

如下代码演示了如何使用 `MaxFilter()` 去除脉冲噪声，然后使用 `MinFilter()` 去除

4.4 非线性噪声平滑

图像中的盐噪声:

```
im = Image.open('../images/mandrill_spnoise_0.1.jpg')
pylab.subplot(1,3,1)
plot_image(im, 'Original Image with 10% added noise')
im1 = im.filter(ImageFilter.MaxFilter(size=sz))
pylab.subplot(1,3,2), plot_image(im1, 'Output (Max Filter size=' + str(sz)+ ')')
im1 = im1.filter(ImageFilter.MinFilter(size=sz))
pylab.subplot(1,3,3), plot_image(im1, 'Output (Min Filter size=' + str(sz)+ ')', size=15)
pylab.show()
```

运行上述代码,输出结果如图 4-32 所示。可以看到,最大值滤波器和最小值滤波器在去除噪声图像的脉冲噪声方面都具有一定的效果。

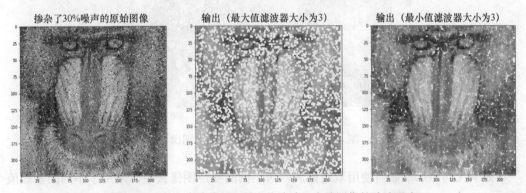

图 4-32 最大值滤波器和最小值滤波器去除图像的脉冲噪声

4.4.2 scikit-image 平滑(去噪)

scikit-image 库还在图像复原模块中提供了一组非线性滤波器。在接下来的几节中,我们将介绍一些非常有用的滤波器,即双边滤波器和非局部均值滤波器。

1. 双边滤波器

双边滤波器是一种边缘识别的平滑滤波器,对于这种滤波器,中心像素被设置为它的某些邻域像素值的加权平均值,而这些邻域像素值的亮度与中心像素的大致相似。在本节中,我们将示范如何使用 scikit-image 包中的双边滤波器实现图像去噪。先从图 4-33 所示的灰度山峰图像(mountain.png)中创建一幅噪声图像。

图 4-33 山峰图像

如下代码演示了如何使用 numpy 的 random_noise() 函数来生成一幅噪声图像。

```
im = color.rgb2gray(img_as_float(io.imread('../images/mountain.png')))
sigma = 0.155
noisy = random_noise(im, var=sigma**2)
pylab.imshow(noisy)
```

图 4-34 显示了使用上述代码在原始图像中添加随机噪声所生成的噪声图像。

图 4-34 添加了随机噪声的山峰图像

如下代码演示了如何使用双边滤波器对上面的噪声图像去噪，采用了不同的参数值 σ_{color} 和 σ_{spatial}：

```
pylab.figure(figsize=(20,15))
i = 1
for sigma_sp in [5, 10, 20]:
    for sigma_col in [0.1, 0.25, 5]:
        pylab.subplot(3,3,i)
        pylab.imshow(denoise_bilateral(noisy, sigma_color=sigma_col,
        sigma_spatial=sigma_sp, multichannel=False))
        pylab.title(r'$\sigma_r=$' + str(sigma_col) + r', $\sigma_s=$' +
str(sigma_sp), size=20)
        i += 1
pylab.show()
```

运行上述代码，输出结果如图 4-35 所示。可以看到，如果标准差越大，那么图像的噪声越小，但模糊程度越高。执行上述代码需要等几分钟，这是因为 RGB 图像上的实现更慢。

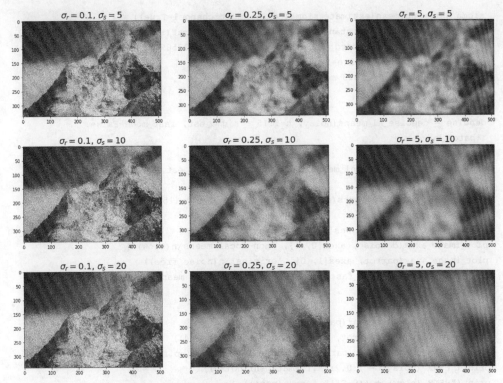

图 4-35　不同参数下的双边滤波器对随机噪声山峰图像去噪

2．非局部均值滤波器

非局部均值滤波器实际上是一种保留纹理的非线性去噪算法。在该算法中，对于任意给定的像素，仅使用与感兴趣的像素具有相似局部邻域的邻近像素的加权平均值来设置它的值。换言之，就是将以其他像素为中心的小斑块与以感兴趣像素为中心的斑块进行比较。在本节中，我们通过使用非局部均值滤波器对鹦鹉图像去噪来演示该算法。函数的 h 参数控制斑块权重的衰减，它是斑块之间距离的函数。如果 h 很大，它允许不同的斑块之间有更多的平滑。如下代码展示了如何用非局部均值滤波器去噪：

```
def plot_image_axes(image, axes, title):
    axes.imshow(image)
    axes.axis('off')
    axes.set_title(title, size=20)
parrot = img_as_float(imread('../images/parrot.png'))
sigma = 0.25
noisy = parrot + sigma * np.random.standard_normal(parrot.shape)
noisy = np.clip(noisy, 0, 1)
# estimate the noise standard deviation from the noisy image
```

```
sigma_est = np.mean(estimate_sigma(noisy, multichannel=True))
print("estimated noise standard deviation = {}".format(sigma_est))
# estimated noise standard deviation = 0.22048519002358943
patch_kw = dict(patch_size=5, # 5x5 patches
patch_distance=6, # 13x13 search area
multichannel=True)
# slow algorithm
denoise = denoise_nl_means(noisy, h=1.15 * sigma_est, fast_mode=False,
**patch_kw)
# fast algorithm
denoise_fast = denoise_nl_means(noisy, h=0.8 * sigma_est, fast_mode=True,
**patch_kw)
fig, axes = pylab.subplots(nrows=2, ncols=2, figsize=(15, 12), sharex=True,
sharey=True)
plot_image_axes(noisy, axes[0, 0], 'noisy')
plot_image_axes(denoise, axes[0, 1], 'non-local means\n(slow)')
plot_image_axes(parrot, axes[1, 0], 'original\n(noise free)')
plot_image_axes(denoise_fast, axes[1, 1], 'non-local means\n(fast)')
fig.tight_layout()
# PSNR metric values
psnr_noisy = compare_psnr(parrot, noisy)
psnr = compare_psnr(parrot, denoise.astype(np.float64))
psnr_fast = compare_psnr(parrot, denoise_fast.astype(np.float64))
print("PSNR (noisy) = {:0.2f}".format(psnr_noisy))
print("PSNR (slow) = {:0.2f}".format(psnr))
print("PSNR (fast) = {:0.2f}".format(psnr_fast))
# PSNR (noisy) = 13.04 # PSNR (slow) = 26.25 # PSNR (fast) = 25.84
pylab.show()
```

运行上述代码，输出结果如图 4-36 所示。可以看到，慢版本的算法比快版本的峰值信噪比（Peak Signal-to-Noise Ratio，PSNR）更好，这是一种权衡。两种算法输出图像的 PSNR 都比噪声图像高得多。

图 4-36 快、慢非局部均值方法图像去噪效果比较

原始图像（无噪声） 非局部均值（快）

图 4-36 快、慢非局部均值方法图像去噪效果比较（续）

4.4.3 SciPy ndimage 平滑

SciPy ndimage 模块提供了一个名为 percentile_filter() 的函数，它是中值滤波器的一个通用版本。如下代码演示了这个滤波器的用法：

```
lena = misc.imread('../images/lena.jpg')
# add salt-and-pepper noise to the input image
noise = np.random.random(lena.shape)
lena[noise > 0.9] = 255
lena[noise < 0.1] = 0
plot_image(lena, 'noisy image')
pylab.show()
fig = pylab.figure(figsize=(20,15))
i = 1
for p in range(25, 100, 25):
    for k in range(5, 25, 5):
        pylab.subplot(3,4,i)
        filtered = ndimage.percentile_filter(lena, percentile=p, size=(k,k,1))
        plot_image(filtered, str(p) + ' percentile, ' + str(k) + 'x' + str(k) + ' kernel')
        i += 1
pylab.show()
```

运行上述代码，输出结果如图 4-37 所示。可以看到，在所有百分位滤波器中，核尺寸较小的中值滤波器（对应于第 50 百分位）在去除脉冲噪声方面的效果最好，而与此同时，丢失的图像细节也极少。

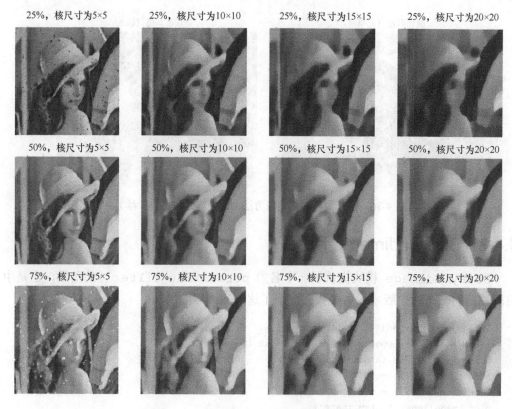

图 4-37 不同百分位滤波器的图像去噪效果

小结

本章主要讲述了不同的图像增强方法：先介绍逐点强度转换，接着介绍直方图处理技术（如直方图均衡化和直方图匹配），然后介绍线性噪声平滑技术（如均值滤波器和高斯滤波器）以及非线性噪声平滑技术（如中值滤波器、双边滤波器和非局部均值滤波器）。

要更好地掌握图像增强技术，读者应能编写出实现以下功能的 Python 代码：点转换（如幂律变换和对比度拉伸）、基于直方图的图像增强（如直方图均衡化匹配）和图像去噪（如均值/中值滤波器）。

在第 5 章中，我们将继续讨论更多基于图像导数和梯度的图像增强技术。

习题

1. 如何实现 RGB 图像的直方图匹配？
2. 使用 `skimage.filters.rank` 模块中的 `equalize()` 函数实现局部直方图均衡化，并将其与使用 `skimage.exposure` 模块对灰度图像进行的全局直方图均衡化进行比较。
3. 使用 PIL 中的 `ModeFilter()` 对图像进行线性平滑。何时有用？
4. 在原始图像中加入随机高斯噪声，简单取噪声图像的平均值，得到一幅可以从少量噪声图像中复原的图像。取中值也有用吗？

第 5 章
应用导数方法实现图像增强

在本章中,我们将继续讨论图像增强,即讨论有关改善图像的外观或实用性的问题。在内容安排上,我们主要关注于计算图像梯度/导数的空间滤波技术,以及如何应用这些技术实现图像的边缘检测。首先,我们将从使用一阶(偏)导数的图像梯度的基本概念开始;然后讨论二阶导数/拉普拉斯导数,读者将看到如何使用它们来查找图像中的边;接下来,我们将讨论使用 Python 图像处理库 PIL、scikit-image 的 `filter` 模块和 SciPy 的 ndimage 模块对图像进行锐化/反锐化掩模的几种方法;再接下来,读者将学到如何使用不同的滤波器(sobel、canny、LoG 等)并将它们与图像进行卷积,以检测图像中的边缘;最后,我们将讨论如何计算高斯/拉普拉斯图像金字塔(用 scikit-image),并使用图像金字塔平滑地融合两幅图像。

本章主要包括以下内容:

- 图像导数——梯度和拉普拉斯算子;
- 锐化和反锐化掩模;
- 使用导数和滤波器进行边缘检测;
- 图像金字塔——融合图像。

5.1 图像导数——梯度和拉普拉斯算子

可以采用有限差分法计算数字图像的偏导数。在本节中,我们将讨论如何计算图像导数、梯度和拉普拉斯算子,以及说明它们为何有用。与之前章节中的示例一样,我们先导入所需的库,如下面的代码所示:

5.1 图像导数——梯度和拉普拉斯算子

```python
import numpy as np
from scipy import signal, misc, ndimage
from skimage import filters, feature, img_as_float
from skimage.io import imread
from skimage.color import rgb2gray
from PIL import Image, ImageFilter
import matplotlib.pylab as pylab
```

5.1.1 导数与梯度

图 5-1 展示了如何使用有限差分（具有前向差分和中心差分，后者更精确）计算图像 I（即函数 $f(x, y)$）的偏导数，而有限差分可以使用与图中所示核的卷积来实现。在该图中，还定义了梯度向量、梯度向量的大小（对应于边缘的强度）和方向（垂直于边缘）。在输入图像中，强度（灰度值）急剧变化的位置对应于图像一阶导数强度中有尖峰或谷的位置。换言之，梯度幅值的峰值表示边缘位置，为此需要对梯度幅值设定阈值来找到图像中的边缘。

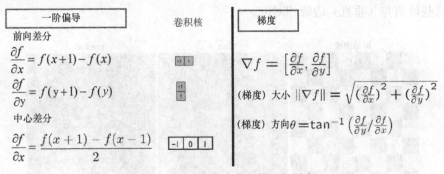

图 5-1 一阶偏导（卷积核）与梯度

如下代码显示了如何使用图 5-1 所示的卷积核来计算梯度（及其大小和方向），以灰度象棋图像作为输入，并且还绘制了图像像素值和梯度向量的 x 分量如何随着图像第一行的 y 坐标的变化（$x = 0$）而变化。

```python
def plot_image(image, title):
    pylab.imshow(image), pylab.title(title, size=20), pylab.axis('off')

ker_x = [[-1, 1]]
ker_y = [[-1], [1]]
im = rgb2gray(imread('../images/chess.png'))
im_x = signal.convolve2d(im, ker_x, mode='same')
im_y = signal.convolve2d(im, ker_y, mode='same')
```

```
im_mag = np.sqrt(im_x**2 + im_y**2)
im_dir = np.arctan(im_y/im_x)
pylab.gray()
pylab.figure(figsize=(30,20))
pylab.subplot(231), plot_image(im, 'original'), pylab.subplot(232),plot_image(im_x, 'grad_x')
pylab.subplot(233), plot_image(im_y, 'grad_y'), pylab.subplot(234),plot_image(im_mag,
'||grad||')
pylab.subplot(235), plot_image(im_dir, r'$\theta$'), pylab.subplot(236)
pylab.plot(range(im.shape[1]), im[0,:], 'b-', label=r'$f(x,y)|_{x=0}$',linewidth=5)
pylab.plot(range(im.shape[1]), im_x[0,:], 'r-', label=r'$grad_x(f(x,y))|_{x=0}$')
pylab.title(r'$grad_x (f(x,y))|_{x=0}$', size=30)
pylab.legend(prop={'size': 20})
pylab.show()
```

运行上述代码，输出结果如图 5-2 所示。可以看到，x 和 y 方向上的偏导数分别检测到图像的垂直和水平边缘，梯度大小显示了图像中不同位置边缘的强度。同样，如果我们从与单行（例如第 0 行）对应的原始图像中选择所有像素，就可以看到一个方波（对应于黑白交替的强度模式），而同一组像素的梯度大小在强度上有峰值（突然增加或减少），这些峰值与（垂直）边缘相对应。

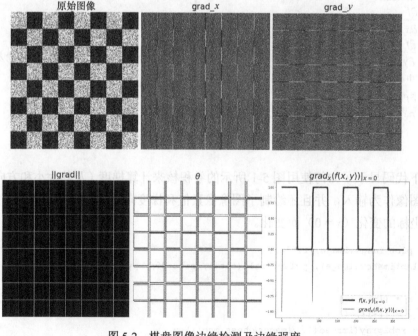

图 5-2　棋盘图像边缘检测及边缘强度

5.1 图像导数——梯度和拉普拉斯算子

在同一图像中显示大小和梯度

在上述例子中,边缘的大小和方向显示在不同的图像中。读者还可以创建一个 RGB 图像,并像下面这样设置 R、G 和 B 的值,以便在同一幅图像中显示大小和方向。

$$\begin{cases} g(x,y,R) = |\nabla I(x,y)| \sin(\theta) \\ g(x,y,G) = |\nabla I(x,y)| \cos(\theta) \\ g(x,y,B) \quad\quad = 0 \end{cases}$$

使用与前述示例相同的代码,并将右下角子图的代码替换为如下代码:

```
im = np.zeros((im.shape[0],im.shape[1],3))
im[...,0] = im_mag*np.sin(im_ang)
im[...,1] = im_mag*np.cos(im_ang)
pylab.title(r'||grad||+$\theta$', size=30), pylab.imshow(im),pylab.axis('off')
```

然后,使用老虎图像,运行上述代码,将得到图 5-3 所示的输出结果。最后一个子图用颜色显示了边缘的大小和方向。

图 5-3 老虎图像及其梯度大小和方向

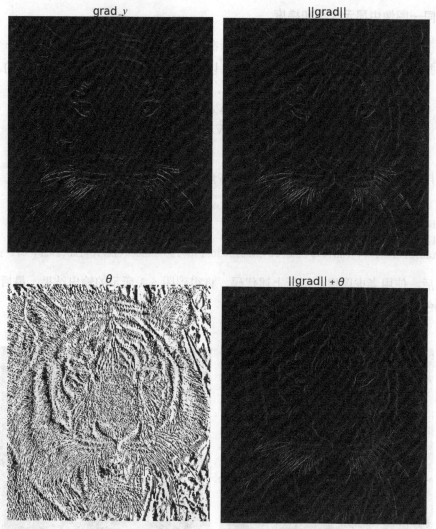

图 5-3 老虎图像及其梯度大小和方向（续）

5.1.2 拉普拉斯算子

    Rosenfeld 和 Kak 已经证明，最简单的各向同性导数算子是拉普拉斯算子，其定义如图 5-4 所示。拉普拉斯算子近似于图像的二阶导数，用于检测边缘。它是一个各向同性（旋转不变性）算子，零交叉点用于标记边缘位置，我们将在本章后面论述更多关于它的内容。换言之，如果在输入图像的一阶导数中有尖峰或谷的位置，那么在输入图像的二阶导数的相应位置上有零交叉点。

5.1 图像导数——梯度和拉普拉斯算子

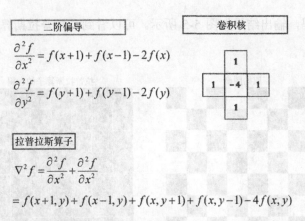

图 5-4 拉普拉斯算子定义（二阶偏导、卷积核和拉普拉斯算子）

关于拉普拉斯算子的一些说明

以下为关于拉普拉斯算子的一些说明。

（1）$\nabla^2 f(x,y)$ 是标量，而不是向量（与梯度不同，梯度是向量）。

（2）用单个核（掩模）来计算拉普拉斯算子（不像梯度通常有两个核，即 x 方向和 y 方向上的偏导数）。

（3）拉普拉斯算子作为一个标量，它没有任何方向，因此丢失了方向信息。

（4）$\nabla^2 f(x,y)$ 是二阶偏导数之和（梯度表示由一阶偏导数组成的向量），阶数越高，噪声增加得越多。

（5）拉普拉斯算子对噪声非常敏感。

（6）拉普拉斯算子之前总是要进行平滑运算（例如使用高斯滤波器），否则会大大增加噪声。

如下代码展示了如何用前面所述的核卷积来计算图像的拉普拉斯算子：

```
ker_laplacian = [[0,-1,0],[-1, 4, -1],[0,-1,0]]
im = rgb2gray(imread('../images/chess.png'))
im1 = np.clip(signal.convolve2d(im, ker_laplacian, mode='same'),0,1)
pylab.gray()
pylab.figure(figsize=(20,10))
pylab.subplot(121), plot_image(im, 'original')
pylab.subplot(122), plot_image(im1, 'laplacian convolved')
pylab.show()
```

运行上述代码，输出结果如图 5-5 所示。可以看到，拉普拉斯算子的输出也检测出了图像中的边缘。

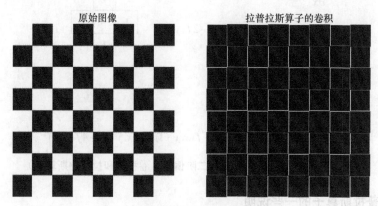

图 5-5 拉普拉斯算子检测棋盘的边缘

5.1.3 噪声对梯度计算的影响

利用有限差分法计算的导数滤波器对噪声非常敏感。正如我们在第 4 章中所看到的，图像中与相邻图像明显有不同强度值的像素通常是噪声像素。一般情况下，噪声越大，强度变化越大，滤波器的响应越强。如下代码实现了向图像中添加一些高斯噪声，以查看其对梯度的影响。假设重新考虑图像的单行（准确地说，是第 0 行），并绘制强度作为 x 位置的函数。

```
from skimage.util import random_noise
sigma = 1 # sd of noise to be added
im = im + random_noise(im, var=sigma**2)
```

在向棋盘图像添加一些随机噪声后，运行上述代码，输出结果如图 5-6 所示。可以看到，在输入图像中加入随机噪声对（偏）导数和梯度大小的影响较大，边缘对应的波峰与噪声几乎无法区分，严重毁坏了图像。

在应用导数滤波器之前平滑图像应该是有好处的，因为它有利于消除可能是噪声的高频成分，并迫使（噪声）像素（与相邻像素不同）看起来更像相邻像素。因此，解决方案是：先用低通滤波器（如高斯滤波器）对输入图像进行平滑，然后在平滑后的图像中（使用阈值）找到峰值。这就引出了 LoG 滤波器（假设使用二阶导数滤波器），我们将在本章后面部分探讨它。

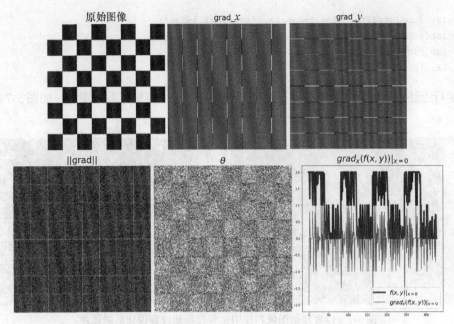

图 5-6 向棋盘图像添加随机噪声对（偏）导数和梯度的影响

5.2 锐化和反锐化掩模

锐化的目的是突出图像中的细节或增强模糊的细节。在本节中，我们将讨论一些锐化技术，并通过一些示例演示几种不同的锐化图像的方法。

5.2.1 使用拉普拉斯滤波器锐化图像

使用拉普拉斯滤波器锐化图像的具体步骤如下。

（1）对原始输入图像应用拉普拉斯滤波器。

（2）将步骤（1）得到的输出图像与原始输入图像相叠加（得到锐化后的图像）。

如下代码演示了如何使用scikit-image filters模块的laplace()函数实现上述算法：

```
from skimage.filters import laplace
im = rgb2gray(imread('../images/me8.jpg'))
im1 = np.clip(laplace(im) + im, 0, 1)
pylab.figure(figsize=(20,30))
```

```
pylab.subplot(211), plot_image(im, 'original image')
pylab.subplot(212), plot_image(im1, 'sharpened image')
pylab.tight_layout()
pylab.show()
```

运行上述代码，作者原始图像以及使用拉普拉斯滤波器锐化后的图像，如图 5-7 所示。

图 5-7 作者原始图像和使用拉普拉斯滤波器锐化后的图像

5.2.2 反锐化掩模

反锐化掩模是一种用于锐化图像的技术，即从图像本身减去图像的模糊版本。用于反锐化掩模的典型混合公式如下：

锐化图像 = 原始图像 +（原始图像 − 模糊图像）× 总数

其中，总数是一个参数。接下来我们将演示如何使用 Python 中 SciPy 函数的 ndimage 模块实现反锐化掩模。

使用 SciPy 的 ndimage 模块实现反锐化掩模

如前所述，先对图像进行模糊处理，然后通过计算原始图像和模糊图像之间的差值（细节图像）来实现反锐化掩模。锐化后的图像可以由原始图像及其细节图像的线性组合来计算。锐化后的图像与原始图像及其细节图像的关系如图 5-8 所示。

原始图像−模糊图像=细节图像
（用高斯滤波器）
原始图像+α*(细节图像)=锐化图像

图 5-8 锐化图像与原始图像及其细节图像的关系

如下代码演示了如何使用前述概念，利用 SciPy 的 ndimage 模块对灰度图像执行反锐化掩模操作（同样的操作也可以对彩色图像执行，谨留给读者作为练习）。

```
def rgb2gray(im):
'''
the input image is an RGB image
with pixel values for each channel in [0,1]
'''
return np.clip(0.2989 * im[...,0] + 0.5870 * im[...,1] + 0.1140 * im[...,2], 0, 1)

im = rgb2gray(img_as_float(misc.imread('../images/me4.jpg')))
im_blurred = ndimage.gaussian_filter(im, 5)
im_detail = np.clip(im - im_blurred, 0, 1)
pylab.gray()
fig, axes = pylab.subplots(nrows=2, ncols=3, sharex=True, sharey=True, figsize=(15, 15))
axes = axes.ravel()
axes[0].set_title('Original image', size=15), axes[0].imshow(im)
axes[1].set_title('Blurred image, sigma=5', size=15),
axes[1].imshow(im_blurred)
axes[2].set_title('Detail image', size=15), axes[2].imshow(im_detail)
alpha = [1, 5, 10]
for i in range(3):
 im_sharp = np.clip(im + alpha[i]*im_detail, 0, 1)
 axes[3+i].imshow(im_sharp), axes[3+i].set_title('Sharpened image, alpha=' + str(alpha[i]), size=15)
for ax in axes:
 ax.axis('off')
fig.tight_layout()
pylab.show()
```

运行上述代码，输出结果如图 5-9 所示。可以看到，随着 α 值的增加，图像变得更加清晰。

图 5-9 不同 α 值下图像的锐化效果

5.3 使用导数和滤波器进行边缘检测

如前所述,图像强度函数中突然发生急剧变化(不连续)的像素构成了图像边缘,而边缘检测的目的是识别这些变化。因此,边缘检测是一种预处理技术,其中输入为二维(灰度)图像,输出为一组曲线(称为边缘)。在边缘检测过程中提取图像的显著特征,使用边缘的图像表示比使用像素的图像表示更紧凑。边缘检测器输出梯度的大小(灰度图像),而由于现在要得到边缘像素(二值图像),因此需要对梯度图像进行阈值处理。这里使用了一个非常简单的固定灰度阈值设置(使用 numpy 的 clip() 函数将所有负值像素赋值为零)。为了获得二值图像,我们可以使用更为复杂的方法(例如使用 OSTU 分割阈值),相关内容参见第 8 章。本节先从用偏导数的有限差分近似法计算梯度大小的边缘检测器开始讲解,然后再讲解 Sobel 滤波器。

5.3.1 用偏导数计算梯度大小

梯度大小,又称为边缘强度,使用(前向)偏导数的有限差分近似法计算的梯度大小可以用于边缘检测。使用与前面相同的代码计算梯度大小所得到的输出结果如图 5-10 所示,然后用斑马的输入灰度图像在[0,1]区间内截取像素值。

图 5-10 斑马图像

图 5-11 所示的是斑马梯度大小图像。可以看到,边缘看起来更厚,达到多像素宽。

要得到每条边宽为 1 像素的二值图像,我们需要使用非最大抑制算法——该算法在像素邻域内梯度方向上去除一个非局部最大值的像素。该算法的实现留给读者作为练习。使用非最大抑制算法处理后的输出结果如图 5-12 所示。

非最大抑制算法

非最大抑制算法具有如下特点。

（1）该算法首先检测边缘的角度或方向（由边缘检测器输出）。

图 5-11　斑马梯度大小图像　　　　图 5-12　使用非最大抑制算法处理后的斑马图像

（2）如果一个像素值在与其边缘角相切的直线上为非最大值，则可以将其从边缘映射中删除。

（3）这是通过将边缘方向（360）分割成 8 个等份，每等份角度为 22.50° 来实现的。表 5-1 显示了边缘方向不同的情况和像素比较。

表 5-1　　　　　　　　　　　　　边缘方向与像素比较

边缘方向	像素比较
水平方向	上下
垂直方向	左右
西北方向或东南方向	右上或左下
东北方向或西南方向	右下或左上

（4）假设系列条件具备，可以聚焦在 $\pi/8$ 的范围，相应地设置切向比较。

（5）对比具有和不具有非最大抑制的梯度图像，从之前的图像中可以清楚地观察到边缘细化的效果。

5.3.2　scikit-image 的 Sobel 边缘检测器

（一阶）导数可以比有限差分法更好地逼近。如图 5-13 所示，Sobel 算子使用得非常频繁。

5.3 使用导数和滤波器进行边缘检测

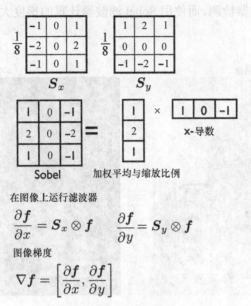

图 5-13 Sobel 算子

出于边缘检测的目的,在 Sobel 算子的标准定义中没有包含 1/8 项,尽管按标准化术语来说是需要恰到好处获得梯度值,但它并没有什么区别。如下代码展示了如何使用 scikit-image 滤波器模块的 `sobel_h()`、`sobel_y()` 和 `sobel()` 函数分别查找水平/垂直边缘,并使用 Sobel 算子计算梯度大小:

```
im = rgb2gray(imread('../images/tajmahal.jpg')) # RGB image to gray scale
pylab.gray()
pylab.figure(figsize=(20,18))
pylab.subplot(2,2,1)
plot_image(im, 'original')
pylab.subplot(2,2,2)
edges_x = filters.sobel_h(im)
plot_image(edges_x, 'sobel_x')
pylab.subplot(2,2,3)
edges_y = filters.sobel_v(im)
plot_image(edges_y, 'sobel_y')
pylab.subplot(2,2,4)
edges = filters.sobel(im)
plot_image(edges, 'sobel')
pylab.subplots_adjust(wspace=0.1, hspace=0.1)
pylab.show()
```

运行上述代码,输出结果如图 5-14 所示。可以看到,图像的水平和垂直边缘分别由水平和垂直 Sobel 滤波器检测,而使用 Sobel 滤波器计算的梯度大小图像则检测两个方向的边缘。

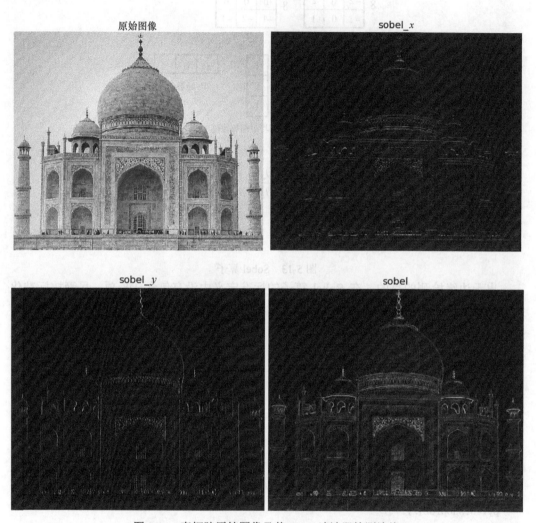

图 5-14　泰姬陵原始图像及其 Sobel 滤波器检测边缘

5.3.3　scikit-image 的不同边缘检测器——Prewitt、Roberts、Sobel、Scharr 和 Laplace

有很多种边缘检测算子应用于图像处理算法中,这些算子都是离散的(一阶或二阶)微分算子,而且它们都竭力近似于图像强度函数的梯度值计算(例如前面讨论过的 Sobel

算子)。图 5-15 所示的是一些用于边缘检测的常用核。例如,逼近一阶图像导数的常用导数滤波器有 Sobel、Prewitt、Scharr 和 Roberts 滤波器,而逼近二阶导数的导数滤波器是拉普拉斯滤波器。

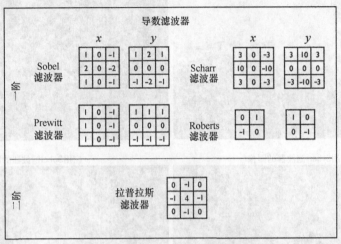

图 5-15　一阶和二阶图像边缘检测滤波器

正如 scikit-image 文档中所讨论的,采用不同算子计算梯度的有限差分近似法是不同的。例如,Sobel 滤波器的性能通常比 Prewitt 滤波器更好,而 Scharr 滤波器的旋转方差比 Sobel 滤波器更小。如下面的代码所示,对金门大桥灰度图像应用不同的边缘检测滤波器,得到梯度大小:

```
im = rgb2gray(imread('../images/goldengate.jpg') # RGB image to gray scale
pylab.gray()
pylab.figure(figsize=(20,24))
pylab.subplot(3,2,1), plot_image(im, 'original')
edges = filters.roberts(im)
pylab.subplot(3,2,2), plot_image(edges, 'roberts')
edges = filters.scharr(im)
pylab.subplot(3,2,3), plot_image(edges, 'scharr')
edges = filters.sobel(im)
pylab.subplot(3,2,4), plot_image(edges, 'sobel')
edges = filters.prewitt(im)
pylab.subplot(3,2,5), plot_image(edges, 'prewitt')
edges = np.clip(filters.laplace(im), 0, 1)
pylab.subplot(3,2,6), plot_image(edges, 'laplace')
pylab.subplots_adjust(wspace=0.1, hspace=0.1)
pylab.show()
```

运行上述代码,输出结果如图 5-16 所示。

图 5-16 金门大桥原始图像及应用各类边缘检测滤波器的图像

同样,用于边缘检测的后处理步骤是非最大抑制,它使得使用一阶导数得到的

（厚）边变薄。在前述章节中没有探测器具有这种后处理功能。在接下来的一节中，读者将看到一个功能先进的、水平顶尖的边缘检测器——Canny，它可以自动做到这一点。

5.3.4 scikit-image 的 Canny 边缘检测器

Canny 边缘检测器是由 John F. Canny 开发的一种流行的边缘检测算法。该算法的步骤如下。

（1）平滑/去噪。边缘检测操作对噪声敏感，因此，从一开始，用一个 5×5 的高斯滤波器去除图像中的噪声。

（2）计算梯度大小和方向。如前所述，对图像应用 Sobel 水平滤波器和垂直滤波器，计算每个像素的边缘梯度大小和方向。然后，计算出的梯度角（方向）被四舍五入为四个角中的一个，表示每个像素的水平、垂直和两个对角线方向。

（3）非最大抑制。在这个步骤中，边缘被削薄——任何未使用的可能不构成边缘的像素被删除。要实现这一点，每个像素都要检查它是否是梯度方向上邻域内的局部最大值。结果得到了边缘较细的二值图像。

（4）链接和滞后阈值。在这一步骤中，确定所有检测到的边缘是否为强边缘。为此，使用两个（滞后）阈值 `min_val` 和 `max_val`。很明确的是，边缘的强度梯度值高于 `max_val`，而非边缘的强度梯度值低于 `min_val`，后者将会被丢弃。根据这两个阈值之间的连通性，将它们划分为边缘或非边缘。如果它们和"确定边"的像素相连，则认为它们是边缘的一部分；否则，它们也会被丢弃。这一步骤还消除了小像素噪声（假设边缘是长线条）。

（5）Canny 边缘检测算法输出图像的强边缘。如下代码展示了 scikit-image 的 Canny 边缘检测器是如何实现的：

```
im = rgb2gray(imread('../images/tiger3.jpg'))
im = ndimage.gaussian_filter(im, 4)
im += 0.05 * np.random.random(im.shape)
edges1 = feature.canny(im)
edges2 = feature.canny(im, sigma=3)
fig, (axes1, axes2, axes3) = pylab.subplots(nrows=1, ncols=3, figsize=(30, 12), sharex=True, sharey=True)
```

```
axes1.imshow(im, cmap=pylab.cm.gray), axes1.axis('off'),
axes1.set_title('noisy image', fontsize=50)
axes2.imshow(edges1, cmap=pylab.cm.gray), axes2.axis('off')
axes2.set_title('Canny filter, $\sigma=1$', fontsize=50)
axes3.imshow(edges2, cmap=pylab.cm.gray), axes3.axis('off')
axes3.set_title('Canny filter, $\sigma=3$', fontsize=50)
fig.tight_layout()
pylab.show()
```

运行上述代码，输出结果如图 5-17 所示。对初始高斯低通滤波器（LPF）采用不同 σ 值的 Canny 滤波器进行边缘检测。可以看到，随着 σ 值的降低，原始图像的初始模糊程度降低，可以发现更多的边缘（更详尽的细节）。

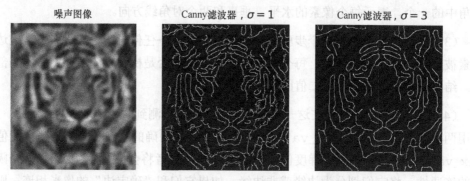

图 5-17 老虎噪声图像及使用 Canny 滤波器进行边缘检测后的图像

5.3.5 LoG 滤波器和 DoG 滤波器

高斯拉普拉斯（Laplacian of Gaussian，LoG）是另一种线性滤波器，它是对图像进行高斯滤波后紧接着进行拉普拉斯滤波的组合。由于二阶导数对噪声非常敏感，因此在应用拉普拉斯算子之前，最好先对图像进行平滑处理以去噪，以确保噪声不会加重。由于卷积的结合律可以被视为对高斯滤波器求二阶导数（拉普拉斯），然后将得到的（组合）滤波器应用到图像上，因此命名为 LoG。LoG 可以用两种尺度不同的高斯滤波器的差值（方差）来近似，如图 5-18 所示。

| LoG | 利用DoG近似计算 |

$$G_\sigma(x,y) = \frac{1}{2\pi\sigma^2} e^{-\frac{x^2+y^2}{2\sigma^2}}$$

$$\nabla^2 G_\sigma \approx G_{\sigma_1} - G_{\sigma_2}$$

利用最佳近似计算

$$\frac{\partial^2 G_\sigma(x,y)}{\partial x^2} = \frac{1}{2\pi\sigma^4} e^{-\frac{x^2+y^2}{2\sigma^2}} \left(\frac{x^2}{\sigma^2} - 1\right)$$

$$\sigma_1 = \sqrt{2}\sigma,\ \sigma_2 = \frac{\sigma}{\sqrt{2}}$$

$$\frac{\partial^2 G_\sigma(x,y)}{\partial y^2} = \frac{1}{2\pi\sigma^4} e^{-\frac{x^2+y^2}{2\sigma^2}} \left(\frac{y^2}{\sigma^2} - 1\right)$$

$$LoG(x,y) = \nabla^2 G_\sigma(x,y) = \frac{\partial^2 G_\sigma(x,y)}{\partial x^2} + \frac{\partial^2 G_\sigma(x,y)}{\partial y^2}$$

$$= -\frac{1}{\pi\sigma^4} e^{-\frac{x^2+y^2}{2\sigma^2}} \left(1 - \frac{x^2+y^2}{2\sigma^2}\right)$$

图 5-18 高斯拉普拉斯 (LoG) 算子

如下代码显示了使用 SciPy 信号模块的 `convolve2d()` 函数, 如何计算 LoG 滤波器和相应最佳 DoG 近似 (已知值 σ), 并将其应用在相同的输入图像上:

```
from scipy.signal import convolve2d
from scipy.misc import imread
from scipy.ndimage import gaussian_filter
def plot_kernel(kernel, s, name):
 pylab.imshow(kernel, cmap='YlOrRd') #cmap='jet') #'gray_r')
 ax = pylab.gca()
 ax.set_xticks(np.arange(-0.5, kernel.shape[0], 2.5))
 ax.set_yticks(np.arange(-0.5, kernel.shape[1], 2.5))
 pylab.colorbar()

def LOG(k=12, s=3):
 n = 2*k+1 # size of the kernel
 kernel = np.zeros((n,n))
 for i in range(n):
  for j in range(n):
    kernel[i,j] = -(1-((i-k)**2+(j-k)**2)/(2.*s**2))*np.exp(-((i-k)**2+(j-k)**2)/(2.*s**2))/(pi*s**4)
 kernel = np.round(kernel / np.sqrt((kernel**2).sum()),3)
 return kernel

def DOG(k=12, s=3):
 n = 2*k+1 # size of the kernel
 s1, s2 = s * np.sqrt(2), s / np.sqrt(2)
```

```
kernel = np.zeros((n,n))
for i in range(n):
    for j in range(n):
        kernel[i,j] = np.exp(-((i-k)**2+(j-k)**2)/(2.*s1**2))/(2*pi*s1**2)
- np.exp(-((i-k)**2+(j-k)**2)/(2.*s2**2))/(2*pi*s2**2)
kernel = np.round(kernel / np.sqrt((kernel**2).sum()),3)
return kernel

s = 3 # sigma value for LoG
img = rgb2gray(imread('../images/me.jpg'))
kernel = LOG()
outimg = convolve2d(img, kernel)
pylab.figure(figsize=(20,20))
pylab.subplot(221), pylab.title('LOG kernel', size=20), plot_kernel(kernel,s, 'DOG')
pylab.subplot(222), pylab.title('output image with LOG', size=20)
pylab.imshow(np.clip(outimg,0,1), cmap='gray') # clip the pixel values in between 0 and 1
kernel = DOG()
outimg = convolve2d(img, DOG())
pylab.subplot(223), pylab.title('DOG kernel', size=20), plot_kernel(kernel,s, 'DOG')
pylab.subplot(224), pylab.title('output image with DOG', size=20)
pylab.imshow(np.clip(outimg,0,1), cmap='gray')
pylab.show()
```

图 5-19 所示的是输入图像和应用 LoG 和 DoG 滤波器（$\sigma = 3$）所得到的输出图像，以及相应的核可视化图。从核可视化图中可以看出，LoG 将作为输入图像上的带通滤波器（因为它同时阻塞了低频和高频）。LoG 的带通性质也可以用 DoG 近似（高斯滤波器为 LPF）来解释。同样，可以看出使用 LoG 和 DoG 滤波器所得到的输出图像非常相似。

图 5-19 输入图像及使用 LoG 和 DoG 滤波器后的输出结果

5.3 使用导数和滤波器进行边缘检测

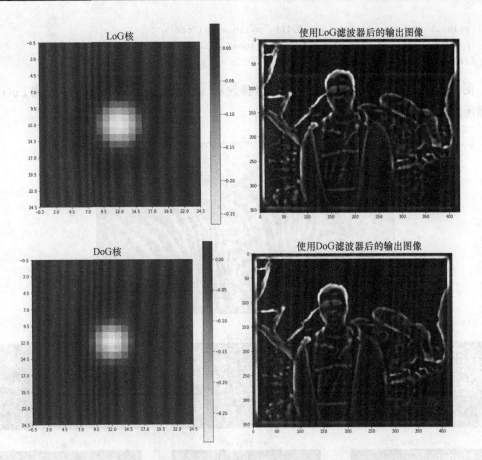

图 5-19 输入图像及使用 LoG 和 DoG 滤波器后的输出结果（续）

可以看到，LoG 滤波器对于边缘检测非常有用。读者很快就可以看到，LoG 对于查找图像中的斑点对象也很有用。

基于 SciPy ndimage 模块的 LoG 滤波器

SciPy ndimage 模块的 gaussian_laplace() 函数也可以用来实现 LoG，如下面的代码所示：

```
img = rgb2gray(imread('../images/zebras.jpg'))
fig = pylab.figure(figsize=(25,15))
pylab.gray() # show the filtered result in grayscale
for sigma in range(1,10):
 pylab.subplot(3,3,sigma)
 img_log = ndimage.gaussian_laplace(img, sigma=sigma)
```

[155]

```
pylab.imshow(np.clip(img_log,0,1)), pylab.axis('off')
pylab.title('LoG with sigma=' + str(sigma), size=20)
pylab.show()
```

图 5-20 所示的是输入图像和不同平滑参数 σ（高斯滤波器的标准差）下使用 LoG 滤波器所获得的输出图像。

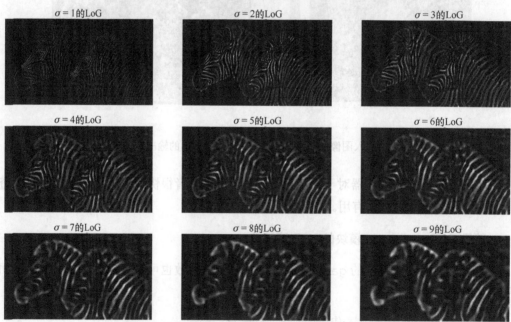

图 5-20　斑马图像及不同平滑参数 σ 下 LoG 滤波器的输出结果

5.3.6 基于 LoG 滤波器的边缘检测

使用 LoG 滤波器进行边缘检测的步骤（见图 5-21）如下。

（1）平滑输入图像（通过与高斯滤波器卷积）。

（2）平滑后的图像与拉普拉斯滤波器进行卷积得到输出图像 $\nabla^2(f(x,y) * G(x,y))$。

（3）计算最后一步得到的图像的零交叉点。

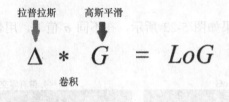

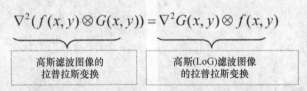

图 5-21 使用 LoG 滤波器进行边缘检测的步骤

采用零交叉点计算的 Marr-Hildreth 边缘检测算法

Marr 和 Hildreth 提出了 LoG 卷积图像中零交叉点的计算方法（将边缘检测视为二值图像）。边缘像素的识别可以通过将 LoG 平滑图像定义为二值图像进而查看其符号来完成。计算零交叉点的算法如下。

（1）先将 LoG 卷积图像转换为二值图像，将像素值替换为 1 表示正值，0 表示负值。

（2）为了计算零交叉点的像素，仅需要考虑这个二值图像中非零区域的边界。

（3）边界可以通过查找具有零近邻的任何非零像素来找到。

（4）因此，对于每个像素，如果它是非零的，考虑到它的 8 个相邻像素；如果相邻像素的任何一个为零，则该像素可以被识别为边界。

这个算法功能的实现留给读者练习。如下代码描述了利用零交叉点检测相同斑马图

像的边缘:

```
fig = pylab.figure(figsize=(25,15))
pylab.gray() # show the filtered result in grayscale
for sigma in range(2,10, 2):
 pylab.subplot(2,2,sigma/2)
 result = ndimage.gaussian_laplace(img, sigma=sigma)
 pylab.imshow(zero_crossing(result)) # implement the function
zero_crossing() using the above algorithm
 pylab.axis('off')
 pylab.title('LoG with zero-crossing, sigma=' + str(sigma), size=20)
pylab.show()
```

运行上述代码,输出结果如图 5-22 所示,在不同 σ 值下,用带有零交叉点的 LoG 识别边缘。

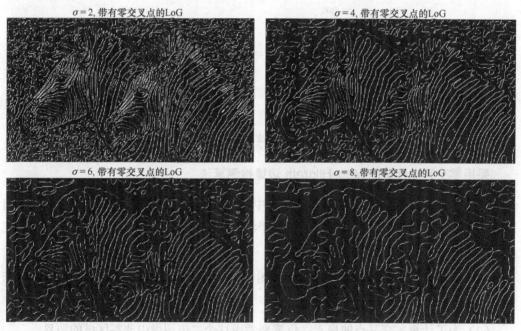

图 5-22 不同 σ 值下用带有零交叉点的 LoG 检测斑马图像的边缘

上述图像显示了使用 LoG/DoG 零交叉点作为边缘检测器。应该注意的是,零交叉点形成闭合轮廓。

5.3.7 基于 PIL 发现和增强边缘

PIL ImageFilter 模块的 filter 函数也可以用来发现和增强图像中的边缘。如下代码显示了使用马里兰大学图书馆的图像（umbc_lib.jpg）作为输入的示例：

```python
from PIL.ImageFilter import (FIND_EDGES, EDGE_ENHANCE, EDGE_ENHANCE_MORE)
im = Image.open('../images/umbc_lib.jpg')
pylab.figure(figsize=(18,25))
pylab.subplot(2,2,1)
plot_image(im, 'original (UMBC library)')
i = 2
for f in (FIND_EDGES, EDGE_ENHANCE, EDGE_ENHANCE_MORE):
 pylab.subplot(2,2,i)
 im1 = im.filter(f)
 plot_image(im1, str(f))
 i += 1
pylab.show()
```

运行上述代码，输出结果如图 5-23 所示。

图 5-23 马里兰大学图书馆原始图像及其边缘发现/边缘增强

图 5-23 马里兰大学图书馆原始图像及其边缘发现/边缘增强（续）

5.4 图像金字塔——融合图像

我们可以从原始图像和创建迭代较小的图像开始构造出图像的高斯金字塔，首先平滑（利用高斯滤波器，以避免抗混叠），然后在每一次迭代前一层的图像时进行二次抽样（统称为减少），直至达到最小分辨率。用这种方法创建的图像金字塔称为高斯金字塔。通过分别编辑频带（如图像融合），可以很好地进行大规模搜索（如模板匹配）、预计算和完成图像处理任务。类似地，拉普拉斯金字塔图像可以从高斯金字塔尺寸最小的图像开始，然后通过本层图像的扩展（上采样加平滑），将其减去下一层的高斯金字塔图像，且重复迭代这个过程直至原始图像的大小。在本节中，我们将介绍如何编写 Python 代码来计算图像金字塔，然后研究图像金字塔融合两个图像的应用。

5.4.1 scikit-image transform pyramid 模块的高斯金字塔

可以用 scikit-image.transform.pyramid 的 pyramid_gaussian()函数来计算输入图像的高斯金字塔。从原始图像开始，函数调用 pyramid_reduce()函数递归

地获得平滑的和向下采样的图像。如下代码演示了如何使用 Lena RGB 输入图像（lena.jpg）计算和显示这样的高斯金字塔：

```python
from skimage.transform import pyramid_gaussian
image = imread('../images/lena.jpg')
nrows, ncols = image.shape[:2]
pyramid = tuple(pyramid_gaussian(image, downscale=2))
pylab.figure(figsize=(20,5))
i, n = 1, len(pyramid)
for p in pyramid:
 pylab.subplot(1,n,i), pylab.imshow(p)
 pylab.title(str(p.shape[0]) + 'x' + str(p.shape[1])), pylab.axis('off')
 i += 1
pylab.suptitle('Gaussian Pyramid', size=30)
pylab.show()
compos_image = np.zeros((nrows, ncols + ncols // 2, 3), dtype=np.double)
compos_image[:nrows, :ncols, :] = pyramid[0]
i_row = 0
for p in pyramid[1:]:
 nrows, ncols = p.shape[:2]
 compos_image[i_row:i_row + nrows, cols:cols + ncols] = p
 i_row += nrows
fig, axes = pylab.subplots(figsize=(20,20))
axes.imshow(compos_image)
pylab.show()
```

运行上述代码，得到 Lena 图像的高斯金字塔图像，如图 5-24 所示。可以看到，金字塔图像中有 9 层，顶层是分辨率为 220×220 的原始图像，最下面一层是由单个像素组成的最小图像，在高斯金字塔图像的每一层，图像的高度和宽度都是上一个图像高度和宽度的 1/2。

图 5-24 Lena 图像的高斯金字塔图像

图 5-24　Lena 图像的高斯金字塔图像（续）

5.4.2　scikit-image transform pyramid 模块的拉普拉斯金字塔

可以使用 scikit-image.transform.pyramid 模块的 pyramid_laplacian() 函数来计算输入图像的拉普拉斯金字塔。该函数从原始图像及其平滑版本的差值图像开始，对下采样后并且平滑后的图像进行计算，并取这两幅图像的差值递归地计算每一层对应的图像。创建拉普拉斯金字塔的动机是为了实现压缩，因为对于零周围的可预测值，其压缩率更高。

计算拉普拉斯金字塔的代码与计算高斯金字塔的代码很相似，故留给读者作为练习。Lena 灰度图像（lena.jpg）的拉普拉斯金字塔图像如图 5-25 所示。

注意：使用 scikit-image 的 pyramid_gaussian() 和 pyramid_laplacian() 函数，得到的拉普拉斯金字塔中的最低分辨率图像和高斯金字塔中的最低分辨率图像将是不同的，这是我们不想要的结果。我们想要建立一个拉普拉斯金字塔，使其最小的分辨率图像完全与高斯金字塔图像相同，因为这使得我们能够构建一幅只从其拉普拉斯金字塔着手的图像。在接下来的几节里，我们将讨论使用 scikit-image 的 expand() 和 reduce() 函数构造我们自己的金字塔图像的算法。

5.4 图像金字塔——融合图像

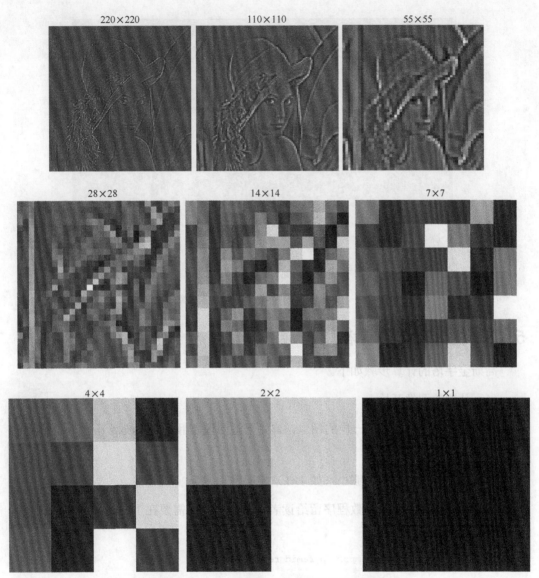

图 5-25 Lena 图像的拉普拉斯金字塔图像

图 5-25　Lena 图像的拉普拉斯金字塔图像（续）

5.4.3　构造高斯金字塔

高斯金字塔的计算步骤如下。

（1）从原始图像开始。

（2）迭代计算金字塔每一层的图像，首先平滑图像（用高斯滤波器），然后对图像进行下采样。

（3）在图像大小变得足够小（如 1×1）的层停止。

（4）实现上述算法的函数程序留给读者作为练习，只需要在下面的函数中添加几行代码即可实现：

```
from skimage.transform import pyramid_reduce

def get_gaussian_pyramid(image):
    '''
    input: an RGB image
    output: the Gaussian Pyramid of the image as a list
    '''
    gaussian_pyramid = []
    # add code here
    # iteratively compute the image at each level of the pyramid
with the reduce() function and append
```

```
    return gaussian_pyramid
```

拉普拉斯金字塔的计算步骤如下。

（1）从高斯金字塔和最小的图像开始。

（2）迭代计算当前层的图像与所获得的图像（先进行上采样，然后平滑高斯金字塔上一层的图像）之间的差值图像。

（3）图像大小与原始图像大小相等时停止。

（4）实现上述算法的函数程序也留给读者作为练习，只需要在下面的函数中添加几行代码即可实现：

```python
from skimage.transform import pyramid_expand, resize

def get_laplacian_pyramid(gaussian_pyramid):
    '''
    input: the Gaussian Pyramid of an image as a list
    output: the Laplacian Pyramid of the image as a list
    '''
    laplacian_pyramid = []
    # add code here
    # iteratively compute the image at each level of the pyramid
    # with the expand() function and append
    return laplacian_pyramid
```

如果函数实现正确，运行如下代码，应该输出正确的结果（羚羊图像（antelops.jpeg）作为输入）：

```python
image = imread('../images/antelops.jpeg')
gaussian_pyramid = get_gaussian_pyramid(image)
laplacian_pyramid = get_laplacian_pyramid(gaussian_pyramid)

w, h = 20, 12
for i in range(3):
    pylab.figure(figsize=(w,h))
    p = gaussian_pyramid[i]
    pylab.imshow(p), pylab.title(str(p.shape[0]) + 'x' +str(p.shape[1]), size=20), pylab.axis('off')
    w, h = w / 2, h / 2
    pylab.show()

w, h = 10, 6
for i in range(1,4):
    pylab.figure(figsize=(w,h))
```

```
    p = laplacian_pyramid[i]
    pylab.imshow(rgb2gray(p), cmap='gray'),
    pylab.title(str(p.shape[0]) + 'x' + str(p.shape[1]), size=20)
    pylab.axis('off')
    w, h = w / 2, h / 2
    pylab.show()
```

羚羊图像的高斯金字塔图像如图 5-26 所示。

图 5-26　羚羊图像的高斯金字塔图像

图 5-26 羚羊图像的高斯金字塔图像（续）

羚羊图像的拉普拉斯金字塔图像如图 5-27 所示。

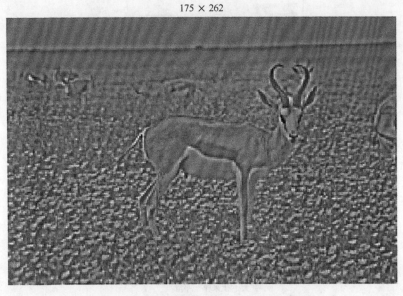

图 5-27 羚羊图像的拉普拉斯金字塔图像

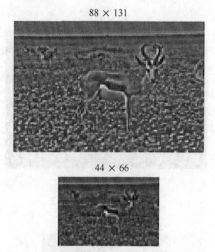

图 5-27 羚羊图像的拉普拉斯金字塔图像(续)

5.4.4 仅通过拉普拉斯金字塔重建图像

如图 5-28 所示,如果按照 5.4.3 节描述的算法来构造图像,如何仅通过它的拉普拉斯金字塔来重建图像呢?

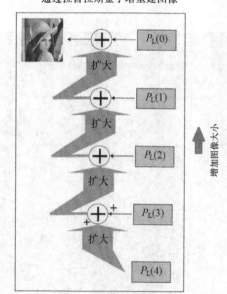

图 5-28 通过拉普拉斯金字塔重建图像

5.4 图像金字塔——融合图像

请看如下代码：

```python
def reconstruct_image_from_laplacian_pyramid(pyramid):
    i = len(pyramid) - 2
    prev = pyramid[i+1]
    pylab.figure(figsize=(20,20))
    j = 1
    while i >= 0:
        prev = resize(pyramid_expand(prev, upscale=2), pyramid[i].shape)
        im = np.clip(pyramid[i] + prev,0,1)
        pylab.subplot(3,3,j), pylab.imshow(im)
        pylab.title('Level=' + str(j) + ' ' + str(im.shape[0]) + 'x' + str(im.shape[1]), size=20)
        prev = im
        i -= 1
        j += 1
    pylab.subplot(3,3,j), pylab.imshow(image)
    pylab.title('Original image' + ' ' + str(image.shape[0]) + 'x' +str(image.shape[1]), size=20)
    pylab.show()
    return im

image = img_as_float(imread('../images/apple.png')[...,:3]) # only use the
color channels and discard the alpha
pyramid = get_laplacian_pyramid(get_gaussian_pyramid(image))
im = reconstruct_image_from_laplacian_pyramid(pyramid)
```

运行上述代码，输出结果如图 5-29 所示。可以看到，原始图像从它的拉普拉斯金字塔开始，只是在每一层的图像上使用 expand() 操作，然后通过迭代将其添加到下一层的图像中，从而实现了仅由拉普拉斯金字塔重建图像。

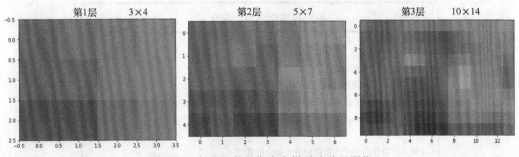

图 5-29 仅由拉普拉斯金字塔重建苹果图像

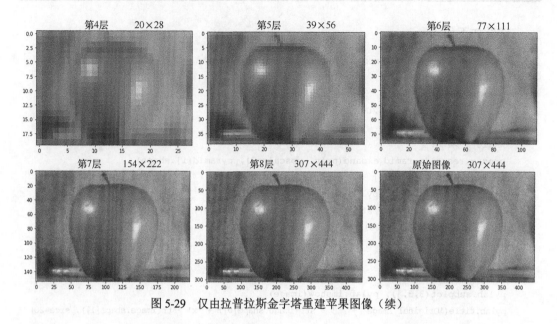

图 5-29　仅由拉普拉斯金字塔重建苹果图像（续）

5.4.5　基于金字塔的图像融合

假设有几幅 RGB 彩色输入图像：**A**（苹果）和 **B**（橙子），而第三个为二值掩模图像 **M**。这三幅图像的大小完全相同。目的是用 **B** 图像融合 **A** 图像（如果在掩模图像 **M** 中有一个像素的值为 1，这意味着这个像素取自 **A** 图像，否则取自 **B** 图像）。以下算法可用于使用图像 **A** 和图像 **B** 的拉普拉斯金字塔的两幅图像的融合：利用 **A** 和 **B** 中拉普拉斯金字塔相同层级图像的线性组合计算融合金字塔，用掩模图像 **M** 中高斯金字塔相同层级图像的权重运行，然后重建拉普拉斯金字塔的输出图像。图 5-30 示出了拉普拉斯金字塔融合的一般方法。

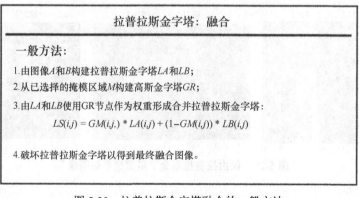

图 5-30　拉普拉斯金字塔融合的一般方法

如下代码展示了如何使用已经实现的函数在 Python 中实现以上算法：

```
A = img_as_float(imread('../images/apple.png')[...,:3])   # dropping the
4th channel, the alpha level
B = img_as_float(imread('../images/orange.png')[...,:3])  # using only the
RGB channels
M = img_as_float(imread('../images/mask.png')[...,:3])    # scale pixel
values in between [0,1]

pyramidA = get_laplacian_pyramid(get_gaussian_pyramid(A))
pyramidB = get_laplacian_pyramid(get_gaussian_pyramid(B))
pyramidM = get_gaussian_pyramid(M)

# construct the blended pyramid
pyramidC = []
for i in range(len(pyramidM)):
 im = pyramidM[i]*pyramidA[i] + (1-pyramidM[i])*pyramidB[i]
 pyramidC.append(im)

I = reconstruct_image_from_laplacian_pyramid(pyramidC)
```

运行上述代码，输出结果如图 5-31 所示。

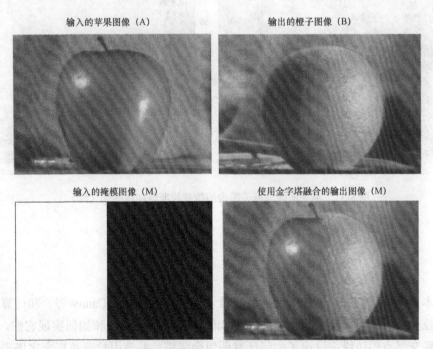

图 5-31　苹果图像与橙子图像的拉普拉斯金字塔融合

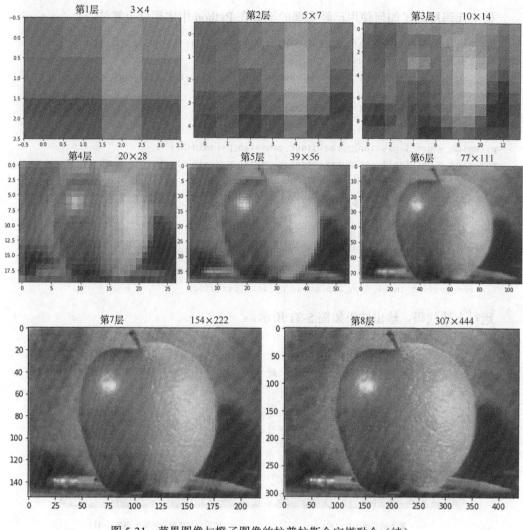

图 5-31 苹果图像与橙子图像的拉普拉斯金字塔融合(续)

小结

在本章中,我们讨论了使用几种滤波器(Sobel、Prewitt、Canny 等)和计算图像的梯度和拉普拉斯算子来检测图像的边缘;讨论了 LoG/DoG 算子和如何实现它们,以及检测具有零交叉点的边缘;讨论了如何计算图像金字塔,并使用拉普拉斯金字塔平滑地融合两幅图像。在本章结束之后,读者应该能够编写 Python 程序使用不同滤波器来实现图像的边缘检测。此外，读者应该能够实现锐化图像的滤波，并使用 LoG/DoG 找到不同尺度的边缘。最后，读者应该能够利用拉普拉斯/高斯金字塔实现图像融合。在第 6 章中，我们将讨论图像的特征检测和提取技术。

习题

1. 使用 `skimage.filter` 模块的 `unsharp_mask()` 函数，设定不同的半径和总数参数锐化图像。
2. 使用 PIL `ImageFilter` 模块的 `UnsharpMask()` 函数，使用不同半径值和百分比参数对图像进行锐化。
3. 使用锐化核[[0, -1, 0]，[-1, 5, -1]，[0, -1, 0]]锐化彩色（RGB）图像（提示：对每个颜色通道逐一使用 SciPy 信号模块的 `convolve2d()` 函数）。
4. 使用 SciPy 的 `ndimage` 模块可以直接锐化彩色图像，而无须逐个锐化单个颜色通道。
5. 使用 `skimage.transform` 模块的 `pyramid_laplacian()` 函数计算并显示以 Lena 灰度作为输入图像的高斯金字塔。
6. 利用 scikit-image 的 `transform` 模块的 `reduce()` 函数构造高斯金字塔，并在高斯金字塔的基础上，利用 `expand()` 函数构建拉普拉斯金字塔。
7. 计算图像的拉普拉斯金字塔并从中构造原始图像。
8. 说明在三维曲面图中 LoG 和 DoG 的核看起来像一顶墨西哥帽子。
9. 基于 LoG 实现 Marr 和 Hildreth 的零交叉点边缘检测算法。
10. 采用非最大抑制算法对梯度大小图像进行边缘细化。

第 6 章
形态学图像处理

在本章中,我们将讨论数学形态学和形态学图像处理。形态学图像处理是一组与图像中特征的形状或形态相关的非线性操作集合。虽然这些操作可以扩展到灰度图像,但它们尤其适用于二值图像的处理(其中像素表示为 0 或 1,由约定,对象的前景 = 1 或白色,背景 = 0 或黑色)。

在形态学运算中,使用一个结构元素(一个小模板图像)来探测输入图像。该算法的工作原理是将结构元素定位在输入图像中所有可能的位置,并用集合算子将其与像素的相应邻域进行比较。一些操作测试元素是否与邻域相匹配,而另一些操作测试元素是否与邻域相匹配或相交。常用的形态学运算或滤波器有二值图像的膨胀和腐蚀、开运算和闭运算、骨架化、形态边缘检测器等。

本章将演示如何在二值图像和灰度图像上使用形态学运算或滤波器,以及它们的应用程序,使用 scikit-image 和 scipy.ndimage.morphology 模块。

本章主要包括以下内容:

- 基于 scikit-image 形态学模块的形态学图像处理;
- 基于 scikit-image filter.rank 模块的形态学图像处理;
- 基于 scipy.ndimage.morphology 模块的形态学图像处理。

6.1 基于 scikit-image 形态学模块的形态学图像处理

在本节中,我们将演示如何使用 scikit-image 形态学模块中的函数来实现一些形态学运算，首先是对二值图像的形态学操作，然后是对灰度图像的形态学操作。

6.1.1 对二值图像的操作

我们先介绍二值图像的形态学操作，在调用函数之前需要创建一个二值输入图像（例如，使用具有固定阈值的简单阈值设置）。

1. 腐蚀

腐蚀（erosion）是一种基本的形态学操作，它可以缩小前景对象的大小，平滑对象边界，并删除图形和小的对象。如下代码展示了如何使用 binary_erosion() 函数来计算二值图像的快速形态腐蚀：

```python
from skimage.io import imread
from skimage.color import rgb2gray
import matplotlib.pylab as pylab
from skimage.morphology import binary_erosion, rectangle

def plot_image(image, title=''):
    pylab.title(title, size=20), pylab.imshow(image)
    pylab.axis('off') # comment this line if you want axis ticks

im = rgb2gray(imread('../images/clock2.jpg'))
im[im <= 0.5] = 0 # create binary image with fixed threshold 0.5
im[im > 0.5] = 1
pylab.gray()
pylab.figure(figsize=(20,10))
pylab.subplot(1,3,1), plot_image(im, 'original')
im1 = binary_erosion(im, rectangle(1,5))
pylab.subplot(1,3,2), plot_image(im1, 'erosion with rectangle size (1,5)')
im1 = binary_erosion(im, rectangle(1,15))
pylab.subplot(1,3,3), plot_image(im1, 'erosion with rectangle size (1,15)')
pylab.show()
```

运行上述代码，输出结果如图 6-1 所示。可以看到，使用带有结构元素的腐蚀作为一个细小的、垂直的矩形，先删除二值时钟图像中的小刻度，然后用一个更高的垂直矩形来腐蚀时钟指针。

图 6-1　时钟图像的不同尺寸腐蚀

2. 膨胀

膨胀（dilation）是另一种基本的形态学操作，它扩展前景对象的大小，平滑对象边界，并闭合二值图像中的孔和缝隙。这是腐蚀的双重作用。如下代码展示了如何使用 `binary_dilation()` 函数在泰戈尔的二值图像上使用不同尺寸的磁盘结构元素（disc structuring element）。

```python
from skimage.morphology import binary_dilation, disk
from skimage import img_as_float
im = img_as_float(imread('../images/tagore.png'))
im = 1 - im[...,3]
im[im <= 0.5] = 0
im[im > 0.5] = 1
pylab.gray()
pylab.figure(figsize=(18,9))
pylab.subplot(131)
pylab.imshow(im)
pylab.title('original', size=20)
pylab.axis('off')
for d in range(1,3):
    pylab.subplot(1,3,d+1)
    im1 = binary_dilation(im, disk(2*d))
    pylab.imshow(im1)
    pylab.title('dilation with disk size ' + str(2*d), size=20)
    pylab.axis('off')
pylab.show()
```

运行上述代码，输出结果如图 6-2 所示。可以看到，使用较小尺寸的结构元素，去掉了人脸的一些细节（被当作背景或间隙），而使用较大尺寸的磁盘结构元素，所有小间隙被填补了。

原始图像　　　　磁盘结构元素尺寸为2的膨胀　　　　磁盘结构元素尺寸为4的膨胀

图 6-2　泰戈尔图像不同尺寸的磁盘结构元素下的膨胀

3. 开运算和闭运算

开运算（opening）是一种形态学运算，可以表示为先腐蚀后膨胀运算的组合，它从二值图像中删除小对象。相反，**闭运算**（closing）是另一种形态学运算，可以表示为先膨胀后腐蚀运算的组合，它从二值图像中删除小洞。这两个运算都是对偶运算。如下代码展示了如何使用 `scikit-image` 形态学模块的相应功能，以分别从二值图像中删除小对象和小洞。

```
from skimage.morphology import binary_opening, binary_closing,
binary_erosion, binary_dilation, disk
im = rgb2gray(imread('../images/circles.jpg'))
im[im <= 0.5] = 0
im[im > 0.5] = 1
pylab.gray()
pylab.figure(figsize=(20,10))
pylab.subplot(1,3,1), plot_image(im, 'original')
im1 = binary_opening(im, disk(12))
pylab.subplot(1,3,2), plot_image(im1, 'opening with disk size ' + str(12))
im1 = binary_closing(im, disk(6))
pylab.subplot(1,3,3), plot_image(im1, 'closing with disk size ' + str(6))
pylab.show()
```

运行上述代码，可以看到不同尺寸的磁盘结构元素通过二值图像的开、闭运算生成的模式，如图 6-3 所示。不出所料，开运算只保留了较大的圈圈。

现在分别用 `binary_erosion()` 和 `binary_expand()` 替换 `binary_opening()` 和 `binary_closing()`，并使用与上述代码相同的结构元素来比较腐蚀开和膨胀闭。经过腐蚀开和膨胀闭得到的输出图像如图 6-4 所示。

 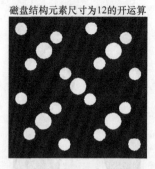 

图 6-3　利用不同尺寸的磁盘结构元素对原始图像进行开、闭运算

 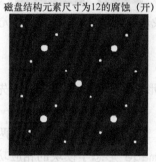 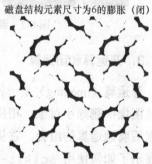

图 6-4　利用不同尺寸的磁盘结构元素对原始图像进行腐蚀开和膨胀闭运算

4. 骨架化

在此运算中，用形态学细化操作将二值图像中的每个连接组件简化为单个像素宽的骨架，代码如下所示：

```
def plot_images_horizontally(original, filtered, filter_name, sz=(18,7)):
    pylab.gray()
    pylab.figure(figsize = sz)
    pylab.subplot(1,2,1), plot_image(original, 'original')
    pylab.subplot(1,2,2), plot_image(filtered, filter_name)
    pylab.show()

from skimage.morphology import skeletonize
im = img_as_float(imread('../images/dynasaur.png')[...,3])
threshold = 0.5
im[im <= threshold] = 0
im[im > threshold] = 1
skeleton = skeletonize(im)
plot_images_horizontally(im, skeleton, 'skeleton',sz=(18,9))
```

运行上述代码，输出结果如图 6-5 所示。

5. 凸包计算

凸包（convex hull）由输入图像中包围所有前景的最小凸多边形定义（白色像素）。如下代码演示了如何计算二值图像的凸包：

```
from skimage.morphology import convex_hull_image
im = rgb2gray(imread('../images/horse-dog.jpg'))
threshold = 0.5
im[im < threshold] = 0 # convert to binary image
im[im >= threshold] = 1
chull = convex_hull_image(im)
plot_images_horizontally(im, chull, 'convex hull', sz=(18,9))
```

 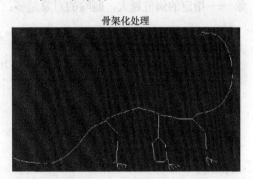

图 6-5　恐龙图像的骨架化处理

运行上述代码，输出结果如图 6-6 所示。

图 6-6　马-狗原始图像的凸包计算的结果图像

如下代码展示了如何绘制原始二值图像和计算得到的凸包图像的差值图像：

```
im = im.astype(np.bool)
chull_diff = img_as_float(chull.copy())
chull_diff[im] = 2
```

```
pylab.figure(figsize=(20,10))
pylab.imshow(chull_diff, cmap=pylab.cm.gray, interpolation='nearest')
pylab.title('Difference Image', size=20)
pylab.show()
```

运行上述代码，输出结果如图6-7所示。

6. 删除小对象

如下代码展示了如何使用 remove_small_objects()函数删除小于指定最小阈值的对象——指定的阈值越大，删除的对象越多：

```
from skimage.morphology import remove_small_objects
    im = rgb2gray(imread('../images/circles.jpg'))
    im[im > 0.5] = 1 # create binary image by thresholding with fixed threshold 0.5
    im[im <= 0.5] = 0
    im = im.astype(np.bool)
    pylab.figure(figsize=(20,20))
    pylab.subplot(2,2,1), plot_image(im, 'original')
    i = 2
    for osz in [50, 200, 500]:
        im1 = remove_small_objects(im, osz, connectivity=1)
        pylab.subplot(2,2,i), plot_image(im1, 'removing small objects below size ' + str(osz))
        i += 1
    pylab.show()
```

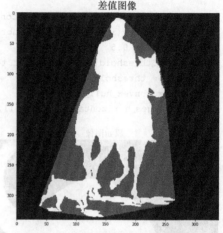

图6-7 马-狗原始图像与其凸包图像的差值图像

运行上述代码，输出结果如图6-8所示。可以看到，指定的最小阈值越大，删除的对象越多。

7. 白顶帽计算与黑顶帽计算

图像的**白顶帽**（white top-hat）计算比结构元素更小的亮点，定义为原始图像与其形态学开运算的差值图像。类似地，图像的**黑顶帽**（black top-hat）计算比结构元素更小的黑点，定义为原始图像与其形态学闭运算的差值图像。原始图像中的黑点经过黑顶帽操作后变成亮点。如下代码展示了如何使用 scikit-image morphology 模块函数对输入的泰戈尔二值图像（tagore.png）进行这两种形态学的操作：

```
from skimage.morphology import white_tophat, black_tophat, square
im = imread('../images/tagore.png')[...,3]
im[im <= 0.5] = 0
```

```
im[im > 0.5] = 1
im1 = white_tophat(im, square(5))
im2 = black_tophat(im, square(5))
pylab.figure(figsize=(20,15))
pylab.subplot(1,2,1), plot_image(im1, 'white tophat')
pylab.subplot(1,2,2), plot_image(im2, 'black tophat')
pylab.show()
```

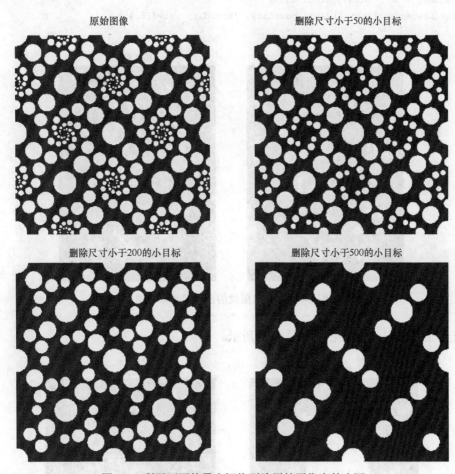

图 6-8 利用不同的最小阈值删除原始图像中的小圆

使用白顶帽和黑顶帽计算的输出结果如图 6-9 所示。

8. 提取边界

腐蚀运算可以用来提取二值图像的边界，只需要从输入的二值图像中减去腐蚀图像即可实现。如下代码实现了提取二值图像的边界：

```python
from skimage.morphology import binary_erosion
im = rgb2gray(imread('../images/horse-dog.jpg'))
threshold = 0.5
im[im < threshold] = 0
im[im >= threshold] = 1
boundary = im - binary_erosion(im)
plot_images_horizontally(im, boundary, 'boundary',sz=(18,9))
```

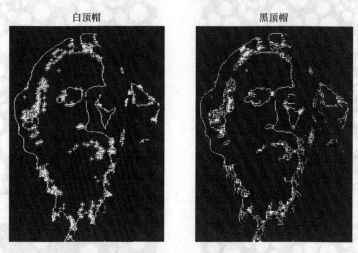

图 6-9　泰戈尔图像的白顶帽和黑顶帽

运行上述代码，输出结果如图 6-10 所示。

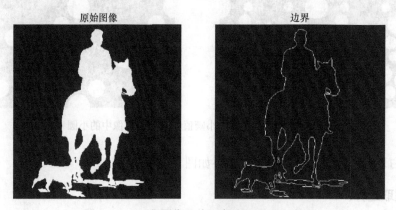

图 6-10　马-狗图像及其经腐蚀处理后的边界

6.1.2 利用开、闭运算实现指纹清洗

开运算和闭运算可以用于按顺序地从二值图像中（如小的前景对象）去噪。开、闭运算可以用于清洗指纹图像的预处理步骤。如下代码演示了如何实现指纹清洗：

```
im = rgb2gray(imread('../images/fingerprint.jpg'))
im[im <= 0.5] = 0 # binarize
im[im > 0.5] = 1
im_o = binary_opening(im, square(2))
im_c = binary_closing(im, square(2))
im_oc = binary_closing(binary_opening(im, square(2)), square(2))
pylab.figure(figsize=(20,20))
pylab.subplot(221), plot_image(im, 'original')
pylab.subplot(222), plot_image(im_o, 'opening')
pylab.subplot(223), plot_image(im_c, 'closing')
pylab.subplot(224), plot_image(im_oc, 'opening + closing')
pylab.show()
```

运行上述代码，输出结果如图 6-11 所示。可以看到，交替应用开、闭运算对噪声二值指纹图像进行了清洗。

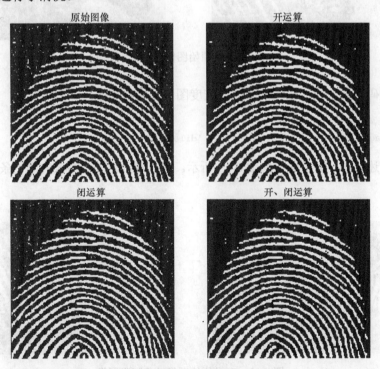

图 6-11 应用开、闭运算对带有噪声的指纹图像进行清洗

6.1.3 灰度级操作

如下代码展示了如何对灰度图像应用形态学操作，从灰度腐蚀开始：

```
from skimage.morphology import dilation, erosion, closing, opening, square
im = imread('../images/zebras.jpg')
im = rgb2gray(im)
struct_elem = square(5)
eroded = erosion(im, struct_elem)
plot_images_horizontally(im, eroded, 'erosion')
```

运行上述代码，输出结果如图 6-12 所示。可以看到，斑马图像的黑色条纹随着腐蚀而变宽。

图 6-12 斑马原始图像及其腐蚀图像

如下代码展示了如何在相同的输入灰度图像上应用膨胀：

```
dilated = dilation(im, struct_elem)
plot_images_horizontally(im, dilated, 'dilation')
```

运行上述代码，输出结果如图 6-13 所示。可以看到，斑马图像的黑色条纹随着膨胀而收窄。

图 6-13 斑马原始图像及其膨胀图像

如下代码展示了如何在相同的输入灰度图像上应用形态学灰度级开运算：

```
opened = opening(im, struct_elem)
plot_images_horizontally(im, opened, 'opening')
```

运行上述代码，输出结果如图 6-14 所示。可以看到，虽然去掉了一些细细的白色条纹，但黑色条纹的宽度并没有随着开运算而改变。

图 6-14　斑马原始图像及其开运算图像

如下代码展示了如何在相同的输入灰度图像上应用形态学灰度级闭运算：

```
closed = closing(im, struct_elem)
plot_images_horizontally(im, closed, 'closing')
```

运行上述代码，输出结果如图 6-15 所示。可以看到，虽然去掉了一些细细的黑色条纹，但白色条纹的宽度并没有随着闭运算而改变。

图 6-15　斑马原始图像及其闭运算图像

6.2　基于 scikit-image filter.rank 模块的形态学图像处理

scikit-image 的 `filter.rank` 模块提供了实现形态学滤波器的功能，例如形态学中值滤波器和形态学对比度增强滤波器。下面几节将演示其中的几个滤波器。

6.2.1 形态学对比度增强

形态学对比度增强滤波器通过只考虑由结构元素定义的邻域中的像素对每个像素进行操作。它用邻域内的局部最小或局部最大像素替换中心像素，这取决于原始像素最接近哪个像素。如下代码显示了使用形态学对比度增强滤波器和曝光模块的自适应直方图均衡化得到的输出结果的比较，这两个滤波器都是局部的。

```python
from skimage.filters.rank import enhance_contrast

def plot_gray_image(ax, image, title):
    ax.imshow(image, vmin=0, vmax=255, cmap=pylab.cm.gray),ax.set_title(title), ax.axis('off')
    ax.set_adjustable('box-forced')

image = rgb2gray(imread('../images/squirrel.jpg'))
sigma = 0.05
noisy_image = np.clip(image + sigma *
np.random.standard_normal(image.shape), 0, 1)
enhanced_image = enhance_contrast(noisy_image, disk(5))
equalized_image = exposure.equalize_adapthist(noisy_image)
fig, axes = pylab.subplots(1, 3, figsize=[18, 7], sharex='row',sharey='row')
axes1, axes2, axes3 = axes.ravel()
plot_gray_image(axes1, noisy_image, 'Original')
plot_gray_image(axes2, enhanced_image, 'Local morphological contrast enhancement')
plot_gray_image(axes3, equalized_image, 'Adaptive Histogram equalization')
```

运行上述代码，输出结果如图 6-16 所示。

原始图像

局部形态学对比度增强图像

自适应直方图均衡化图像

图 6-16　松鼠原始图像、局部形态学对比度增强图像及自适应直方图均衡化图像

6.2.2 使用中值滤波器去噪

如下代码展示了如何使用 scikit-image 的 `filter.rank` 模块的形态学中值滤波器。通过将 10%的像素随机设置为 255（盐）和 10%的像素随机设置为 0（椒），将一些脉冲噪声添加到灰度 Lena 输入图像中。为了便于使用中值滤波器去除噪声，使用的结构元素为不同尺寸的磁盘。

```
from skimage.filters.rank import median
from skimage.morphology import disk
noisy_image = (rgb2gray(imread('../images/lena.jpg'))*255).astype(np.uint8)
noise = np.random.random(noisy_image.shape)
noisy_image[noise > 0.9] = 255
noisy_image[noise < 0.1] = 0
fig, axes = pylab.subplots(2, 2, figsize=(10, 10), sharex=True,sharey=True)
axes1, axes2, axes3, axes4 = axes.ravel()
plot_gray_image(axes1, noisy_image, 'Noisy image')
plot_gray_image(axes2, median(noisy_image, disk(1)), 'Median $r=1$')
plot_gray_image(axes3, median(noisy_image, disk(5)), 'Median $r=5$')
plot_gray_image(axes4, median(noisy_image, disk(20)), 'Median $r=20$')
```

运行上述代码，输出结果如图 6-17 所示。可以看到，随着磁盘半径的增大，输出图像会变得更加零散或模糊，但同时会去除更多的噪声。

图 6-17 利用不同磁盘半径的中值滤波器处理 Lena 噪声图像

中值滤波器 磁盘半径 $r = 5$　　　　　中值滤波器 磁盘半径 $r = 20$

 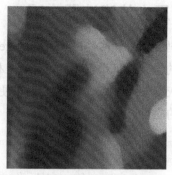

图 6-17　利用不同磁盘半径的中值滤波器处理 Lena 噪声图像（续）

6.2.3　计算局部熵

熵是图像中不确定性或随机性的度量，它的数学定义如下：

$$H = -\sum_{i=0}^{255} p_i \log_2 p_i$$

在上式中，p_i 是与灰度级 i 相关的概率（由图像的归一化直方图得到），这个公式用于计算图像的全局熵。同样地，也可以定义局部熵，从而定义局部图像的复杂度，它可以通过局部直方图来计算。

skimage.rank.entropy() 函数计算已知结构元素上的图像的局部熵（编码局部灰度级分布所需的最小比特数）。如下代码显示了如何将此滤波器应用于灰度图像，函数返回 8 位图像的 10 倍熵：

```
from skimage.morphology import disk
from skimage.filters.rank import entropy
image = rgb2gray(imread('../images/birds.png'))
fig, (axes1, axes2) = pylab.subplots(1, 2, figsize=(18, 10), sharex=True,sharey=True)
fig.colorbar(axes1.imshow(image, cmap=pylab.cm.gray), ax=axes1)
axes1.axis('off'), axes1.set_title('Image', size=20),
axes1.set_adjustable('box-forced')
fig.colorbar(axes2.imshow(entropy(image, disk(5)), cmap=pylab.cm.inferno),ax=axes2)
axes2.axis('off'), axes2.set_title('Entropy', size=20),axes2.set_adjustable('box-forced')
pylab.show()
```

运行上述代码，输出结果如图 6-18 所示。可以看到，熵值较高的区域（即信息含量较多的区域，如鸟巢）用较亮的颜色表示。

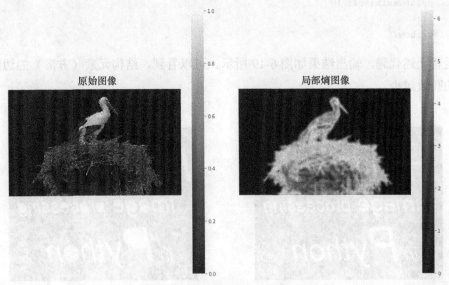

图 6-18　鸟原始图像和局部熵图像

6.3　基于 SciPy ndimage.morphology 模块的形态学图像处理

SciPy 的 `ndimage.morphology` 模块还提供了前面讨论的用于对二值图像和灰度图像进行形态学操作的函数，其中一些函数将在下面的小节中进行演示。

6.3.1　填充二值对象中的孔洞

`binary_fill_holes()` 函数填补了二值对象中的孔洞。如下代码演示了不同结构元素尺寸的函数在输入二值图像上的应用：

```python
from scipy.ndimage.morphology import binary_fill_holes
im = rgb2gray(imread('../images/text1.png'))
im[im <= 0.5] = 0
im[im > 0.5] = 1
pylab.figure(figsize=(20,15))
pylab.subplot(221), pylab.imshow(im), pylab.title('original',size=20),pylab.axis('off')
i = 2
for n in [3,5,7]:
    pylab.subplot(2, 2, i)
    im1 = binary_fill_holes(im, structure=np.ones((n,n)))
    pylab.imshow(im1), pylab.title('binary_fill_holes with structure square side ' + str(n), size=20)
```

```
    pylab.axis('off')
    i += 1
pylab.show()
```

运行上述代码,输出结果如图 6-19 所示。可以看到,结构元素(方形)的边越大,填充的孔数越少。

图 6-19 字体原始图像随着填充孔方形大小的变化效果

6.3.2 采用开、闭运算去噪

如下代码展示了如何利用灰度级的开运算与闭运算从灰度图像中去除椒盐噪声,以及交替应用开运算和闭运算从输入的一个有噪声的山魈灰度图像中去除椒盐(脉冲)噪声。

```
from scipy import ndimage
im = rgb2gray(imread('../images/mandrill_spnoise_0.1.jpg'))
im_o = ndimage.grey_opening(im, size=(2,2))
im_c = ndimage.grey_closing(im, size=(2,2))
im_oc = ndimage.grey_closing(ndimage.grey_opening(im, size=(2,2)),size=(2,2))
pylab.figure(figsize=(20,20))
pylab.subplot(221), pylab.imshow(im), pylab.title('original', size=20),pylab.axis('off')
```

```
    pylab.subplot(222), pylab.imshow(im_o), pylab.title('opening (removes salt)', size=20),
pylab.axis('off')
    pylab.subplot(223), pylab.imshow(im_c), pylab.title('closing (removes
    pepper)', size=20),pylab.axis('off')
    pylab.subplot(224), pylab.imshow(im_oc), pylab.title('opening + closing
    (removes salt + pepper)', size=20)
    pylab.axis('off')
    pylab.show()
```

运行上述代码，输出结果如图 6-20 所示。

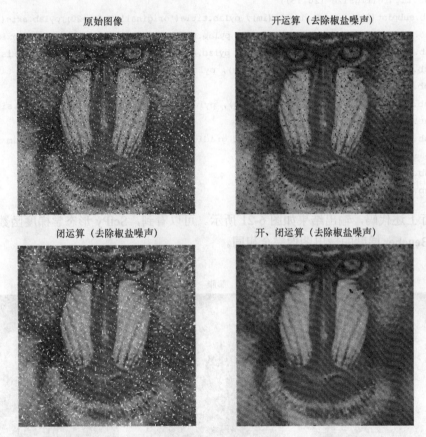

图 6-20 利用开、闭运算从山魈噪声图像中去除椒盐噪声

6.3.3 计算形态学 Beucher 梯度

形态学 Beucher 梯度计算可定义为输入灰度图像的膨胀运算与腐蚀运算的差值图像。SciPy 的 ndimage 提供了一个计算灰度图像形态学梯度的函数。如下代码显示了

SciPy 形态学梯度函数和 Beucher 梯度如何为爱因斯坦图像生成相同的输出：

```python
from scipy import ndimage
im = rgb2gray(imread('../images/einstein.jpg'))
im_d = ndimage.grey_dilation(im, size=(3,3))
im_e = ndimage.grey_erosion(im, size=(3,3))
im_bg = im_d - im_e
im_g = ndimage.morphological_gradient(im, size=(3,3))
pylab.gray()
pylab.figure(figsize=(20,18))
pylab.subplot(231), pylab.imshow(im), pylab.title('original', size=20),pylab.axis('off')
pylab.subplot(232), pylab.imshow(im_d), pylab.title('dilation', size=20),pylab.axis('off')
pylab.subplot(233), pylab.imshow(im_e), pylab.title('erosion', size=20),pylab.axis('off')
pylab.subplot(234), pylab.imshow(im_bg), pylab.title('Beucher gradient(bg)', size=20),
pylab.axis('off')
pylab.subplot(235), pylab.imshow(im_g), pylab.title('ndimage gradient (g)',size=20),
pylab.axis('off')
pylab.subplot(236), pylab.title('diff gradients (bg - g)', size=20),pylab.imshow(im_bg - im_g)
pylab.axis('off')
pylab.show()
```

运行上述代码，输出结果如图 6-21 所示。可以看到，SciPy 形态学梯度函数的输出图像与 Beucher 梯度的输出图像完全相同。

图 6-21 爱因斯坦图像及其 SciPy 形态学梯度函数与 Beucher 梯度的输出图像

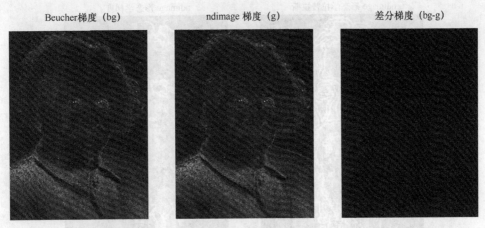

图 6-21 爱因斯坦图像及其 SciPy 形态学梯度函数与 Beucher 梯度的输出图像（续）

6.3.4 计算形态学拉普拉斯

如下代码演示了针对泰戈尔的二值图像（tagore.png）如何使用相应的 ndimage 函数计算形态学拉普拉斯，并将它与不同尺寸结构元素的形态梯度进行了比较。可以看到，对于这幅图像，梯度较小的结构元素和拉普拉斯较大的结构元素在提取边缘方面产生了更好的输出图像。

```
im = imread('../images/tagore.png')[...,3]
im_g = ndimage.morphological_gradient(im, size=(3,3))
im_l = ndimage.morphological_laplace(im, size=(5,5))
pylab.figure(figsize=(15,10))
pylab.subplot(121), pylab.title('ndimage morphological laplace', size=20),
pylab.imshow(im_l)
pylab.axis('off')
pylab.subplot(122), pylab.title('ndimage morphological gradient', size=20),
pylab.imshow(im_g)
pylab.axis('off')
pylab.show()
```

运行上述代码，输出结果如图 6-22 所示。

ndimage 形态学拉普拉斯   ndimage 形态学梯度

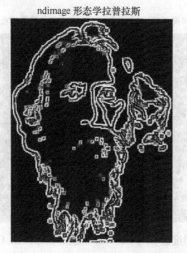 

图 6-22 形态学拉普拉斯与形态学梯度提取泰戈尔图像边缘效果比较

小结

本章讨论了各种基于数学形态学的图像处理技术。讨论了形态学的二值运算，如腐蚀、膨胀、开运算和闭运算、骨架化以及白顶帽和黑顶帽；讨论了凸包计算、去除小目标、提取边界、利用开、闭指纹清洗、填充二值对象中的孔洞、使用开、闭运算去噪等应用；讨论了形态学运算到灰度级运算的延伸，形态学对比度增强、中值滤波器去噪和计算局部熵的应用。此外，本章还讨论了如何计算形态学梯度和形态学拉普拉斯。学习完本章之后，读者应该能够编写用于形态学图像处理的 Python 代码（例如开运算、闭运算、骨架化和计算凸包等）。

习题

1. 用二值图像说明形态学开运算和闭运算是对偶运算（提示：使用相同的结构元素在图像前景上进行开运算并在图像背景上进行闭运算）。

2. 使用对象的凸包自动裁剪图像。使用图 6-23 所示的图像，并裁剪白色背景。

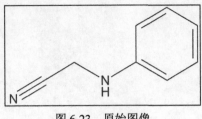

图 6-23　原始图像

期望的输出图像如图 6-24 所示，能够自动找到裁剪图像的边框。

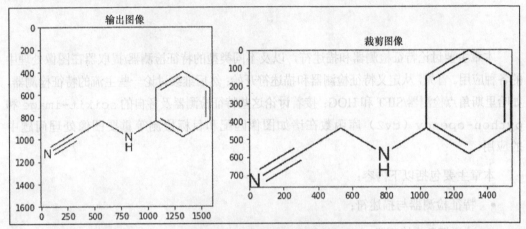

图 6-24　输出图像和裁剪图像

3. 使用 `skimage.filters.rank` 中的 `maximum()` 和 `minimum()` 函数对灰度图像实现形态学开运算与闭运算。

第 7 章 图像特征提取与描述符

本章主要讨论特征检测器和描述符,以及不同类型的特征检测器/提取器在图像处理中的各种应用。首先,从定义特征检测器和描述符开始;然后继续讨论一些主流的特征检测器,如哈里斯角点检测器/SIFT 和 HOG;接着讨论这些特征检测器及各自的 `scikit-image` 和 `python-opencv`(`cv2`)库函数在诸如图像匹配和目标检测等重要图像处理问题中的应用。

本章主要包括以下内容:

- 特征检测器与描述符;
- 哈里斯角点检测器;
- 基于 LoG、DoG 和 DoH 的斑点检测器;
- 基于方向梯度直方图的特征提取;
- 尺度不变特征变换;
- 类 Haar 特征及其在人脸检测中的应用。

7.1 特征检测器与描述符

在图像处理中,(局部)特征是指一组与图像处理任务相关的关键/突出点或信息,它们创建了一个抽象的、更为普遍的(通常是健壮的)图像表示。基于某种标准(例如,角点、局部最大值、局部最小值等,从图像中检测或提取特征)从图像中选择一组感兴趣点的算法称为特征**检测器/提取器**。

相反，描述符是表示图像特征/感兴趣点（如 HOG 特性）值的集合。特征提取也可以看作将图像转换为一组特征描述符的操作，因此是降维的特殊形式。局部特征通常由感兴趣点及其描述符共同组成。

整个图像的全局特征（例如图像直方图）通常并不是那么让人满意，不值得提取。因此，更实用的方法是将图像描述为一组局部特征，这些局部特征对应于图像中有趣的区域，如角点、边和斑点。每个区域都有一个描述符，描述符捕捉某些光度特性（如强度和梯度）的局部分布。局部特征的某些属性如下。

（1）它们应该是重复的（即可在每个图像中独立检测相同的点）。

（2）它们应该不受平移、旋转、缩放（仿射变换）的影响。

（3）它们应该对噪声、模糊、遮挡、杂波和光照变化（局部）具有鲁棒性。

（4）该区域应该包含感兴趣的结构（可辨别性），诸如此类。

许多图像处理任务，如图像配准、图像匹配、图像拼接（全景图）、目标检测和识别，都使用局部特征。图像处理（局部特征检测）的基本思想如图 7-1 所示。

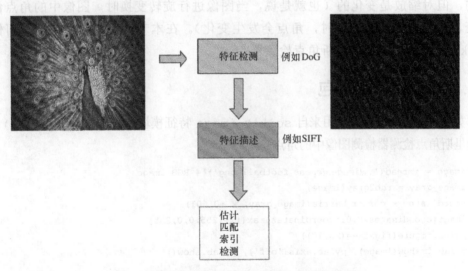

图 7-1 图像处理（局部特征检测）的基本思想

在本章中，我们将首次使用 python-opencv（cv2 库）。

如往常一样，首先从导入所有必需的库，如下面的代码所示：

```
from matplotlib import pylab as pylab
from skimage.io import imread
from skimage.color import rgb2gray
from skimage.feature import corner_harris, corner_subpix, corner_peaks
from skimage.transform import warp, SimilarityTransform, AffineTransform, resize
import cv2
import numpy as np
from skimage import data
from skimage.util import img_as_float
from skimage.exposure import rescale_intensity
from skimage.measure import ransac
```

7.2 哈里斯角点检测器

该算法探究了当窗口在图像中改变位置时，窗口内的强度变化。与强度值只在一个方向突然发生变化的边缘不同，该算法中强度值在所有方向的角点处都有显著的变化。因此，当窗口在角点任意方向移动时（定位良好），强度值会发生较大的变化。这一事实在 Harris（哈里斯）角点检测算法中得到了充分利用。它对旋转是不变的，但对缩放是变化的（也就是说，当图像进行旋转变换时，图像中的角点保持不变，但当图像调整大小时，角点会发生变化）。在本节中，我们将讨论如何使用 scikit-image 实现哈里斯角点检测器。

7.2.1 scikit-image 包

如下代码展示了如何使用来自 scikit-image 特征模块的 corner_harris() 函数的哈里斯角点检测器检测图像中的角点：

```
image = imread('../images/chess_football.png') # RGB image
image_gray = rgb2gray(image)
coordinates = corner_harris(image_gray, k =0.001)
image[coordinates>0.01*coordinates.max()]=[255,0,0,255]
pylab.figure(figsize=(20,10))
pylab.imshow(image), pylab.axis('off'), pylab.show()
```

运行上述代码，输出结果如图 7-2 所示，角点被检测出来，并标识为红点。

图 7-2 棋-足球图像的哈里斯角点检测

子像素准确率

有的情形下可能需要找到最精确的角点。使用 scikit-image 特征模块中的 corner_subpix() 函数,可以以子像素的准确率对检测到的角点进行细化。如下代码演示了如何使用这个函数,其中的输入图像为巴黎卢浮宫金字塔(pyramids2.jpg)图像。如往常一样,首先使用 corner_peaks() 计算哈里斯角点,然后使用 corner_subpix() 函数计算角点的子像素位置,后者使用统计检验来决定是否接受或拒绝先前使用 corner_peaks() 函数计算的角点。为此,需要定义函数来搜索角点的邻域(窗口)的大小。

```
image = imread('../images/pyramids2.jpg')
image_gray = rgb2gray(image)
coordinates = corner_harris(image_gray, k =0.001)
coordinates[coordinates > 0.03*coordinates.max()] = 255 # threshold for an
optimal value, depends on the image
corner_coordinates = corner_peaks(coordinates)
coordinates_subpix = corner_subpix(image_gray, corner_coordinates,
window_size=11)
pylab.figure(figsize=(20,20))
pylab.subplot(211), pylab.imshow(coordinates, cmap='inferno')
pylab.plot(coordinates_subpix[:, 1], coordinates_subpix[:, 0], 'r.',
markersize=5, label='subpixel')
pylab.legend(prop={'size': 20}), pylab.axis('off')
pylab.subplot(212), pylab.imshow(image, interpolation='nearest')
pylab.plot(corner_coordinates[:, 1], corner_coordinates[:, 0], 'bo',
markersize=5)
```

```
pylab.plot(coordinates_subpix[:, 1], coordinates_subpix[:, 0], 'r+',
markersize=10), pylab.axis('off')
pylab.tight_layout(), pylab.show()
```

运行上述代码，输出结果如图 7-3 所示。其中，第一幅图像所示的哈里斯角点用黄色像素标记，精细的子像素角点用红色像素标记；第二幅图像所检测到的角点用蓝色像素标记并绘制在原始输入图像顶部，而精细的子像素角点同样用红色像素标记。

图 7-3 巴黎卢浮宫金字塔角点和子像素定位标记

7.2.2 哈里斯角点特征在图像匹配中的应用

一旦检测到图像中的感兴趣点，最好知道如何跨越相同对象的不同图像来匹配这些点。例如，下面列举的是匹配两个这样的图像的一般方法。

（1）计算感兴趣的点（例如，使用哈里斯角点检测器的角点）。

（2）考虑每个关键点周围的区域（窗口）。

（3）从该区域为每幅图像、每个关键点计算一个局部特征描述符，并对其规范化。

（4）匹配在两幅图像中计算的局部描述符（例如，使用欧氏距离）。

哈里斯角点可以用来匹配两幅图像，我们会给出一个示例。

基于 RANSAC 算法和哈里斯角点特征的鲁棒图像匹配

在本例中，我们将使用图像仿射变换后的版本与原始图像进行匹配，可以将它们视为是从不同的角度拍摄的。下面的步骤描述了图像匹配算法。

（1）首先，计算两幅图像中的感兴趣点或哈里斯角点。

（2）考虑点周围的小空间，然后使用误差平方加权和计算点之间的对应点。这种度量不是很健壮，而且它只在稍微改变视角时可用。

（3）一旦找到对应点，就会得到一组源坐标和对应的目标坐标，它们用于估计两幅图像之间的几何变换。

（4）用坐标简单地估计参数是不够的，许多对应关系可能是错误的。

（5）采用随机抽样一致性（RANSAC）算法对参数进行鲁棒估计，先将点分类为内点和外点，然后在忽略外点的情况下将模型拟合到内点上，以寻找与仿射变换一致的匹配。

如下代码演示了如何使用哈里斯角点特征实现图像匹配：

```
temple = rgb2gray(img_as_float(imread('../images/temple.jpg')))
image_original = np.zeros(list(temple.shape) + [3])
image_original[..., 0] = temple
gradient_row, gradient_col = (np.mgrid[0:image_original.shape[0],
0:image_original.shape[1]] / float(image_original.shape[0]))
image_original[..., 1] = gradient_row
image_original[..., 2] = gradient_col
image_original = rescale_intensity(image_original)
image_original_gray = rgb2gray(image_original)
affine_trans = AffineTransform(scale=(0.8, 0.9), rotation=0.1,translation=(120, -20))
image_warped = warp(image_original, affine_trans .inverse,output_shape=image_original.shape)
image_warped_gray = rgb2gray(image_warped)
```

如下代码演示了如何使用哈里斯角点度量提取角点:

```
coordinates = corner_harris(image_original_gray)
coordinates[coordinates > 0.01*coordinates.max()] = 1
coordinates_original = corner_peaks(coordinates, threshold_rel=0.0001,min_distance=5)
coordinates = corner_harris(image_warped_gray)
coordinates[coordinates > 0.01*coordinates.max()] = 1
coordinates_warped = corner_peaks(coordinates, threshold_rel=0.0001,min_distance=5)
```

如下代码演示了如何确定子像素角点的位置:

```
coordinates_original_subpix = corner_subpix(image_original_gray,
coordinates_original, window_size=9)
coordinates_warped_subpix = corner_subpix(image_warped_gray,
coordinates_warped, window_size=9)

def gaussian_weights(window_ext, sigma=1):
 y, x = np.mgrid[-window_ext:window_ext+1, -window_ext:window_ext+1]
 g_w = np.zeros(y.shape, dtype = np.double)
 g_w[:] = np.exp(-0.5 * (x**2 / sigma**2 + y**2 / sigma**2))
 g_w /= 2 * np.pi * sigma * sigma
 return g_w
```

权重像素取决于到中心像素的距离,计算变形后图像中所有角点的误差平方加权和,用最小误差平方加权和的角点作为其对应点,如下面的代码所示:

```
def match_corner(coordinates, window_ext=3):
    row, col = np.round(coordinates).astype(np.intp)
    window_original = image_original[row-window_ext:row+window_ext+1, col-window_ext:col+window_ext+1, :]
    weights = gaussian_weights(window_ext, 3)
    weights = np.dstack((weights, weights, weights))
    SSDs = []
    for coord_row, coord_col in coordinates_warped:
        window_warped = image_warped[coord_row-window_ext:coord_row+window_ext+1,
coord_col-window_ext:coord_col+window_ext+1, :]
        if window_original.shape == window_warped.shape:
            SSD = np.sum(weights * (window_original - window_warped)**2)
            SSDs.append(SSD)
    min_idx = np.argmin(SSDs) if len(SSDs) > 0 else -1
    return coordinates_warped_subpix[min_idx] if min_idx >= 0 else [None]
```

如下代码演示了用简单的误差平方加权和求对应点:

```
source, destination = [], []
```

```
for coordinates in coordinates_original_subpix:
    coordinates1 = match_corner(coordinates)
    if any(coordinates1) and len(coordinates1) > 0 and not all(np.isnan(coordinates1)):
        source.append(coordinates)
        destination.append(coordinates1)
source = np.array(source)
destination = np.array(destination)
```

如下代码演示了使用全部坐标估计仿射变换模型：

```
model = AffineTransform()
model.estimate(source, destination)
```

如下代码演示了用 RANSAC 对仿射变换模型进行鲁棒估计：

```
model_robust, inliers = ransac((source, destination), AffineTransform,
min_samples=3, residual_threshold=2, max_trials=100)
outliers = inliers == False
```

如下代码比较了真实和估计的变换参数：

```
print(affine_trans.scale, affine_trans.translation, affine_trans.rotation)
# (0.8, 0.9) [ 120. -20.] 0.09999999999999999
print(model.scale, model.translation, model.rotation)
# (0.8982412101241938, 0.8072777593937368) [ -20.45123966 114.92297156]
-0.10225420334222493
print(model_robust.scale, model_robust.translation, model_robust.rotation)
# (0.9001524425730119, 0.8000362790749188) [ -19.87491292 119.83016533]
-0.09990858564132575
```

如下代码演示了可视化的对应点：

```
fig, axes = pylab.subplots(nrows=2, ncols=1, figsize=(20,15))
pylab.gray()
inlier_idxs = np.nonzero(inliers)[0]
plot_matches(axes[0], image_original_gray, image_warped_gray, source,
destination, np.column_stack((inlier_idxs, inlier_idxs)),
matches_color='b')
axes[0].axis('off'), axes[0].set_title('Correct correspondences', size=20)
outlier_idxs = np.nonzero(outliers)[0]
plot_matches(axes[1], image_original_gray, image_warped_gray, source,
destination, np.column_stack((outlier_idxs, outlier_idxs)),
matches_color='row')
axes[1].axis('off'), axes[1].set_title('Faulty correspondences', size=20)
fig.tight_layout(), pylab.show()
```

图 7-4 所示的是一起运行上面代码的输出结果。实际运行时，第一张图中正确的对应点用蓝线表示，第二张图中错误的对应点用红线表示。

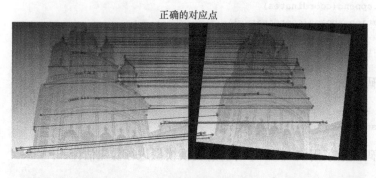

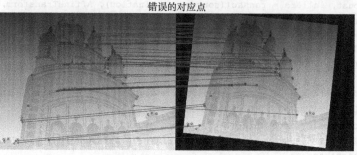

图 7-4 利用哈里斯角点特征实现庙宇图像匹配

7.3 基于 LoG、DoG 和 DoH 的斑点检测器

在图像中，斑点被定义为黑暗区域上的亮斑或明亮区域上的暗斑。在本节中，我们将讨论如何使用以下 3 种算法在图像中实现斑点特征检测，输入的图像是一个彩色（RGB）蝴蝶图像（butterfly.png）。

7.3.1 高斯拉普拉斯

从第 3 章我们知道图像与滤波器的交叉相关可以看作模式匹配，也就是说，将（小的）模板图像（想要找到的）与图像中的所有局部区域进行比较。斑点检测的核心思想源于这个事实。在第 6 章中，我们已经介绍了如何使用带零交叉点的 LoG（高斯拉普拉斯）滤波器进行边缘检测。LoG 还可以利用尺度空间的概念，通过搜索 LoG 的三维极值（位置 + 尺度）来寻找尺度不变区域。如果拉普拉斯算子的规模（LoG 滤波器的 σ）与斑点的规模匹配，拉普拉斯算子响应的大小在斑点的中心达到最大值。有了这种方法，使用逐渐增加的 σ 计算 LoG 卷积图像，并堆叠在一个立方体中。这些小块对应于这个立方体中的局部最大值。这种方法只用来检测黑暗背景上的亮斑，虽然是准确的，但是速度很慢（特别是对于检测较大的斑点）。

7.3.2 高斯差分

LoG 方法近似于 DoG（高斯差分）方法，因此速度更快。图像随着 σ 值的增加而平滑（使用高斯函数），并且两个连续平滑图像之差（高斯差分）堆叠在一个立方体中。这种方法也用来检测黑暗背景上的亮斑。它比 LoG 更快，但是准确率更低，尽管较大的斑点检测仍然很昂贵。

7.3.3 黑塞矩阵

DoH（黑塞矩阵）方法是所有这些方法中最快的。它通过计算图像黑塞行列式矩阵中的极大值来检测斑点。斑点的大小对检测速度没有任何影响。该方法既能检测到深色背景上的亮斑，也能检测到浅色背景上的暗斑，但不能准确地检测到小亮斑。

如下代码演示了如何使用 scikit-image 实现上述 3 种算法（LoG、DoG 和 DoH）：

```
from numpy import sqrt
from skimage.feature import blob_dog, blob_log, blob_doh

im = imread('../images/butterfly.png')
im_gray = rgb2gray(im)
log_blobs = blob_log(im_gray, max_sigma=30, num_sigma=10, threshold=.1)
log_blobs[:, 2] = sqrt(2) * log_blobs[:, 2] # Compute radius in the 3rd column
dog_blobs = blob_dog(im_gray, max_sigma=30, threshold=0.1)
dog_blobs[:, 2] = sqrt(2) * dog_blobs[:, 2]
doh_blobs = blob_doh(im_gray, max_sigma=30, threshold=0.005)
list_blobs = [log_blobs, dog_blobs, doh_blobs]
color, titles = ['yellow', 'lime', 'red'], ['Laplacian of Gaussian',
'Difference of Gaussian', 'Determinant of Hessian']
sequence = zip(list_blobs, colors, titles)
fig, axes = pylab.subplots(2, 2, figsize=(20, 20), sharex=True,sharey=True)
axes = axes.ravel()
axes[0].imshow(im, interpolation='nearest')
axes[0].set_title('original image', size=30), axes[0].set_axis_off()
for idx, (blobs, color, title) in enumerate(sequence):
 axes[idx+1].imshow(im, interpolation='nearest')
```

```
axes[idx+1].set_title('Blobs with ' + title, size=30)
for blob in blobs:
    y, x, row = blob
    col = pylab.Circle((x, y), row, color=color, linewidth=2, fill=False)
    axes[idx+1].add_patch(col),   axes[idx+1].set_axis_off()
pylab.tight_layout(), pylab.show()
```

运行上述代码，输出结果如图 7-5 所示，从图中可以看到采用不同算法检测到的斑点。

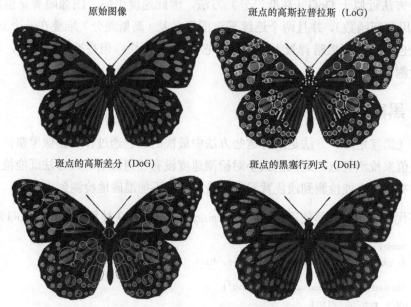

图 7-5　使用 LoG、DoG 和 DoH 检测蝴蝶图像上的斑点

角点和斑点特性都具有可重复性、显著性和局部性的特征。

7.4　基于方向梯度直方图的特征提取

方向梯度直方图（Histogram of Oriented Gradient，HOG）是一种常用的目标检测的特征描述符。在本节中，我们将讨论如何从图像计算 HOG 描述符。

7.4.1　计算 HOG 描述符的算法

HOG 描述符的算法描述如下。

(1) 如果愿意,可以对图像进行全局归一化处理。

(2) 计算水平和垂直梯度图像。

(3) 计算梯度直方图。

(4) 块(区间)集归一化处理。

(5) 扁平组合成特征描述符向量。

HOG 描述符是利用该算法最终得到的归一化区间描述符。

7.4.2 基于 scikit-image 计算 HOG 描述符

现在使用 scikit-image 特征模块的 hog() 函数计算 HOG 描述符,并使之可视化,如下面的代码所示:

```
from skimage.feature import hog
from skimage import exposure
image = rgb2gray(imread('../images/cameraman.jpg'))
fd, hog_image = hog(image, orientations=8, pixels_per_cell=(16, 16),
cells_per_block=(1, 1), visualize=True)
print(image.shape, len(fd))
# ((256L, 256L), 2048)
fig, (axes1, axes2) = pylab.subplots(1, 2, figsize=(15, 10), sharex=True,sharey=True)
axes1.axis('off'), axes1.imshow(image, cmap=pylab.cm.gray),
axes1.set_title('Input image')
```

现在重新调整一下直方图,以便更好地显示,如下面的代码所示:

```
hog_image_rescaled = exposure.rescale_intensity(hog_image, in_range=(0,10))
axes2.axis('off'), axes2.imshow(hog_image_rescaled, cmap=pylab.cm.gray),
axes2.set_title('Histogram of Oriented Gradients')
pylab.show()
```

HOG 特征的可视化输出结果如图 7-6 所示。

在第 9 章中,我们将讨论如何使用 HOG 描述符从图像中检测对象。

输入图像　　　　　　　　　　　　　方向梯度直方图

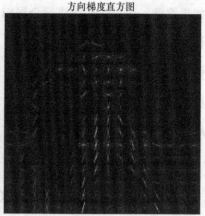

图 7-6　摄影师图像的方向梯度直方图

7.5　尺度不变特征变换

尺度不变特征变换（Scale-Invariant Feature Transform，SIFT）描述符为图像区域提供了另一种表示方法，它们对于匹配图像非常有用。正如前面所述，当要匹配的图像在本质上是相似的（关于尺度、方向等方面）时，简单的角点检测器可以很好地工作。但是如果它们有不同的尺度和旋转，就需要使用 SIFT 描述符来匹配它们。SIFT 不仅具有尺度不变的特点，而且在旋转、光照和图像视角发生变化的情况下仍能取得较好的效果。

以下将讨论 SIFT 算法中涉及的主要步骤，该算法将图像内容转换为不受平移、旋转、缩放和其他成像参数影响的局部特征坐标。

7.5.1　计算 SIFT 描述符的算法

（1）尺度空间极值检测：对多个尺度和图像位置进行搜索，利用 DoG 检测器给出位置和特征尺度。

（2）关键点定位：根据稳定性指标选择关键点，剔除低对比度和边缘关键点，只保留强感兴趣点。

（3）方向分配：计算每个关键点区域的最佳方向，以提高匹配的稳定性。

（4）关键点描述符计算：使用选定尺度和旋转的局部图像梯度来描述每个关键点区域。

如前所述，SIFT 对于光照的细微变化（由于梯度和归一化）、位姿（由于方向梯度直方图的小仿射变换）、尺度（由 DoG 给定）和类内变异（由直方图引起的小变换）具有鲁棒性。

7.5.2 opencv 和 opencv-contrib 的 SIFT 函数

为了能够使用 python-opencv 中的 SIFT 函数，需要安装 opencv-contrib。下面的代码演示了如何检测 SIFT 关键点，并使用输入的蒙娜丽莎图像（monalisa.jpg）来绘制它们。

先构造 SIFT 目标，然后用 detect() 方法计算图像中的关键点。每个关键点都是一个特殊的特性，并且有一些属性，例如它的 (x, y) 坐标、角度（方向）、响应（关键点的强度）、有意义的邻域的大小等。

接着，用 cv2 中的 drawKeypoints() 函数在检测到的关键点周围绘制小圆圈。如果将 cv2.DRAW_MATCHES_FLAGS_DRAW_RICH_KEYPOINTS 标志应用于函数，它将绘制一个关键点大小的圆及其方向。为了同时计算关键点和描述符，可使用 detectAndCompute() 函数。

```
# make sure the opencv version is 3.3.0 with
# pip install opencv-python==3.3.0.10 opencv-contrib-python==3.3.0.10

import cv2
print(cv2.__version__)
# 3.3.0

img = cv2.imread('../images/monalisa.jpg')
gray= cv2.cvtColor(img,cv2.COLOR_BGR2GRAY)

sift = cv2.xfeatures2d.SIFT_create()
kp = sift.detect(gray,None) # detect SIFT keypoints

img = cv2.drawKeypoints(img,kp, None,
flags=cv2.DRAW_MATCHES_FLAGS_DRAW_RICH_KEYPOINTS)
cv2.imshow("Image", img);
cv2.imwrite('me5_keypoints.jpg',img)

kp, des = sift.detectAndCompute(gray,None) # compute the SIFT descriptor
```

运行上述代码，输出结果如图 7-7 所示。从图中可以看到输入的蒙娜丽莎图像以及计算出来的 SIFT 关键点和方向。

图 7-7 蒙娜丽莎图像及其带有 SIFT 关键点的图像

7.5.3 基于 BRIEF、SIFT 和 ORB 匹配图像的应用

在 7.5.2 节中,我们讨论了检测 SIFT 关键点的方法。在本节中,我们将为图像引入更多的特征描述符,即 BRIEF(短二进制特征描述符)和 ORB(BRIEF 的改进版,SIFT 的有效替代品)。读者很快就可以知道,这些描述符都可以用于图像匹配和目标检测。

1. 基于 scikit-image 与 BRIEF 二进制描述符匹配图像

BRIEF 描述符的比特数相对较少,可以使用一组强度差测试来进行计算。作为短二进制特征描述符,它具有较低的内存占用,利用该描述符使用汉明(Hamming)距离度量进行匹配是非常有效的。BRIEF 虽然不提供旋转不变性,但可以通过检测不同尺度的特征来获得所需的尺度不变性。如下代码展示了如何使用 scikit-image 函数计算 BRIEF 二进制描述符,其中用于匹配的输入图像是灰度 Lena 图像及其仿射变换后的版本。

```
from skimage import transform as transform
from skimage.feature import (match_descriptors, corner_peaks,
corner_harris, plot_matches, BRIEF)
img1 = rgb2gray(imread('../images/lena.jpg')) #data.astronaut())
affine_trans = transform.AffineTransform(scale=(1.2, 1.2),
translation=(0,-100))
img2 = transform.warp(img1, affine_trans)
img3 = transform.rotate(img1, 25)
coords1, coords2, coords3 = corner_harris(img1), corner_harris(img2),corner_harris(img3)
coords1[coords1 > 0.01*coords1.max()] = 1
coords2[coords2 > 0.01*coords2.max()] = 1
```

```
coords3[coords3 > 0.01*coords3.max()] = 1
keypoints1 = corner_peaks(coords1, min_distance=5)
keypoints2 = corner_peaks(coords2, min_distance=5)
keypoints3 = corner_peaks(coords3, min_distance=5)
extractor = BRIEF()
extractor.extract(img1, keypoints1)
keypoints1, descriptors1 = keypoints1[extractor.mask],
extractor.descriptors
extractor.extract(img2, keypoints2)
keypoints2, descriptors2 = keypoints2[extractor.mask],
extractor.descriptors
extractor.extract(img3, keypoints3)
keypoints3, descriptors3 = keypoints3[extractor.mask],
extractor.descriptors
matches12 = match_descriptors(descriptors1, descriptors2, cross_check=True)
matches13 = match_descriptors(descriptors1, descriptors3, cross_check=True)
fig, axes = pylab.subplots(nrows=2, ncols=1, figsize=(20,20))
pylab.gray(), plot_matches(axes[0], img1, img2, keypoints1, keypoints2,matches12)
axes[0].axis('off'), axes[0].set_title("Original Image vs. Transformed Image")
plot_matches(axes[1], img1, img3, keypoints1, keypoints3, matches13)
axes[1].axis('off'), axes[1].set_title("Original Image vs. Transformed Image"),
pylab.show()
```

运行上述代码，输出结果如图 7-8 所示。从图中可以看到两个图像之间的 BRIEF 关键点是如何匹配的。

2. 基于 scikit-image 与 ORB 特征检测器和二进制特征描述符匹配

ORB 特征检测和二进制描述符算法采用了定向的 FAST 检测方法和旋转的 BRIEF 描述符。与 BRIEF 相比，ORB 具有更大的尺度和旋转不变性，但即便如此，也同样采用汉明距离度量进行匹配，这样效率更高。因此，在考虑实时应用场合时，该方法优于 BRIEF。

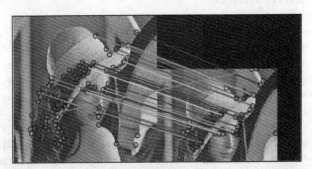

图 7-8 Lena 原始图像与变换图像（BRIEF）关键点的匹配

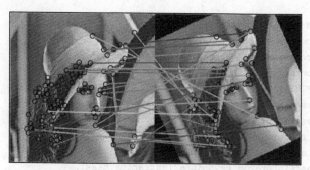

图 7-8　Lena 原始图像与变换图像（BRIEF）关键点的匹配（续）

如下代码演示了 ORB 特征检测和二进制描述符算法：

```
from skimage import transform as transform
from skimage.feature import (match_descriptors, ORB, plot_matches)
img1 = rgb2gray(imread('../images/me5.jpg'))
img2 = transform.rotate(img1, 180)
affine_trans = transform.AffineTransform(scale=(1.3, 1.1), rotation=0.5,translation=(0, -200))
img3 = transform.warp(img1, affine_trans)
img4 = transform.resize(rgb2gray(imread('../images/me6.jpg')), img1.shape, anti_aliasing=True)
descriptor_extractor = ORB(n_keypoints=200)
descriptor_extractor.detect_and_extract(img1)
keypoints1, descriptors1 = descriptor_extractor.keypoints, descriptor_extractor.descriptors
descriptor_extractor.detect_and_extract(img2)
keypoints2, descriptors2 = descriptor_extractor.keypoints, descriptor_extractor.descriptors
descriptor_extractor.detect_and_extract(img3)
keypoints3, descriptors3 = descriptor_extractor.keypoints, descriptor_extractor.descriptors
descriptor_extractor.detect_and_extract(img4)
keypoints4, descriptors4 = descriptor_extractor.keypoints, descriptor_extractor.descriptors
matches12 = match_descriptors(descriptors1, descriptors2, cross_check=True)
matches13 = match_descriptors(descriptors1, descriptors3, cross_check=True)
matches14 = match_descriptors(descriptors1, descriptors4, cross_check=True)
fig, axes = pylab.subplots(nrows=3, ncols=1, figsize=(20,25))
pylab.gray()
plot_matches(axes[0], img1, img2, keypoints1, keypoints2, matches12)
axes[0].axis('off'), axes[0].set_title("Original Image vs. Transformed Image", size=20)
plot_matches(axes[1], img1, img3, keypoints1, keypoints3, matches13)
```

```
    axes[1].axis('off'), axes[1].set_title("Original Image vs. Transformed Image",
size=20)
    plot_matches(axes[2], img1, img4, keypoints1, keypoints4, matches14)
    axes[2].axis('off'), axes[2].set_title("Image1 vs. Image2", size=20)
    pylab.show()
```

运行上述代码,输出结果如图 7-9 所示。从图中可以看到两个图像之间的 BRIEF 关键点是如何匹配的。

图 7-9 图像匹配的原始图像

上述代码运行的输出图像和欲匹配的图像的 ORB 关键点,以及用线标示的匹配项如图 7-10、图 7-11 和图 7-12 所示。该算法先尝试将图像与其仿射变换后的图像进行匹配,然后对同一目标的两幅不同图像进行匹配。

图 7-10 原始图像与仿射变换后图像的 ORB 关键点及其匹配(方向一)

原始图像与仿射变换后的图像

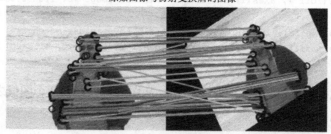

图 7-11　原始图像与仿射变换后图像的 ORB 关键点及其匹配（方向二）

图像1与图像2

图 7-12　不同图像同一对象的 ORB 关键点及其匹配（方向三）

3．基于 python-opencv 使用暴力匹配与 ORB 特征匹配

在本节中，我们将演示如何使用 opencv 的暴力匹配器匹配两个图像描述符。在此方法中，一幅图像的特征描述符与另一幅图像中的所有特征匹配（使用一些距离度量），并返回最近的一个。使用带有 ORB 描述符的 `BFMatcher()` 函数来匹配两幅图书图像，如下面的代码所示：

```
img1 = cv2.imread('../images/books.png',0) # queryImage
img2 = cv2.imread('../images/book.png',0) # trainImage
# Create a ORB detector object
orb = cv2.ORB_create()
# find the keypoints and descriptors
kp1, des1 = orb.detectAndCompute(img1,None)
kp2, des2 = orb.detectAndCompute(img2,None)
# create a BFMatcher object
bf = cv2.BFMatcher(cv2.NORM_HAMMING, crossCheck=True)
# Match descriptors.
matches = bf.match(des1, des2)
# Sort them in the order of their distance.
matches = sorted(matches, key = lambda x:x.distance)
# Draw first 20 matches.
```

```
img3 = cv2.drawMatches(img1,kp1,img2,kp2,matches[:20], None, flags=2)
pylab.figure(figsize=(20,10)), pylab.imshow(img3), pylab.show()
```

上述代码所使用的输入图像如图 7-13 所示。

图 7-13　图像匹配的两幅输入（图书）图像

运行上述代码，输出计算出的前 20 个 ORB 关键点匹配，如图 7-14 所示。

图 7-14　两幅图像前 20 个 ORB 关键点匹配

4. 基于 SIFT 描述符进行暴力匹配以及基于 OpenCV 进行比率检验

两个图像之间的 SIFT 关键点通过识别它们最近的邻居来进行匹配。但在某些情况下，由于噪声等因素，第二个最接近的匹配似乎更接近第一个匹配。在这种情况下，计算最近距离与第二最近距离的比率，并检验它是否大于 0.8。如果比率大于 0.8，则表示拒绝。

这有效地消除了约 90% 的错误匹配，且只有约 5% 的正确匹配（源于 SIFT 文献）。使用 knnMatch() 函数获得 $k=2$ 个最匹配的关键点，我们也应用了比率检验，如下面的代码所示：

```python
# make sure the opencv version is 3.3.0 with
# pip install opencv-python==3.3.0.10 opencv-contrib-python==3.3.0.10
import cv2
print(cv2.__version__)
# 3.3.0
img1 = cv2.imread('../images/books.png',0) # queryImage
img2 = cv2.imread('../images/book.png',0) # trainImage
# Create a SIFT detector object
sift = cv2.xfeatures2d.SIFT_create()
# find the keypoints and descriptors with SIFT
kp1, des1 = sift.detectAndCompute(img1,None)
kp2, des2 = sift.detectAndCompute(img2,None)
bf = cv2.BFMatcher()
matches = bf.knnMatch(des1, des2, k=2)
# Apply ratio test
good_matches = []
for m1, m2 in matches:
 if m1.distance < 0.75*m2.distance:
  good_matches.append([m1])
img3 = cv2.drawMatchesKnn(img1, kp1, img2, kp2,good_matches, None, flags=2)
pylab.imshow(img3),pylab.show()
```

运行上述代码，输出结果如图 7-15 所示。从图中可以看出如何使用 K 最近邻（KNN）匹配器匹配图像之间的关键点。

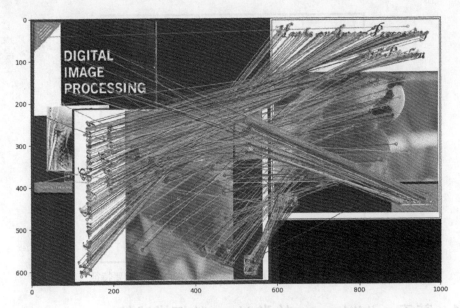

图 7-15　使用 KNN 匹配器匹配两图像之间的关键点

7.6　类 Haar 特征及其在人脸检测中的应用

类 Haar 特征在目标检测应用中是非常有用的图像特征。它们是由维奥拉（Viola）和琼斯（Jones）在第一个实时人脸检测器中所引用的——后称为 Viola-Jones 人脸检测算法。利用积分图像，可以在恒定的时间内有效地计算任意大小（尺度）的类 Haar 特征。计算速度是类 Haar 特征相对于大多数其他特征的关键优势。这些特征就像在第 3 章中介绍的卷积核（矩形滤波器）。每个特征对应于一个单独的值，该值由一个黑色矩形下的像素和减去一个白色矩形下的像素和计算得到。图 7-16 所示的是不同类型的类 Haar 特征，以及人脸检测的重要的类 Haar 特征。

图中所示的人脸检测的第一个和第二个重要特征似乎集中在这样一个事实上：眼睛的区域通常比鼻子和脸颊的区域暗，眼睛的颜色也比鼻梁的颜色深。下一节将介绍使用 `scikit-image` 可视化类 Haar 的特征。

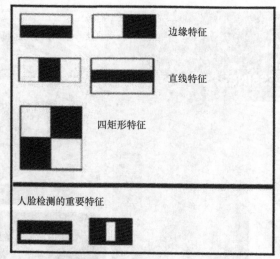

图 7-16 不同类型的类 Haar 特征和人脸检测的重要特征

7.6.1 基于 scikit-image 的类 Haar 特征描述符

在本节中，我们将可视化 5 种不同类型的类 Haar 特征描述符。类 Haar 特征描述符的值等于蓝色和红色强度值之和的差值。

如下代码展示了如何使用 scikit-image 特征模块的 haar_like_feature_coord() 和 draw_haar_like_feature() 函数来可视化不同类型的类 Haar 特征描述符。

```
from skimage.feature import haar_like_feature_coord
from skimage.feature import draw_haar_like_feature
images = [np.zeros((2, 2)), np.zeros((2, 2)), np.zeros((3, 3)),np.zeros((3, 3)),
np.zeros((2, 2))]
feature_types = ['type-2-x', 'type-2-y', 'type-3-x', 'type-3-y', 'type-4']
fig, axes = pylab.subplots(3, 2, figsize=(5,7))
for axes, img, feat_t in zip(np.ravel(axes), images, feature_types):
    coordinates, _ = haar_like_feature_coord(img.shape[0], img.shape[1],feat_t)
    haar_feature = draw_haar_like_feature(img, 0, 0,
img.shape[0],img.shape[1], coordinates, max_n_features=1, random_state=0,
color_positive_block=(1.0, 0.0, 0.0), color_negative_block=(0.0, 0.0, 1.0),alpha=0.8)
    axes.imshow(haar_feature), axes.set_title(feat_t), axes.set_axis_off()
#fig.suptitle('Different Haar-like feature descriptors')
pylab.axis('off'), pylab.tight_layout(), pylab.show()
```

运行上述代码，输出结果如图 7-17 所示。

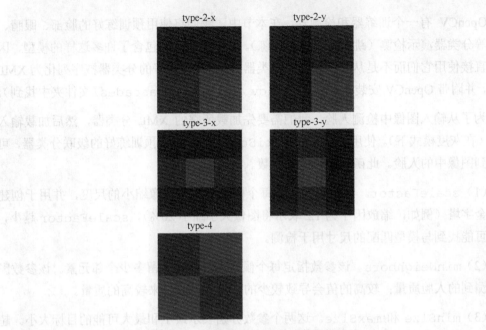

图 7-17 不同类型的类 Haar 特征描述符

7.6.2 基于类 Haar 特征的人脸检测的应用

利用 Viola-Jones 人脸检测算法，使用类 Haar 特征可将图像中的人脸检测出来。由于每一个类 Haar 特征仅是一个弱分类器，因此需要大量的类 Haar 特征来检测出准确率较高的人脸。首先，利用积分图像，计算出每个类 Haar 核的所有可能大小和位置的大量类 Haar 特征。其次，在训练阶段使用 AdaBoost 集成分类器从大量的特征中选择重要的特征，并将它们组合成一个强分类器模型。最后，利用所学习的模型对具有所选特征的人脸区域进行分类。

由于图像中的大部分区域通常是非人脸区域，因此要检查窗口是否不是人脸区域。如果不是，它将立即被丢弃，并且可能找到人脸的地方检查另一个区域。这将确保有更多的时间检查可能的脸部区域。为了实现这一思想，引入了级联分类器的概念。不是在一个窗口中应用全部数量的庞大的特征，而是将这些特征分组到分类器的不同阶段并逐一应用（前几个阶段包含很少的特征）。如果一个窗口在第一阶段失败，它将被丢弃，并且不考虑其上的其他特性。如果通过，则应用特性的第二阶段，以此类推。一个人脸区域对应于通过所有阶段的窗口。这些概念将在第 9 章中做进一步讨论。

基于 OpenCV 使用 Haar 级联特征的预训练分类器的人脸/眼睛检测

OpenCV 有一个训练器和检测器。在本节中，我们将使用预训练好的脸部、眼睛、微笑等分类器演示检测（跳过对模型的训练）。OpenCV 已经包含了许多这样的模型，因此将直接使用它们而不是从零开始训练分类器。这些预训练好的分类器被序列化为 XML 文件，并附带 OpenCV 安装（可以在 `Opencv/data/haarcascades/` 文件夹中找到）。

为了从输入图像中检测人脸，我们需要先加载所需的 XML 分类器，然后加载输入图像（在灰度模式下）。使用 `detectMultiScale()` 函数和预训练好的级联分类器，可以找到图像中的人脸。此函数接收以下参数。

（1）`scaleFactor`。该参数指定在每个图像缩放时图像缩小的尺度，并用于创建缩放金字塔（例如，缩放因子为 1.2 表示将图像大小缩小 20%）。`scaleFactor` 越小，越有可能找到与模型匹配的尺寸用于检测。

（2）`minNeighbors`。该参数指定每个候选矩形需要保留多少个邻元素。该参数影响检测到的人脸质量；较高的值会导致较少的检测，但会带来较高的质量。

（3）`minSize` 和 `maxSize`。这两个参数分别表示最小和最大可能的目标大小。超过这些值大小的对象将被忽略。

如果找到了人脸，函数将返回检测到的人脸的位置 `Rect(x, y, w, h)`。一旦获得这些位置，我们就可以为人脸创建感兴趣的区域（ROI），然后对该 ROI 应用眼睛检测（因为眼睛总是在脸上）。如下代码演示了如何基于 `python-opencv` 使用不同的预训练分类器创建人脸和眼睛检测器（适用于使用正面人脸和上身预训练的分类器进行人脸检测，或使用眼睛（戴/不戴眼镜）的预训练分类器进行眼睛检测）。

```
opencv_haar_path = './' #'C:/opencv/data/haarcascades/' # provide proper opencv installation path
face_cascade = cv2.CascadeClassifier(opencv_haar_path +'haarcascade_frontalface_default.xml')
eye_cascade = cv2.CascadeClassifier(opencv_haar_path +'haarcascade_eye.xml')
#eye_cascade = cv2.CascadeClassifier(opencv_haar_path +
'haarcascade_eye_tree_eyeglasses.xml') # eye with glasses
img = cv2.imread('../images/lena.jpg')
gray = cv2.cvtColor(img, cv2.COLOR_BGR2GRAY)
faces = face_cascade.detectMultiScale(gray, 1.2, 5) # scaleFactor=1.2, minNbr=5
print(len(faces)) # number of faces detected
for (x,y,w,h) in faces:
```

```
img = cv2.rectangle(img,(x,y),(x+w,y+h),(255,0,0),2)
roi_gray = gray[y:y+h, x:x+w]
roi_color = img[y:y+h, x:x+w]
eyes = eye_cascade.detectMultiScale(roi_gray)
print(eyes) # location of eyes detected
for (ex,ey,ew,eh) in eyes:
        cv2.rectangle(roi_color,(ex,ey),(ex+ew,ey+eh),(0,255,0),2)
        cv2.imwrite('../images/lena_face_detected.jpg', img)
```

运行上述代码,输出结果如图7-18所示。可以看到,使用的是不同的预训练的Haar级联分类器(分别是 eye 和 eye_tree_glass 分类器),以及两幅不同的输入人脸图像,第一幅图像中没有眼镜,第二幅图像中有眼镜。

图7-18 使用不同的Haar级联分类器进行人脸检测

小结

在本章中,我们讨论了一些重要的特征检测和提取技术,使用 Python 的 `scikit-image` 和 `cv2`(`python-opencv`)库从图像中计算不同类型的特征描述符。介绍图像特征检测器和描述符的基本概念,以及它们的理想特征;讨论哈里斯角点检测器来检测图像的感兴趣点,并使用它们来匹配两幅图像(从不同角度捕获的同一目标);讨论使用 LoG/DoG/DoH 滤波器进行斑点检测;讨论 HOG、SIFT、ORB、BRIEF 二进制检测器/描述符,以及如何使用这些特征匹配图像;最后,讨论基于 Viola-Jones 算法的类 Haar 特征和人脸检测。学完本章之后,读者应该能够使用 Python 库计算图像的不同特征/描述符,并能够使用不同类型的特征描述符匹配图像(如 SIFT、ORB 等),并从包含 Python 人脸的图像中检测人脸。

在第 8 章中,我们将讨论图像分割的相关内容。

习题

1. 使用 `cv2` 实现子像素准确率的哈里斯角点检测器。
2. 使用 `cv2` 实现一些不同的预训练 Haar 级联分类器并尝试从图像中检测多个人脸。
3. 使用 `cv2` 基于 FLANN 的近似最近邻匹配器而非 `BFMatcher` 来与书中图像进行匹配。
4. 使用 `cv2` 计算 SURF 关键点,并使用它们进行图像匹配。

第 8 章 图像分割

本章将讨论图像处理中的一个关键概念,即图像分割。首先介绍图像分割的基本概念;然后继续讨论几种不同的图像分割技术,及其在 scikit-image 和 python-opencv(cv2)库函数中的实现。

本章主要包括以下内容:
- 图像分割的概念;
- 霍夫变换——检测图像中的圆和线;
- 二值化和 Otsu 分割;
- 基于边缘/区域的图像分割;
- 基于菲尔森茨瓦布高效图的图像分割算法、简单线性迭代聚类算法、快速移位图像分割算法、紧凑型分水岭算法及使用 Simple ITK 的区域生长算法;
- 活动轮廓算法、形态学蛇算法和基于 OpenCV 的 GrabCut 图像分割算法。

8.1 图像分割的概念

图像分割(image segmentation)是将图像分割成不同的区域或类别,并使这些区域或类别对应于不同的对象或对象的部分。每个区域包含具有相似属性的像素,并且图像中的每个像素都分配给这些类别之一。一个好的图像分割通常指同一类别的像素具有相似的强度值并形成一个连通区域,而相邻的不同类别的像素具有不同的值。这样做的目的是简化或改变图像的表示形式,使其更有意义、更易于分析。

第8章 图像分割

如果分割做得好，那么图像分析的所有其他阶段将变得更简单。因此，分割的质量和可靠性决定了图像分析是否成功。但是如何将图像分割成正确的片段通常是一个非常具有挑战性的问题。

分割技术可以是非上下文的（不考虑图像中特征和组像素之间的空间关系，只考虑一些全局属性，例如颜色或灰度），也可以是上下文的（另外利用空间关系，例如对具有相似灰度级的空间封闭像素分组）。在本章中，我们将讨论不同的分割技术，并使用 scikit-image、python-opencv（cv2）和 SimpleITK 库函数演示基于 Python 的图像分割实现。为此，首先导入本章所需的库，如下面的代码所示：

```
import numpy as np
from skimage.transform import (hough_line, hough_line_peaks, hough_circle,
hough_circle_peaks)
from skimage.draw import circle_perimeter
from skimage.feature import canny
from skimage.data import astronaut
from skimage.io import imread, imsave
from skimage.color import rgb2gray, gray2rgb, label2rgb
from skimage import img_as_float
from skimage.morphology import skeletonize
from skimage import data, img_as_float
import matplotlib.pyplot as pylab
from matplotlib import cm
from skimage.filters import sobel, threshold_otsu
from skimage.feature import canny
from skimage.segmentation import felzenszwalb, slic, quickshift, watershed
from skimage.segmentation import mark_boundaries, find_boundaries
```

8.2 霍夫变换——检测图像中的圆和线

在图像处理中，**霍夫（Hough）变换**是一种特征提取技术，其目的是通过参数空间中的投票过程来寻找特定形状对象的实例。在其最简单的形式，经典 Hough 变换可以用来检测图像中的线。可以使用极坐标参数 (ρ,θ) 代表一条直线，其中，ρ 为线段的长度，θ 为线和 x 轴之间的夹角。为探索 (ρ,θ) 参数空间，首先创建一个二维直方图。然后，对于 ρ 和 θ 的每个值，计算输入图像在坐标 (ρ,θ) 附近相应的线和增量数组的非零像素的数量。因此，每个非零像素都可以看作对潜在候选线的投票。最可能的线对应于获得最多票数的参数值，即二维直方图中的局部最大值。该方法可推广到圆（及其他曲线）的检测中。利用相似的投票方法，可以在圆的参数空间中找到最大值。曲线的参数越多，使用霍夫

8.2 霍夫变换——检测图像中的圆和线

变换检测曲线的空间和计算开销就越大。

如下代码展示了如何使用hough_line()或hough_line_peaks()函数，以及如何使用scikit-image变换模块中的hough_circle()或hough_circle_peaks()函数分别检测带有直线和圆的输入图像中的线或圆。

```
image = rgb2gray(imread('../images/triangle_circle.png'))
# Classic straight-line Hough transform
h, theta, d = hough_line(image)
fig, axes = pylab.subplots(2, 2, figsize=(20, 20))
axes = axes.ravel()
axes[0].imshow(image, cmap=cm.gray), axes[0].set_title('Input image', 
size=20), axes[0].set_axis_off()
axes[1].imshow(np.log(1 + h),
 extent=[10*np.rad2deg(theta[-1]), np.rad2deg(theta[0]), d[-1], d[0]],
 cmap=cm.hot, aspect=1/1.5)
axes[1].set_title('Hough transform', size=20)
axes[1].set_xlabel('Angles (degrees)', size=20),
axes[1].set_ylabel('Distance (pixels)', size=20)
axes[1].axis('image')
axes[2].imshow(image, cmap=cm.gray)
for _, angle, dist in zip(*hough_line_peaks(h, theta, d)):
 y0 = (dist - 0 * np.cos(angle)) / np.sin(angle)
 y1 = (dist - image.shape[1] * np.cos(angle)) / np.sin(angle)
 axes[2].plot((0, image.shape[1]), (y0, y1), '-r')
axes[2].set_xlim((0, image.shape[1])), axes[2].set_ylim((image.shape[0], 0))
axes[2].set_axis_off(), axes[2].set_title('Detected lines', size=20)

# Circle Hough transform
hough_radii = np.arange(50, 100, 2)
hough_res = hough_circle(image, hough_radii)
# Select the most prominent 6 circles
accums, c_x, c_y, radii = hough_circle_peaks(hough_res, hough_radii,
total_num_peaks=6)
segmented_image = np.zeros_like(image)
image = gray2rgb(image)
for center_y, center_x, radius in zip(c_y, c_x, radii):
 circ_y, circ_x = circle_perimeter(center_y, center_x, radius)
 image[circ_y, circ_x] = (1, 0, 0)
 segmented_image[circ_y, circ_x] = 1
axes[1].imshow(image, cmap=pylab.cm.gray), axes[1].set_axis_off()
axes[1].set_title('Detected Circles', size=20)
axes[2].imshow(segmented_image, cmap=pylab.cm.gray), axes[2].set_axis_off()
```

```
axes[2].set_title('Segmented Image', size=20)
pylab.tight_layout(), pylab.axis('off'), pylab.show()
```

图 8-1 所示为输入图像、将被用来检测线的最可能的(ρ,θ)对（第二幅图中最亮的点，得票最多），以及用上述代码检测到的线（呈红色）和检测到的圆。

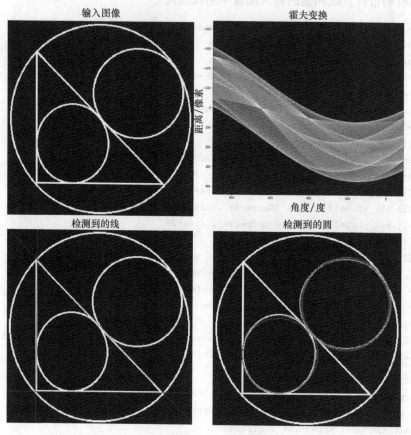

图 8-1 霍夫变换——检测线与圆

如下代码展示了如何使用霍夫圆变换从硬币图像的背景中分割出硬币对象：

```
image = rgb2gray(imread('images/coins.png'))
fig, axes = pylab.subplots(1, 2, figsize=(20, 10), sharex=True,sharey=True)
axes = axes.ravel()
axes[0].imshow(image, cmap=pylab.cm.gray), axes[0].set_axis_off()
axes[0].set_title('Original Image', size=20)
hough_radii = np.arange(65, 75, 1)
hough_res = hough_circle(image, hough_radii)
# Select the most prominent 4 circles
```

```
accums, c_x, c_y, radii = hough_circle_peaks(hough_res, hough_radii,
total_num_peaks=4)
image = color.gray2rgb(image)
for center_y, center_x, radius in zip(c_y, c_x, radii):
    circ_y, circ_x = circle_perimeter(center_y, center_x, radius)
    image[circ_y, circ_x] = (1, 0, 0)
axes[1].imshow(image, cmap=pylab.cm.gray), axes[1].set_axis_off()
axes[1].set_title('Detected Circles', size=20)
pylab.tight_layout(), pylab.show()
```

图 8-2 所示分别为输入硬币原始图像、用霍夫圆变换检测到的红色圆和运行上述代码所得到的分割图像。

图 8-2 使用霍夫圆变换检测到的圆及所得分割图像

8.3 二值化和 Otsu 分割

　　二值化（thresholding）是指将像素值作为阈值，从灰度图像中创建二值图像（只有黑白像素的图像）的一系列算法。它提供了从图像背景中分割目标的最简单方法。阈值可以手动选择（通过查看像素值的直方图），也可以使用算法自动选择。在 scikit-image 中，有两种阈值算法实现，一种是基于直方图的阈值算法（使用像素强度直方图，并假定直方图的某些特性为双峰型），另一种是局部的阈值算法（仅使用相邻的像素来处理像素，这使得这些算法的计算成本更加高昂）。

　　本节仅讨论一种流行的基于直方图的二值化方法，称为 **Otsu 分割法**（假设直方图为双峰型）。它通过同时最大化类间方差和最小化由该阈值分割的两类像素之间的类内方差来计算最优阈值。如下代码演示了以马作为输入图像（`horse.jpg`）的 Otsu 分割的实现，并计算出最优阈值，以将前景从背景中分离出来：

```
image = rgb2gray(imread('../images/horse.jpg'))
thresh = threshold_otsu(image)
binary = image > thresh

fig, axes = pylab.subplots(nrows=2, ncols=2, figsize=(20, 15))
axes = axes.ravel()
axes[0], axes[1] = pylab.subplot(2, 2, 1), pylab.subplot(2, 2, 2)
axes[2] = pylab.subplot(2, 2, 3, sharex=axes[0], sharey=axes[0])
axes[3] = pylab.subplot(2, 2, 4, sharex=axes[0], sharey=axes[0])
axes[0].imshow(image, cmap=pylab.cm.gray)
axes[0].set_title('Original', size=20), axes[0].axis('off')
axes[1].hist(image.ravel(), bins=256, normed=True)
axes[1].set_title('Histogram', size=20), axes[1].axvline(thresh, color='r')
axes[2].imshow(binary, cmap=pylab.cm.gray)
axes[2].set_title('Thresholded (Otsu)', size=20), axes[2].axis('off')
axes[3].axis('off'), pylab.tight_layout(), pylab.show()
```

运行上述代码，Otsu 方法计算的最优阈值在直方图中以红线标示，如图 8-3 所示。

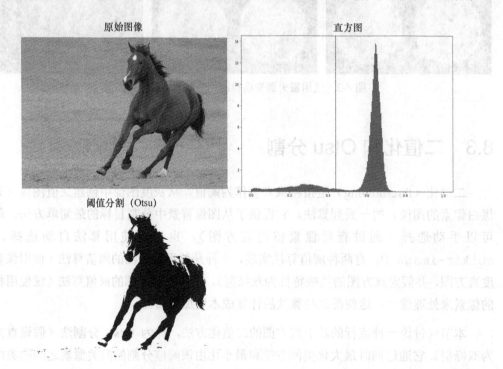

图 8-3　利用 Otsu 阈值分割将前景从背景中分割出来

8.4 基于边缘/区域的图像分割

本节的这个例子源自 `scikit-image` 文档，它演示了如何从背景中分割目标。先使用基于边缘的分割算法，然后使用基于区域的分割算法。将源自 `skimage.data` 的硬币图像作为输入图像，在较幽暗的背景下勾勒出了硬币的轮廓。

如下代码实现了显示硬币灰度图像及其灰度直方图：

```
coins = data.coins()
hist = np.histogram(coins, bins=np.arange(0, 256), normed=True)
fig, axes = pylab.subplots(1, 2, figsize=(20, 10))
axes[0].imshow(coins, cmap=pylab.cm.gray, interpolation='nearest')
axes[0].axis('off'), axes[1].plot(hist[1][:-1], hist[0], lw=2)
axes[1].set_title('histogram of gray values')
pylab.show()
```

运行上述代码，输出结果如图 8-4 所示。

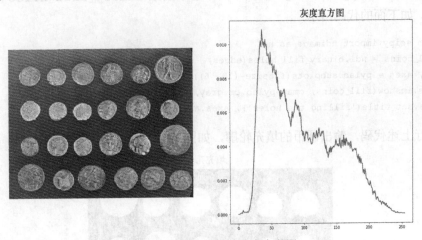

图 8-4 硬币图像及其灰度直方图

8.4.1 基于边缘的图像分割

在本例中，我们将尝试使用基于边缘的分割来描绘硬币的轮廓。为此，先使用 Canny 边缘检测器获取特征的边缘，如下面的代码所示：

```
edges = canny(coins, sigma=2)
fig, axes = pylab.subplots(figsize=(10, 6))
axes.imshow(edges, cmap=pylab.cm.gray, interpolation='nearest')
```

```
axes.set_title('Canny detector'), axes.axis('off'), pylab.show()
```

运行上述代码，使用 Canny 边缘检测器得到的硬币轮廓如图 8-5 所示。

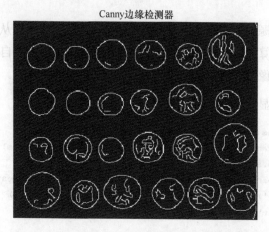

图 8-5 使用 Canny 边缘检测器得到的硬币轮廓

然后使用 scipy ndimage 模块中的形态学函数 binary_fill_holes() 填充这些轮廓，如下面的代码所示：

```
from scipy import ndimage as ndi
fill_coins = ndi.binary_fill_holes(edges)
fig, axes = pylab.subplots(figsize=(10, 6))
axes.imshow(fill_coins, cmap=pylab.cm.gray, interpolation='nearest')
axes.set_title('filling the holes'), axes.axis('off'), pylab.show()
```

运行上述代码，输出硬币的填充轮廓，如图 8-6 所示。

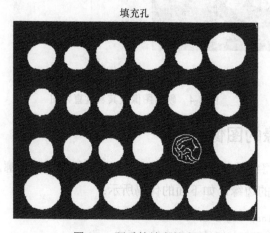

图 8-6 硬币的填充轮廓

从图 8-6 中可以看到，有一枚硬币的轮廓没有被填满。在接下来的步骤中，我们将通过为有效目标设置最小尺寸，并再次使用形态学函数来删除诸如此类小伪目标。这次使用的是 scikit-image 形态学模块的 remove_small_objects() 函数，如下面的代码所示：

```
from skimage import morphology
coins_cleaned = morphology.remove_small_objects(fill_coins, 21)
fig, axes = pylab.subplots(figsize=(10, 6))
axes.imshow(coins_cleaned, cmap=pylab.cm.gray, interpolation='nearest')
axes.set_title('removing small objects'), axes.axis('off'), pylab.show()
```

运行上述代码，输出结果如图 8-7 所示。

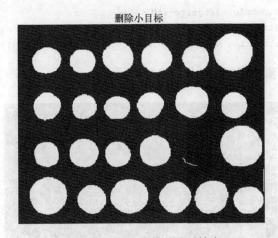

图 8-7 删除未填满的硬币轮廓

但这种方法并不是很健壮，因为非完全闭合的轮廓没有被正确填充，如图 8-6 中还有一枚没有填充的硬币一样。

8.4.2 基于区域的图像分割

在本节中，我们将使用形态学分水岭算法对同一幅图像应用基于区域的分割方法。先直观地阐述分水岭算法的基本步骤。

形态学分水岭算法

任何灰度图像都可以看作一个地表面。如果这个面从它的最小值被浸没，并且阻止了不同来源的水的汇合，那么图像就被分割成两个不同的集合，即集水盆和分水岭线。如果将这种变换应用于图像梯度，在理论上集水盆应与图像的同质的灰度区域（片段）

相对应。然而，在实际应用中，由于梯度图像中存在噪声或局部不规则性，使用变换时图像会过度分割。为了防止过度分割，使用一组预定义标记，从这些标记开始对地表面进行注水浸没。因此，通过分水岭变换分割图像的步骤如下：

（1）找到标记和分割准则（用于分割区域的函数，通常是图像对比度或梯度）；

（2）利用这两个元素运行标记控制的分水岭算法。

现在，使用 scikit-image 中的形态学分水岭算法实现从图像的背景中分离出前景硬币。首先，使用图像的 sobel 梯度找到图像的高程图，如下面的代码所示：

```
elevation_map = sobel(coins)
fig, axes = pylab.subplots(figsize=(10, 6))
axes.imshow(elevation_map, cmap=pylab.cm.gray, interpolation='nearest')
axes.set_title('elevation map'), axes.axis('off'), pylab.show()
```

运行上述代码，输出高程图，如图 8-8 所示。

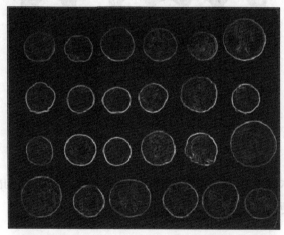

图 8-8 利用 sobel 梯度得到硬币图像的高程图

紧接着，基于灰度直方图的极值部分，计算背景标记和硬币标记，如下面的代码所示：

```
markers = np.zeros_like(coins)
markers[coins < 30] = 1
markers[coins > 150] = 2
print(np.max(markers), np.min(markers))
fig, axes = pylab.subplots(figsize=(10, 6))
a = axes.imshow(markers, cmap=plt.cm.hot, interpolation='nearest')
```

```
plt.colorbar(a)
axes.set_title('markers'), axes.axis('off'), pylab.show()
```

运行上述代码，输出结果如图 8-9 所示，图中还示出标记数组的热度图。

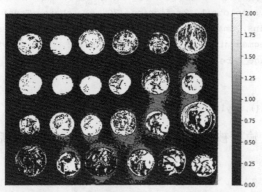

图 8-9 背景标记和硬币标记——热度图

最后，利用分水岭变换，从确定的标记点开始注入高程图的区域，如下面的代码所示：

```
segmentation = morphology.watershed(elevation_map, markers)
fig, axes = pylab.subplots(figsize=(10, 6))
axes.imshow(segmentation, cmap=pylab.cm.gray, interpolation='nearest')
axes.set_title('segmentation'), axes.axis('off'), pylab.show()
```

运行上述代码，输出使用形态学分水岭算法进行分割后所得到的二值图像，如图 8-10 所示。

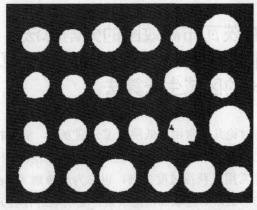

图 8-10 使用形态学分水岭算法进行分割后的二值图像

最后一种方法的效果更好，可以将硬币分割并单独标记出来，如下面的代码所示：

```
segmentation = ndi.binary_fill_holes(segmentation - 1)
labeled_coins, _ = ndi.label(segmentation)
image_label_overlay = label2rgb(labeled_coins, image=coins)
fig, axes = pylab.subplots(1, 2, figsize=(20, 6), sharey=True)
axes[0].imshow(coins, cmap=pylab.cm.gray, interpolation='nearest')
axes[0].contour(segmentation, [0.5], linewidths=1.2, colors='y')
axes[1].imshow(image_label_overlay, interpolation='nearest')
for a in axes:
 a.axis('off')
pylab.tight_layout(), pylab.show()
```

运行上述代码，输出被分水岭线（等值线）分割和标记后的硬币，如图 8-11 所示。

图 8-11 分水岭线分割和标记后的硬币

8.5 基于菲尔森茨瓦布高效图的分割算法、SLIC 算法、快速移位图像分割算法、紧凑型分水岭算法及使用 SimpleITK 的区域生长算法

在本节中，我们将讨论几种常用的低层图像分割方法，然后将使用这些方法得到的结果与输入图像进行比较。效果良好的分割定义往往取决于具体应用，因此难以获得良好的分割。这些方法通常用于获得过度分割，也称为**超像素**（superpixel）。而这些超像素则作为更复杂算法的基础，与区域邻接图或条件随机域进行合并。

8.5.1 基于菲尔森茨瓦布高效图的分割算法

菲尔森茨瓦布（Fzlzenszwalb）算法采用了一种基于图的分割方法。它先构造一个无向图，以图像像素作为顶点（要分割的集合），并以两个顶点之间的边的权重来度量不相似性（如强度上的差异）。在基于图的方法中，将图像分割成片段的问题转化为在构建的图中找到一个连接的组件。同一组件中两个顶点之间的边的权重应相对较低，不同组件中顶点之间的边的权重应较高。

该算法的运行时间几乎与图形边的数量呈线性关系，在实践中也是快速的。该算法保留了低变异性图像区域的细节，忽略了高变异性图像区域的细节，而且具有一个影响分割片段大小的单尺度参数。基于局部对比度，分割片段的实际大小和数量可以有很大的不同。如下代码演示了如何使用 `scikit-image` 分割模块实现该算法，以及使用几幅输入图像得到输出分割图像：

```
from matplotlib.colors import LinearSegmentedColormap
for imfile in ['../images/eagle.png', '../images/horses.png','../images/flowers.png',
'../images/bisons.png']:
 img = img_as_float(imread(imfile)[::2, ::2, :3])
 pylab.figure(figsize=(20,10))
 segments_fz = felzenszwalb(img, scale=100, sigma=0.5, min_size=400)
 borders = find_boundaries(segments_fz)
 unique_colors = np.unique(segments_fz.ravel())
 segments_fz[borders] = -1
 colors = [np.zeros(3)]
 for color in unique_colors:
   colors.append(np.mean(img[segments_fz == color], axis=0))
 cm = LinearSegmentedColormap.from_list('pallete', colors, N=len(colors))
 pylab.subplot(121), pylab.imshow(img), pylab.title('Original', size=20),
pylab.axis('off')
 pylab.subplot(122), pylab.imshow(segments_fz, cmap=cm),
 pylab.title('Segmented with Felzenszwalbs\'s method', size=20),
pylab.axis('off')
 pylab.show()
```

运行上述代码，输出结果如图 8-12 所示，其中包括输入原始图像以及使用菲尔森茨瓦布算法分割后的输出图像。

图 8-12 原始图像与使用菲尔森茨瓦布算法分割后的图像

如下代码演示了当尺度参数变化时,算法的结果如何变化:

```
def plot_image(img, title):
  pylab.imshow(img), pylab.title(title, size=20), pylab.axis('off')

img = imread('../images/fish.jpg')[::2, ::2, :3]
pylab.figure(figsize=(15,10))
i = 1
for scale in [50, 100, 200, 400]:
  plt.subplot(2,2,i)
  segments_fz = felzenszwalb(img, scale=scale, sigma=0.5, min_size=200)
  plot_image(mark_boundaries(img, segments_fz, color=(1,0,0)), 'scale=' +str(scale))
  i += 1
pylab.suptitle('Felzenszwalbs\'s method', size=30),
pylab.tight_layout(rect=[0, 0.03, 1, 0.95])
pylab.show()
```

用于分割的输入鱼图像（fish.jpg）如图 8-13 所示。

图 8-13　用于分割的输入鱼图像

运行上述代码，输出结果如图 8-14 所示。可以看到，随着 scale 参数值的增大，输出图像中的分割片段数量减少。

菲尔森茨瓦布方法

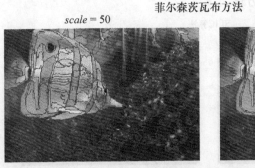
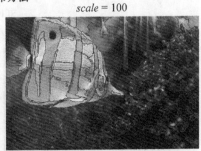

图 8-14　分割片段数量与参数 scale 的关系

图 8-14 分割片段数量与参数 scale 的关系（续）

8.5.2 SLIC 算法

SLIC 算法只是在颜色空间的五维空间（RGB 或 Lab）和图像位置[即像素坐标(x, y)]执行 k 均值聚类算法（更多聚类算法参见第 9 章）。该算法之所以非常有效，是因为聚类方法简单。要得到良好的效果，必须在 Lab 颜色空间中执行该算法。该算法发展迅速，并且得到了广泛的应用。紧密度参数（compactness）权衡颜色相似度和接近度，而 n_segment 参数选择 k 均值的中心数。如下代码演示了如何使用 scikit-image 分割模块实现该算法，同时还显示了输出如何随紧密度参数值的变化而变化：

```
pylab.figure(figsize=(15,10))
i = 1
for compactness in [0.1, 1, 10, 100]:
 pylab.subplot(2,2,i)
 segments_slic = slic(img, n_segments=250, compactness=compactness,sigma=1)
 plot_image(mark_boundaries(img, segments_slic, color=(1,0,0)),
'compactness=' + str(compactness))
 i += 1
pylab.suptitle('SLIC', size=30), pylab.tight_layout(rect=[0, 0.03, 1,0.95]), pylab.show()
```

运行上述代码，输出结果如图 8-15 所示。可以看到，数值越高，空间接近度的权重越大，超像素形状更接近正方形/立方体。

SLIC算法

 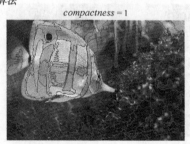

图 8-15 SLIC 分割与 *compactness* 的关系

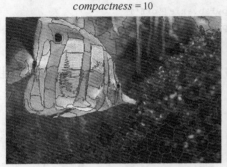

图 8-15　SLIC 分割与 *compactness* 的关系（续）

使用 RAG 方法合并图像

本节将讨论如何使用**区域邻接图**（Region Adjacency Graph，RAG）来合并图像的过度分割区域，从而获得更好的分割效果。首先，使用 SLIC 算法对输入图像进行分割，得到区域标签；其次，构造区域邻接图，并逐步合并颜色相似的过度分割区域。合并两个相邻区域将生成一个新区域，其中包含合并区域中的所有像素。不断合并区域，直到没有高度相似的区域对存在为止。实现 RAG 合并的代码如下所示：

```
from skimage import segmentation
from skimage.future import graph

def _weight_mean_color(graph, src, dst, n):
    diff = graph.node[dst]['mean color'] - graph.node[n]['mean color']
    diff = np.linalg.norm(diff)
    return {'weight': diff}
def merge_mean_color(graph, src, dst):
 graph.node[dst]['total color'] += graph.node[src]['total color']
 graph.node[dst]['pixel count'] += graph.node[src]['pixel count']
 graph.node[dst]['mean color'] = (graph.node[dst]['total color'] /
graph.node[dst]['pixel count'])

img = imread('../images/me12.jpg')
labels = segmentation.slic(img, compactness=30, n_segments=400)
g = graph.rag_mean_color(img, labels)
labels2 = graph.merge_hierarchical(labels, g, thresh=35, rag_copy=False,
 in_place_merge=True,
 merge_func=merge_mean_color,
 weight_func=_weight_mean_color)
out = label2rgb(labels2, img, kind='avg')
out = segmentation.mark_boundaries(out, labels2, (0, 0, 0))
pylab.figure(figsize=(20,10))
```

```
pylab.subplot(121), pylab.imshow(img), pylab.axis('off')
pylab.subplot(122), pylab.imshow(out), pylab.axis('off')
pylab.tight_layout(), pylab.show()
```

运行上述代码，原始图像和使用 RAG 方法合并 SLIC 片段所获得的输出图像如图 8-16 所示。

图 8-16　原始图像及使用 RAG 方法合并 SLIC 片段所获得的输出图像

8.5.3　快速移位图像分割算法

快速移位图像分割算法（QuickShift）与基于核均值漂移算法近似，是一种较新的二维图像分割算法。它属于局部的（非参数）模式搜索算法系列（基于将每个数据点关联到基础概率密度函数模式的思想），并应用于由颜色空间和图像位置组成的五维空间中。

这种算法实际上同时计算了多个尺度的分层分割，这是其优点之一。这种算法有两个主要参数：参数 sigma 控制局部密度近似的比例，参数 max_dist 在生成的分层分割中选择一个级别。颜色空间中的距离与图像空间中的距离之间也存在着一种平衡关系，用 ratio 表示。如下代码将演示如何使用 scikit-image 库实现该算法，并给出了改变 max_dist 和 ratio 对得到的分割输出的影响：

```
pylab.figure(figsize=(12,10))
i = 1
for max_dist in [5, 500]:
 for ratio in [0.1, 0.9]:
  pylab.subplot(2,2,i)
  segments_quick = quickshift(img, kernel_size=3, max_dist=max_dist,ratio=ratio)
  plot_image(mark_boundaries(img, segments_quick, color=(1,0,0)),
  'max_dist=' + str(max_dist) + ', ratio=' + str(ratio))
```

```
        i += 1
    pylab.suptitle('Quickshift', size=30), pylab.tight_layout(rect=[0, 0.03, 1,0.95]),
pylab.show()
```

运行上述代码，输出结果如图 8-17 所示。可以看到，max_dist 参数作为数据距离的截止点，其参数值越高，集群的数量就越少；相反，ratio 平衡了颜色空间接近度和图像空间接近度，该参数值越高，颜色空间的权重就越大。

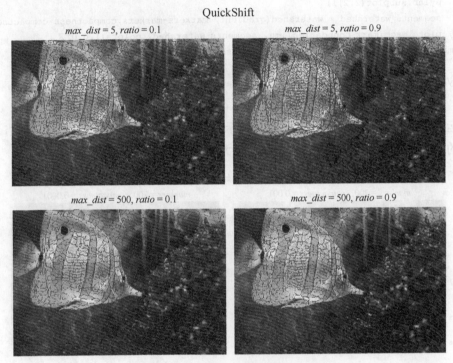

图 8-17　QuickShift 图像分层分割

8.5.4　紧凑型分水岭算法

如前所述，分水岭算法计算图像中已给定标记浸没的分水岭的各集水盆，并将像素分配到标记的集水盆中。该算法需要灰度梯度图像作为输入（将图像视为地表面），其中高亮像素表示区域之间的边界（形成高峰）。从给定的标志开始，然后这个地表面被浸没，直到不同的集水盆在山峰汇合。每个不同的集水盆形成一个不同的图像片段。正如在 SLIC 中所做的那样，还有一个额外的紧密度参数，它使得标记难以浸没较远的像素。紧密度值越高，集水区域的形状越规则。如下代码演示了如何使用 scikit-image 库实现该算法，同时也说明了改变标记参数值（markers）和紧密度参数值（compactness）

对图像分割结果的影响：

```
from skimage.segmentation import watershed
gradient = sobel(rgb2gray(img))
pylab.figure(figsize=(15,10))
i = 1
for markers in [200, 1000]:
 for compactness in [0.001, 0.0001]:
    pylab.subplot(2,2,i)
    segments_watershed = watershed(gradient, markers=markers,compactness=compactness)
    plot_image(mark_boundaries(img, segments_watershed, color=(1,0,0),
'markers=' + str(markers) + ',compactness=' + str(compactness))
    i += 1
pylab.suptitle('Compact watershed', size=30), pylab.tight_layout(rect=[0,0.03, 1,
0.95]), pylab.show()
```

运行上述代码，输出结果如图 8-18 所示。可以看到，compactness 值越大，集水区域的形状越规则，而 markers 参数值越大，越容易导致过度分割。

紧凑型分水岭分割（算法）

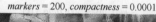

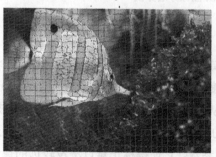 

图 8-18　鱼图像的紧凑型分水岭分割与 *markers*、*compactness* 的关系

8.5.5 使用 SimpleITK 的区域生长算法

区域生长算法是一种分割算法，是指如果一个像素的邻域的强度与当前像素相似，则认为该邻域处于同一分割片段。如何定义相似性在不同的算法中是不同的。初始像素集称为**种子点**（seed point）——通常是手动选择的。如下代码演示了如何使用 SimpleITK 库实现 ConnectedThreshold（关于区域生长分割算法的变体）。采用头颅 MRI 扫描（T1）医学图像作为输入图像。在 ConnectedThreshold 算法中，如果相邻体素（体积像素）的强度在明确指定的上下阈值范围内，则视体素的邻域在同一分割片段中。

用一个固定的种子点来启动算法，改变上阈值（保持下阈值不变），看看分割图像的效果。

```
import SimpleITK as sitk
def show_image(img, title=None):
 nda = sitk.GetArrayViewFromImage(img)
 pylab.imshow(nda, cmap='gray'), pylab.axis('off')
 if(title):
    pylab.title(title, size=20)

img = 255*rgb2gray(imread('../images/mri_T1.png'))
img_T1 = sitk.GetImageFromArray(img)
img_T1_255 = sitk.Cast(sitk.RescaleIntensity(img_T1), sitk.sitkUInt8)

seed = (100,120)
for upper in [80, 85, 90]:
    pylab.figure(figsize=(18,20)), pylab.subplot(221), show_image(img_T1,
"Original Image")
    pylab.scatter(seed[0], seed[1], color='red', s=50)
    pylab.subplot(222)
    seg = sitk.ConnectedThreshold(img_T1, seedList=[seed], lower=40,
                                  upper=upper)

    show_image(seg, "Region Growing")
    pylab.subplot(223), show_image(sitk.LabelOverlay(img_T1_255, seg),
"Connected Threshold")
    pylab.axis('off'), pylab.tight_layout(), pylab.show()
```

运行上述代码，输出结果如图 8-19 所示。可以看到，用不同上阈值的 ConnectedThreshold 算法实现了区域生长。起初，种子体素由一个点表示。从第二幅图中可以看到（上阈值为 85），上阈值越大，ConnectedThreshold 算法得到的分割区域越大，和预期的结果一样。

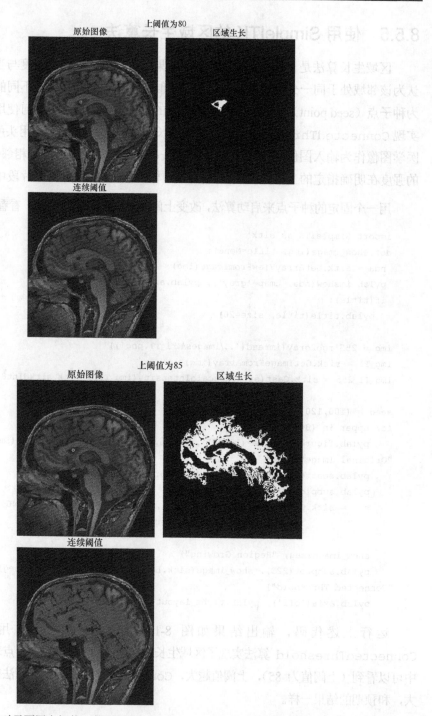

图 8-19 对于不同上阈值,使用 ConnectedThreshold 算法实现图像区域生长

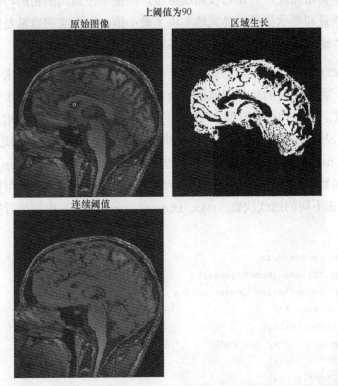

图 8-19 对于不同上阈值，使用 `ConnectedThreshold` 算法实现图像区域生长（续）

8.6 活动轮廓算法、形态学蛇算法和基于 OpenCV 的 GrabCut 图像分割算法

在本节中，我们将讨论一些更复杂的分割算法，并用 `scikit-image` 或 `python-opencv（cv2）` 库函数来展示它们。下面先介绍如何使用活动轮廓算法进行图像分割。

8.6.1 活动轮廓算法

活动轮廓模型（也称为**蛇模型**）是一个框架，用于拟合开或闭合样条曲线与图像中的线或边缘。这里的"蛇"是一种受约束、图像和内力影响的能量最小、可变形的样条曲线。因此，它通过部分由图像定义，以及部分由样条的形状、长度和平滑度定义的最小化能量来工作。约束和图像外力将"蛇"拉向目标轮廓，内力则抵抗变形。该算法围绕感兴趣的目标初始化蛇，并让它收缩或膨胀，以便于使封闭的轮廓与感兴趣的目标相拟合。在图像能量和形状能量中显式地实现了最小值。由于点的数量是恒定的，因此需要确保初始的"蛇"有足够的点来捕捉最终轮廓的细节。

源自 scikit-image 文档的如下例子中的活动轮廓模型将被用来通过在人脸边缘拟合样条曲线，将宇航员的脸与图像的其余部分分割开来。在预处理步骤对图像进行了一些平滑处理。在宇航员的面部周围初始化一个圆圈，并使用默认边界条件 bc='periodic'来拟合闭合曲线。欲使曲线搜索到边缘（例如脸部的边界），需使用默认参数值 w_line=0，w_edge=1。如下代码演示了如何使用 active_contour()函数进行分割（函数运行一个迭代算法，其中迭代算法的最大迭代次数可以由函数的参数指定），并显示在不同的迭代次数（max_iteration）下，在内部运行算法得到的闭合轮廓线。

```python
from skimage import data
from skimage.filters import gaussian
from skimage.segmentation import active_contour
img = data.astronaut()
img_gray = rgb2gray(img)
s = np.linspace(0, 2*np.pi, 400)
x = 220 + 100*np.cos(s)
y = 100 + 100*np.sin(s)
init = np.array([x, y]).T
i = 1
pylab.figure(figsize=(20,20))
for max_it in [20, 30, 50, 100]:
    snake = active_contour(gaussian(img_gray, 3), init, alpha=0.015, beta=10, gamma=0.001, max_iterations=max_it)
    pylab.subplot(2,2,i), pylab.imshow(img), pylab.plot(init[:, 0], init[:, 1], '--b', lw=3)
    pylab.plot(snake[:, 0], snake[:, 1], '-r', lw=3)
    pylab.axis('off'), pylab.title('max_iteration=' + str(max_it), size=20)
    i += 1
pylab.tight_layout(), pylab.show()
```

运行上述代码，输出结果如图 8-20 所示。可以看到，初始圆是蓝色的虚线圆，活动轮廓算法迭代缩小轮廓（红线表示），从圆开始向人脸方向收缩，最后在 max_iteration=100（最大迭代次数为100）处，将自身与人脸边界相匹配，从而将人脸从图像中分割出来。

8.6 活动轮廓算法、形态学蛇算法和基于 OpenCV 的 GrabCut 图像分割算法

图 8-20 使用活动轮廓算法（不同的最大迭代次数下）分割人脸图像

8.6.2 形态学蛇算法

形态学蛇是指一组用于图像分割的方法（类似于活动轮廓算法）。然而，形态学蛇算法比活动轮廓算法更快，而且在数值上更稳定，因为它们在二进制数组上使用形态学运算符（如膨胀/腐蚀），而活动轮廓算法是在浮点数组上求解偏微分方程。scikit-image 实现中有两种可用的形态学蛇方法，即**形态学测地线活动轮廓**（**MorphGAC** with morphological_geodesic_active_contour()）和**形态学无边**

缘活动轮廓（**MorphACWE** with `morphological_chan_vese()`）。MorphGAC 适用于轮廓清晰（可能是有噪声的、杂乱的或部分不清晰的）的图像，并要求对图像进行预处理以突出轮廓。这个预处理可以使用 `inverse_gaussian_gradient()` 函数来完成。这个预处理步骤对 MorphGAC 分割的质量有很大的影响。相反，当要分割对象的内、外区域像素值具有不同的平均值时，MorphACWE 可以很好地执行。它在没有任何预处理的情况下处理原始图像，不需要定义物体的轮廓。因此，MorphACWE 比 MorphGAC 更容易使用和调整。如下代码演示了如何使用这些函数实现形态学蛇，并给出了算法的演化过程和不同迭代次数下得到的分割结果：

```python
from skimage.segmentation import (morphological_chan_vese,
morphological_geodesic_active_contour,
 inverse_gaussian_gradient, checkerboard_level_set)

def store_evolution_in(lst):
 """Returns a callback function to store the evolution of the level sets in
 the given list.
 """

 def _store(x):
  lst.append(np.copy(x))
 return _store

# Morphological ACWE
image = imread('../images/me14.jpg')
image_gray = rgb2gray(image)
# initial level set
init_lvl_set = checkerboard_level_set(image_gray.shape, 6)
# list with intermediate results for plotting the evolution
evolution = []
callback = store_evolution_in(evolution)
lvl_set = morphological_chan_vese(image_gray, 30,
init_level_set=init_lvl_set, smoothing=3, iter_callback=callback)
fig, axes = pylab.subplots(2, 2, figsize=(8, 6))
axes = axes.flatten()
axes[0].imshow(image, cmap="gray"), axes[0].set_axis_off(),
axes[0].contour(lvl_set, [0.5], colors='r')
axes[0].set_title("Morphological ACWE segmentation", fontsize=12)
axes[1].imshow(lvl_set, cmap="gray"), axes[1].set_axis_off()
contour = axes[1].contour(evolution[5], [0.5], colors='g')
contour.collections[0].set_label("Iteration 5")
contour = axes[1].contour(evolution[10], [0.5], colors='y')
contour.collections[0].set_label("Iteration 10")
contour = axes[1].contour(evolution[-1], [0.5], colors='r')
contour.collections[0].set_label("Iteration " + str(len(evolution)-1))
```

```
axes[1].legend(loc="upper right"), axes[1].set_title("Morphological ACWE evolution",
fontsize=12)

# Morphological GAC
image = imread('images/fishes4.jpg')
image_gray = rgb2gray(image)
gimage = inverse_gaussian_gradient(image_gray)
# initial level set
init_lvl_set = np.zeros(image_gray.shape, dtype=np.int8)
init_lvl_set[10:-10, 10:-10] = 1
# list with intermediate results for plotting the evolution
evolution = []
callback = store_evolution_in(evolution)
lvl_set = morphological_geodesic_active_contour(gimage, 400, init_lvl_set,
smoothing=1, balloon=-1,
threshold=0.7, iter_callback=callback)
axes[2].imshow(image, cmap="gray"), axes[2].set_axis_off(),
axes[2].contour(lvl_set, [0.5], colors='r')
axes[2].set_title("Morphological GAC segmentation", fontsize=12)
axes[3].imshow(lvl_set, cmap="gray"), axes[3].set_axis_off()
contour = axes[3].contour(evolution[100], [0.5], colors='g')
contour.collections[0].set_label("Iteration 100")
contour = axes[3].contour(evolution[200], [0.5], colors='y')
contour.collections[0].set_label("Iteration 200")
contour = axes[3].contour(evolution[-1], [0.5], colors='r')
contour.collections[0].set_label("Iteration " + str(len(evolution)-1))
axes[3].legend(loc="upper right"), axes[3].set_title("Morphological GAC evolution",
fontsize=12)
fig.tight_layout(), pylab.show()
```

运行上述代码，输出结果如图 8-21 所示。

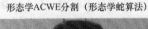

图 8-21　使用形态学蛇算法（不同迭代次数下）分割图像

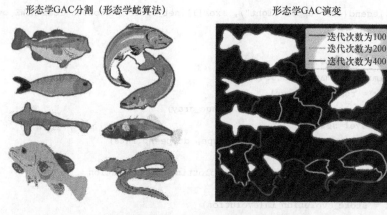

图 8-21 使用形态学蛇算法（不同迭代次数下）分割图像（续）

8.6.3 基于 OpenCV 的 GrabCut 图像分割算法

GrabCut 是一种交互式分割方法，该方法使用图论的 max-flow/min-cut 算法从图像的背景中提取前景。在算法开始之前，用户首先需要提供一些提示，大致在输入图像中指定前景区域，尽可能减少交互（例如，在前景区域周围绘制一个矩形）；然后使用该算法对图像进行迭代分割，得到可能的最佳结果。在某些情况下，分割可能不是理想的（例如，算法可能将一些前景区域标记为背景，反之亦然）。

在这种情况下，用户需要通过在有错误分割像素的图像上进行一些标记（将更多像素标记为前景或背景）来再次进行精细的润色，这将在下一次迭代中得到更好的分割效果。

如下代码演示了如何通过在鲸周围画一个矩形从输入图像中提取前景鲸对象（通过给算法一个提示，即需要找到前景对象内部的矩形），并在输入图像上调用来自 cv2 的 grabCut() 函数。掩模图像是通过使用标志 0（cv2.GC_BGD）、1（cv2.GC_FGD）、2（cv2.GC_PR_BGD）和 3（cv2.GC_PR_FGD），可以指定图像中的哪些区域肯定是背景，哪些区域肯定是前景，或者哪些区域可能是背景/前景的图像。由于在本例中使用矩形（而不是蒙版）来表示前景，因此 cv2.grabCut() 函数的模式参数需要设置为 cv2.GC_INIT_WITH_RECT，掩模图像设置为零。该算法经过 5 次迭代，对掩模图像进行修改，其中像素由表示背景/前景的 4 个标志值标记。然后修改掩模，设置所有 0/2 的值像素为 0（背景），设置所有 1/3 的值像素为 1（前景）。在此之后，将得到最终的掩模，我们需要与输入图像相乘，以获得分割后的图像。

```
img = cv2.imread('../images/whale.jpg')
mask = np.zeros(img.shape[:2],np.uint8)
```

8.6 活动轮廓算法、形态学蛇算法和基于 OpenCV 的 GrabCut 图像分割算法

```
bg_model = np.zeros((1,65),np.float64)
fg_model = np.zeros((1,65),np.float64)
rect = (80,50,720,420)
cv2.grabCut(img, mask, rect, bg_model, fg_model, 5, cv2.GC_INIT_WITH_RECT)
mask2 = np.where((mask==2)|(mask==0),0,1).astype('uint8')
img = img*mask2[:,:,np.newaxis]
pylab.imshow(img), pylab.colorbar(), pylab.show()
```

图 8-22 显示了输入图像和围绕前景对象绘制的矩形边框。注意：矩形在顶部漏掉了鲸鳍的一小部分，而在图像底部包含了白色海洋泡沫的一部分。

图 8-22　输入的鲸图像及为其绘制的矩形边框

运行上述代码，输出结果如图 8-23 所示。可以看到，由于边界矩形有一点不正确（不是整个前景都在边界矩形内），因此上面鳍的一部分被遗漏了，而底部的白色泡沫被包含在前景对象中。这可以通过提供正确的提示边框纠正过来，这留给读者作为一个练习。

图 8-23　使用 GrabCut 算法获得的分割图像

另一种初始化分割的方法是通过输入掩模为算法提供一些提示。例如，在本例中，掩模图像的形状与鲸图像相同。掩模上有一些绿色和红色的标记，给算法提供了一些提示，这些像素肯定分别属于前景像素和背景像素。

```
newmask = cv2.imread('../images/whale_mask.jpg')
# whereever it is marked green(sure foreground), change mask=1
# whereever it is marked red (sure background), change mask=0
```

在输入图像上绘制掩模的情境如图 8-24 所示。

图 8-24　在输入图像上绘制掩模

现在需要使用这个掩模运行算法。如下代码展示了如何使用掩模运行算法：

```
mask = 2*np.ones(img.shape[:2],np.uint8) # initialize all pixels to be
probably backgrounds
mask[(newmask[...,0] <= 20)&(newmask[...,1] <= 20)&(newmask[...,2] >= 200)]
= 0 # red pixels are backgrounds
mask[(newmask[...,0] <= 20)&(newmask[...,1] >= 200)&(newmask[...,2] <= 20)]
= 1 # green pixels are foregrounds
mask, bg_model, fg_model =
cv2.grabCut(img,mask,None,bg_model,fg_model,5,cv2.GC_INIT_WITH_MASK)
mask = np.where((mask==2)|(mask==0),0,1).astype('uint8')
img = img*mask[:,:,np.newaxis]
pylab.imshow(img),pylab.colorbar(),pylab.show()
```

运行上述代码，输出结果如图 8-25 所示。可以看到，以掩模中的标记作为提示，使用 GrabCut 算法正确分割出前景对象。

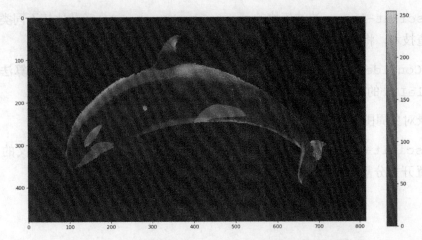

图 8-25 利用掩模提示的 GrabCut 算法正确分割出前景对象

小结

在本章中，我们讨论了图像分割的相关问题，并演示了不同的算法与 Python 库，如 scikit-image、opencv（cv2）和 SimpleITK。介绍了使用霍夫变换检测图像中的线和圆，并给出一个如何将霍夫变换应用于图像分割的例子；讨论了 Otsu 阈值分割算法来寻找最优的分割阈值，并在此基础上提出了基于边缘/区域的图像分割算法以及形态学分水岭算法；还讨论了更多的分割算法，如 Felzenszwalb 高效图的图像分割算法、区域生长算法、SLIC 算法和 QuickShift 算法；最后讨论了一些更复杂的分割算法，如 GrabCut、活动轮廓和形态学蛇等算法。

在第 9 章中，我们将讨论图像处理中的机器学习技术，更多地讨论使用 k 均值聚类和均值漂移算法作为无监督机器学习算法的图像分割。我们还将在后面的深度学习章节中讨论语义分割技术。

习题

1. 使用霍夫变换从带有 scikit-image 的椭圆图像中检测椭圆。
2. 使用 scikit-image 变换模块的 probabilistic_hough_line() 函数从图像中检测行。它与 hough_line() 有什么不同？

3. 使用 scikit-image 滤波模块的 try_all_threshold() 函数比较不同类型的局部阈值技术，将灰度图像分割成二值图像。
4. 使用 ConfidenceConnected 和 VectorConfidenceConnected 算法对使用 SimpleITK 的 MRI 扫描图像进行分割。
5. 在前景对象周围使用正确的边框，使用 GrabCut 算法分割鲸图像。
6. 使用 scikit-image 分割模块的 random_walker() 函数从标记定义的几个标记位置开始分割图像。

第 9 章
图像处理中的经典机器学习方法

在本章中,我们将讨论机器学习技术在图像处理中的应用。首先,学习机器学习的两种算法——监督学习和无监督学习;其次,讨论一些流行的无监督机器学习技术的应用,如聚类和图像分割等问题。

我们还将研究监督机器学习技术在图像分类和目标检测等问题上的应用。使用非常流行的 scikit-learn 库,以及 scikit-image 和 Python-OpenCV(cv2)来实现用于图像处理的机器学习算法。在本章中,我们将带领读者深入了解机器学习算法及用其解决的问题。

本章主要包括以下内容:

- 监督学习与无监督学习;
- 无监督机器学习——聚类、PCA 和特征脸;
- 监督机器学习——基于手写数字数据集的图像分类;
- 监督机器学习——目标检测。

9.1 监督学习与无监督学习

机器学习算法主要有以下两种类型。

(1)**监督学习**。在这种类型的学习中,已知输入数据集和正确的标签,需要学习输入和输出之间的关系(作为函数)。手写数字分类问题是监督(分类)问题的一个例子。

(2)**无监督学习**。在这种类型的学习中,很少或根本不知道输出应该是什么样的。

人们可以推导得到数据的结构而不必知道变量的影响。聚类（也可以看作分割）就是一个很好的例子，在图像处理技术中，并不知道哪个像素属于哪个片段的先验知识。

那么对于某类任务 T 和性能度量 P，如果一个计算机程序在 T 上以 P 衡量的性能随着经验 E 而自我完善，则称这个计算机程序正在从经验 E 中学习。

例如，假设有一组手写数字图像及其标签（从 0 到 9 的数字），需要编写一个 Python 程序，该程序学习了图片和标签（经验 E）之间的关联，然后自动标记一组新的手写数字图像。

在本例中，任务 T 是为图像分配标签（即对数字图像进行分类或标识），程序中能够正确识别的新图像的比例为性能 P（准确率）。在这种情况下，这个程序可以说是一个学习程序。

本章将描述一些可以使用机器学习算法（无监督或监督）解决的图像处理问题。读者将开始学习几个无监督机器学习技术的应用，以解决图像处理问题。

9.2 无监督机器学习——聚类、PCA 和特征脸

本节将讨论一些流行的机器学习算法及其在图像处理中的应用。从某些聚类算法及其在颜色量化和图像分割中的应用开始，使用 `scikit-learn` 库实现这些聚类算法。

9.2.1 基于图像分割与颜色量化的 k 均值聚类算法

本节将演示如何对 pepper 图像执行**像素矢量量化**（Vector Quantization，VQ），将显示图像所需的颜色数量从 250 种减少到 4 种，同时保持整体外观质量。在本例中，像素在三维空间中表示，使用 k 均值查找 4 个颜色簇。

在图像处理文献中，码本是从 k 均值（簇群中心）获得的，称为**调色板**。在调色板中，使用 1 个字节最多可寻址 256 种颜色，而 RGB 编码要求每个像素 3 个字节。GIF 文件格式使用的就是这样的调色板。为了进行比较，我们还将使用随机码本（随机选取颜色）的量化图像。

在使用 k 均值聚类算法对图像进行分割前，加载所需的库和输入图像，如下面的代码所示：

```
import numpy as np
import matplotlib.pyplot as plt
from sklearn.cluster import KMeans
```

9.2 无监督机器学习——聚类、PCA 和特征脸

```
from sklearn.metrics import pairwise_distances_argmin
from skimage.io import imread
from sklearn.utils import shuffle
from skimage import img_as_float
from time import time

pepper = imread("../images/pepper.jpg")

# Display the original image
plt.figure(1), plt.clf()
ax = plt.axes([0, 0, 1, 1])
plt.axis('off'), plt.title('Original image
(%d colors)'
%(len(np.unique(pepper)))), plt.imshow(pepper)
```

原始图像（256色）

图 9-1 辣椒原始图像

输入的辣椒原始图像如图 9-1 所示。

现在，应用 k 均值聚类算法对图像进行分割，如下面的代码所示：

```
n_colors = 64

# Convert to floats instead of the default 8 bits integer coding. Dividing by
# 255 is important so that plt.imshow behaves works well on float data
(need to
# be in the range [0-1])
pepper = np.array(pepper, dtype=np.float64) / 255

# Load Image and transform to a 2D numpy array.
w, h, d = original_shape = tuple(pepper.shape)
assert d == 3
image_array = np.reshape(pepper, (w * h, d))

def recreate_image(codebook, labels, w, h):
    """Recreate the (compressed) image from the code book & labels"""
    d = codebook.shape[1]
    image = np.zeros((w, h, d))
    label_idx = 0
    for i in range(w):
        for j in range(h):
            image[i][j] = codebook[labels[label_idx]]
            label_idx += 1
    return image

# Display all results, alongside original image
plt.figure(1)
plt.clf()
```

```python
    ax = plt.axes([0, 0, 1, 1])
    plt.axis('off')
    plt.title('Original image (96,615 colors)')
    plt.imshow(pepper)

    plt.figure(2, figsize=(10,10))
    plt.clf()
    i = 1
    for k in [64, 32, 16, 4]:
        t0 = time()
        plt.subplot(2,2,i)
        plt.axis('off')
        image_array_sample = shuffle(image_array, random_state=0)[:1000]
        kmeans = KMeans(n_clusters=k, random_state=0).fit(image_array_sample)
        print("done in %0.3fs." % (time() - t0))
        # Get labels for all points
        print("Predicting color indices on the full image (k-means)")
        t0 = time()
        labels = kmeans.predict(image_array)
        print("done in %0.3fs." % (time() - t0))
        plt.title('Quantized image (' + str(k) + ' colors, K-Means)')
        plt.imshow(recreate_image(kmeans.cluster_centers_, labels, w, h))
        i += 1
    plt.show()
    plt.figure(3, figsize=(10,10))
    plt.clf()
    i = 1
    for k in [64, 32, 16, 4]:
        t0 = time()
        plt.subplot(2,2,i)
        plt.axis('off')
        codebook_random = shuffle(image_array, random_state=0)[:k + 1]
        print("Predicting color indices on the full image (random)")
        t0 = time()
        labels_random = pairwise_distances_argmin(codebook_random,image_array,axis=0)

        print("done in %0.3fs." % (time() - t0))
        plt.title('Quantized image (' + str(k) + ' colors, Random)')
        plt.imshow(recreate_image(codebook_random, labels_random, w, h))
        i += 1
    plt.show()
```

运行上述代码，输出结果如图 9-2 所示。可以看到，在保留的图像质量方面，k 均值聚类算法对于颜色量化的效果总是比使用随机码本要好。

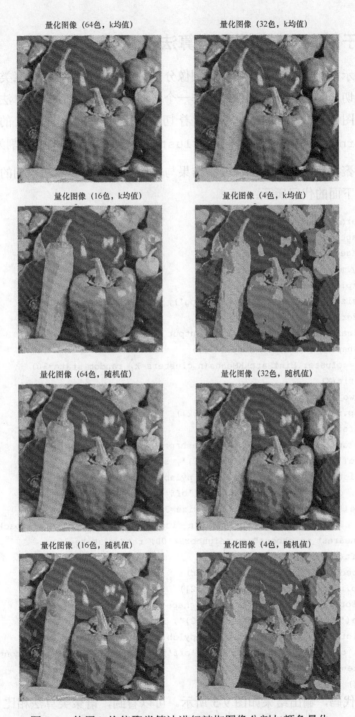

图9-2 使用k均值聚类算法进行辣椒图像分割与颜色量化

9.2.2 用于图像分割的谱聚类算法

本节将演示如何将谱聚类技术用于图像分割。在这些设置中,谱聚类方法解决了被称为归一化图切分的问题——图像被看作一个连通像素的图,谱聚类算法的实质是选择定义区域的图切分,同时最小化沿着切分的梯度与区域体积的比值。来自 scikit-learn 聚类模块的 SpectralClustering() 用于将图像分割为前景和背景。

将使用谱聚类算法得到的图像分割结果与使用 k 均值聚类算法得到的二值分割结果进行对比,如下面的代码所示:

```python
from sklearn import cluster
from skimage.io import imread
from skimage.color import rgb2gray
from scipy.misc import imresize
import matplotlib.pylab as pylab
im = imresize(imread('../images/me14.jpg'), (100,100,3))
img = rgb2gray(im)
k = 2 # binary segmentation, with 2 output clusters / segments
X = np.reshape(im, (-1, im.shape[-1]))
two_means = cluster.MiniBatchKMeans(n_clusters=k, random_state=10)
two_means.fit(X)
y_pred = two_means.predict(X)
labels = np.reshape(y_pred, im.shape[:2])
pylab.figure(figsize=(20,20))
pylab.subplot(221), pylab.imshow(np.reshape(y_pred, im.shape[:2])),
pylab.title('k-means segmentation (k=2)', size=30)
pylab.subplot(222), pylab.imshow(im), pylab.contour(labels == 0,
contours=1, colors='red'), pylab.axis('off')
pylab.title('k-means contour (k=2)', size=30)
spectral = cluster.SpectralClustering(n_clusters=k, eigen_solver='arpack',
affinity="nearest_neighbors", n_neighbors=100, random_state=10)
spectral.fit(X)
y_pred = spectral.labels_.astype(np.int)
labels = np.reshape(y_pred, im.shape[:2])
pylab.subplot(223), pylab.imshow(np.reshape(y_pred, im.shape[:2])),
pylab.title('spectral segmentation (k=2)', size=30)
pylab.subplot(224), pylab.imshow(im), pylab.contour(labels == 0,
contours=1, colors='red'), pylab.axis('off'), pylab.title('spectral contour
(k=2)', size=30), pylab.tight_layout()
pylab.show()
```

运行上述代码,输出结果如图 9-3 所示。可以看到,谱聚类算法相比 k 均值聚类算法对图像的分割效果更好。

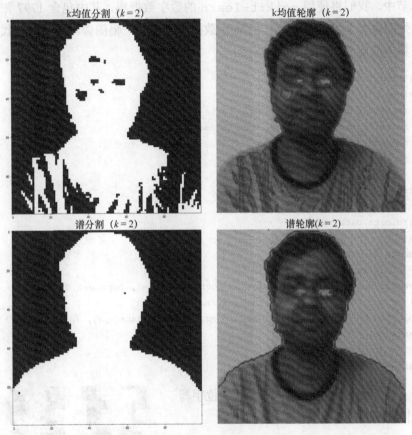

图 9-3 使用谱聚类算法与 k 均值聚类算法得到的图像分割结果对比

9.2.3 PCA 与特征脸

主成分分析（Principal Component Analysis，PCA）是一种统计/非监督机器学习方法，它使用一个正交变换将一组可能相关的变量的观测值转化为一组线性不相关的变量的值（称为主成分），从而在数据集中发现最大方向的方差（沿着主成分）。这可以用于（线性）降维（只有几个突出的主成分在大多数情况下捕获数据集中的几乎所有方差）和具有多个维度的数据集的可视化（在二维空间中）。PCA 的一个应用是特征脸，找到一组可以（从理论上）表示任意脸（作为这些特征脸的线性组合）的特征脸。

1. 用 PCA 降维及可视化

在本节中，我们将使用 `scikit-learn` 的数字数据集，其中包含 1797 张手写数字图像（每张图像大小为 8×8）。每一行表示数据矩阵中的一幅图像。用下面的代码加载并显示数据集中的前 25 位数字：

```python
import numpy as np
import matplotlib.pylab as plt
from sklearn.datasets import load_digits
from sklearn.preprocessing import StandardScaler
from sklearn.decomposition import PCA
from sklearn.pipeline import Pipeline

digits = load_digits()
#print(digits.keys())
print(digits.data.shape)
j = 1
np.random.seed(1)
fig = plt.figure(figsize=(3,3))
fig.subplots_adjust(left=0, right=1, bottom=0, top=1, hspace=0.05,wspace=0.05)
for i in np.random.choice(digits.data.shape[0], 25):
    plt.subplot(5,5,j), plt.imshow(np.reshape(digits.data[i,:], (8,8)),cmap='binary'), plt.axis('off')
    j += 1
plt.show()
```

运行上述代码，输出数据集中的前 25 位手写数字，如图 9-4 所示。

二维投影与可视化

从加载的数据集可以看出，它是一个 64 维的数据集。现在，首先利用 `scikit-learn` 的 `PCA()` 函数来找到这个数据集的两个主成分并将数据集沿着两个维度进行投影；其次利用 matplotlib 和表示图像（数字）的每个数据点，对投影数据进行散点绘图，数字标签用一种独特的颜色表示，如下面的代码所示：

图 9-4　数据集中的前 25 位手写数字图像

```python
pca_digits=PCA(2)
digits.data_proj = pca_digits.fit_transform(digits.data)
print(np.sum(pca_digits.explained_variance_ratio_))
```

9.2 无监督机器学习——聚类、PCA 和特征脸

```
# 0.28509364823696987
plt.figure(figsize=(15,10))
plt.scatter(digits.data_proj[:, 0], digits.data_proj[:, 1], lw=0.25,
c=digits.target, edgecolor='k', s=100, cmap=plt.cm.get_cmap('cubehelix',10))
plt.xlabel('PC1', size=20), plt.ylabel('PC2', size=20), plt.title('2D
Projection of handwritten digits with PCA', size=25)
plt.colorbar(ticks=range(10), label='digit value')
plt.clim(-0.5, 9.5)
```

运行上述代码，输出结果如图 9-5 所示。可以看到，在沿 PC1 和 PC2 两个方向的二维投影中，数字有某种程度的分离（虽然有些重叠），而相同的数字值则出现在集群附近。

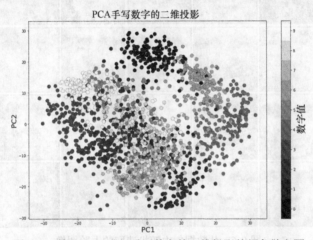

图 9-5 利用 PCA 进行手写数字的二维投影的颜色散布图

2. 基于 PCA 的特征脸

加载 scikit-learn 包的 olivetti 人脸数据集，其中包含 400 张人脸图像，每张图像大小为 64×64。如下代码显示了数据集中的一些随机人脸：

```
from sklearn.datasets import fetch_olivetti_faces
faces = fetch_olivetti_faces().data
print(faces.shape) # there are 400 faces each of them is of 64x64=4096 pixels
fig = plt.figure(figsize=(5,5))
fig.subplots_adjust(left=0, right=1, bottom=0, top=1, hspace=0.05, wspace=0.05)
# plot 25 random faces
j = 1
np.random.seed(0)
for i in np.random.choice(range(faces.shape[0]), 25):
    ax = fig.add_subplot(5, 5, j, xticks=[], yticks=[])
    ax.imshow(np.reshape(faces[i,:],(64,64)), cmap=plt.cm.bone,interpolation='nearest')
```

```
    j += 1
plt.show()
```

运行上述代码，输出从数据集中随机选取的 25 张人脸图像，如图 9-6 所示。

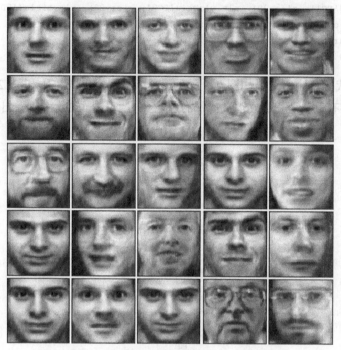

图 9-6　从数据集中随机选取的人脸图像

接下来，对数据集进行预处理，在对图像应用 PCA 之前先执行 z-score 归一化（从所有人脸中减去均值人脸，然后除以标准差），这是必要的步骤；然后，使用 PCA() 计算主成分，只选取 64 个（而不是 4096 个）主成分，并将数据集投影到 PC 方向上，如下面的代码所示，而且通过选择越来越多的主成分来可视化图像数据集的方差。

```
from sklearn.preprocessing import StandardScaler
from sklearn.decomposition import PCA
from sklearn.pipeline import Pipeline
n_comp =64
pipeline = Pipeline([('scaling', StandardScaler()), ('pca',PCA(n_components=n_comp))])
faces_proj = pipeline.fit_transform(faces)
print(faces_proj.shape)
# (400, 64)
mean_face = np.reshape(pipeline.named_steps['scaling'].mean_, (64,64))
sd_face = np.reshape(np.sqrt(pipeline.named_steps['scaling'].var_),(64,64))
```

9.2 无监督机器学习——聚类、PCA 和特征脸

```
pylab.figure(figsize=(8, 6))
pylab.plot(np.cumsum(pipeline.named_steps['pca'].explained_variance_ratio_)
, linewidth=2)
pylab.grid(), pylab.axis('tight'), pylab.xlabel('n_components'),
pylab.ylabel('cumulative explained_variance_ratio_')
pylab.show()
pylab.figure(figsize=(10,5))
pylab.subplot(121), pylab.imshow(mean_face, cmap=pylab.cm.bone),
pylab.axis('off'), pylab.title('Mean face')
pylab.subplot(122), pylab.imshow(sd_face, cmap=pylab.cm.bone),
pylab.axis('off'), pylab.title('SD face')
pylab.show()
```

运行上述代码，输出结果如图 9-7 所示。可以看到，大约 90% 的方差仅由前 64 个主成分所解释。

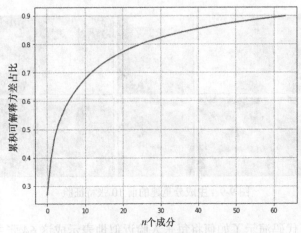

图 9-7 64 个主成分的累积方差占比

从数据集中计算得到的人脸图像的均值和标准差如图 9-8 所示。

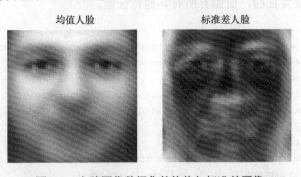

图 9-8 人脸图像数据集的均值与标准差图像

（1）特征脸。在主成分分析的基础上，计算得到的两 PC 方向相互正交，每个 PC 包含 4096 个像素，并且可以重建成 64×64 像素的图像。称这些主成分为特征脸（因为它们也是特征向量）。

可以看出，特征脸代表了人脸的某些属性。如下代码用于显示一些计算出来的特征脸：

```
fig = plt.figure(figsize=(5,2))
fig.subplots_adjust(left=0, right=1, bottom=0, top=1, hspace=0.05,wspace=0.05)
# plot the first 10 eigenfaces
for i in range(10):
    ax = fig.add_subplot(2, 5, i+1, xticks=[], yticks=[])
    ax.imshow(np.reshape(pipeline.named_steps['pca'].components_[i,:],
(64,64)), cmap=plt.cm.bone, interpolation='nearest')
```

运行上述代码，输出前 10 张特征脸，如图 9-9 所示。

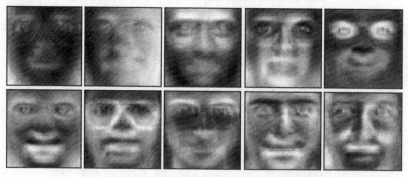

图 9-9　主成分重建的前 10 张特征脸

（2）重建。如下代码演示了如何将每张人脸近似地表示成这 64 张主要特征脸的线性组合。使用 `scikit-learn` 中的 `inverse_transform()` 函数变换回到原空间，但是只基于这 64 张主要特征脸，而抛弃所有其他特征脸。

```
# face reconstruction
faces_inv_proj = pipeline.named_steps['pca'].inverse_transform(faces_proj)
#reshaping as 400 images of 64x64 dimension
fig = plt.figure(figsize=(5,5))
fig.subplots_adjust(left=0, right=1, bottom=0, top=1, hspace=0.05,wspace=0.05)
# plot the faces, each image is 64 by 64 dimension but 8x8 pixels
j = 1
np.random.seed(0)
for i in np.random.choice(range(faces.shape[0]), 25):
    ax = fig.add_subplot(5, 5, j, xticks=[], yticks=[])
```

```
ax.imshow(mean_face + sd_face*np.reshape(faces_inv_proj,(400,64,64))
    [i,:], cmap=plt.cm.bone, interpolation='nearest')
    j += 1
```

运行上述代码，从 64 张特征脸中随机选择 25 张重建的人脸图像，如图 9-10 所示。可以看到，它们看起来很像原始的人脸（没有很多明显的错误）。

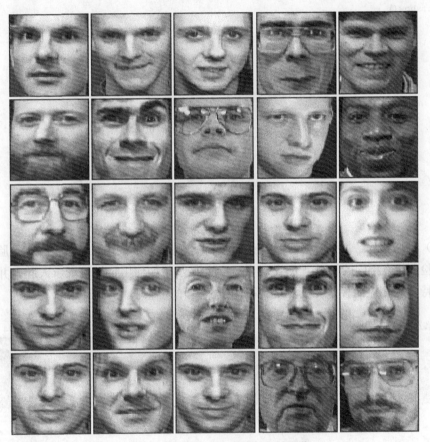

图 9-10　由特征人脸重建的人脸图像

如下代码有助于更近距离地观察原始人脸，并将其与重建后的人脸进行对比，代码的输出结果如图 9-11 所示。可以看到，重建后的人脸与原始人脸近似，但存在某种程度的失真。

```
orig_face = np.reshape(faces[0,:], (64,64))
reconst_face =np.reshape(faces_proj[0,:]@pipeline.named_steps['pca'].components_,
    (64,64))
```

```
reconst_face = mean_face + sd_face*reconst_face
plt.figure(figsize=(10,5))
plt.subplot(121), plt.imshow(orig_face, cmap=plt.cm.bone,
interpolation='nearest'), plt.axis('off'), plt.title('original', size=20)
plt.subplot(122), plt.imshow(reconst_face, cmap=plt.cm.bone,
interpolation='nearest'), plt.axis('off'), plt.title('reconstructed',
size=20)
plt.show()
```

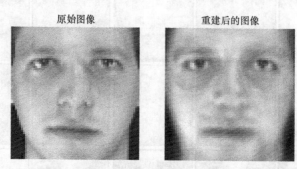

图 9-11 重建后的人脸图像与原始人脸图像对比

（3）特征分解。每张人脸都可以表示为 64 张特征脸的线性组合。每张特征脸对于不同的人脸图像有不同的权重（负载）。图 9-12 显示了如何用特征脸表示人脸，并显示了前几张特征脸相应的权重。其实现代码留给读者作为练习。

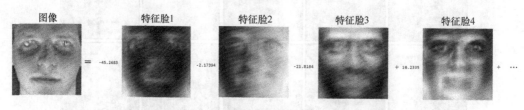

图 9-12 由特征脸进行线性组合，重建人脸图像

9.3 监督机器学习——基于手写数字数据集的图像分类

在本节中，我们将讨论图像分类问题。使用的输入数据集是 MNIST，这是机器学习中的一个经典数据集，由大小为 28×28 的手写数字的灰度图像组成。

原始训练数据集包含 60000 个样本（手写数字图像和标签，用于训练机器学习模型），测试数据集包含 10000 个样本（手写数字图像和标签作为基本真值，用于测试所学习模型的准确性）。给定一组手写数字和图像及其标签（0～9），目标是学习一种机器学习模型，该模型可以自动识别不可见图像中的数字，并为图像分配一个标签（0～9）。具体步骤如下。

（1）使用训练数据集训练一些监督机器学习（多类分类）模型（分类器）。

（2）它们将用于预测来自测试数据集的图像的标签。

（3）将预测的标签与基本真值标签进行比较，以评估分类器的性能。

训练、预测和评估基本分类模型的步骤如图 9-13 所示。当在训练数据集上训练更多不同的模型（可能是使用不同的算法，或者使用相同的算法但算法具有不同的超参数值）时，为了选择最好的模型，需要第三个数据集，也就是验证数据集（训练数据集分为两部分，一部分用于训练，另一部分用于验证），用于模型选择和超参调优。

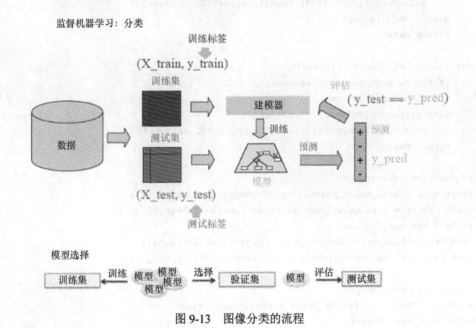

图 9-13　图像分类的流程

同样，先导入所需的库，如下面的代码所示：

```
%matplotlib inline
import gzip, os, sys
import numpy as np
from scipy.stats import multivariate_normal
```

```
from urllib.request import urlretrieve
import matplotlib.pyplot as pylab
```

9.3.1 下载MNIST(手写数字)数据集

从下载 MNIST 数据集开始。如下代码展示了如何下载训练数据集和测试数据集:

```
# Function that downloads a specified MNIST data file from Yann Le Cun's website
def download(filename, source='http://yann.lecun.com/exdb/mnist/'):
    print("Downloading %s" % filename)
    urlretrieve(source + filename, filename)

# Invokes download() if necessary, then reads in images
def load_mnist_images(filename):
    if not os.path.exists(filename):
        download(filename)
    with gzip.open(filename, 'rb') as f:
        data = np.frombuffer(f.read(), np.uint8, offset=16)
    data = data.reshape(-1,784)
    return data

def load_mnist_labels(filename):
    if not os.path.exists(filename):
        download(filename)
    with gzip.open(filename, 'rb') as f:
        data = np.frombuffer(f.read(), np.uint8, offset=8)
    return data

## Load the training set
train_data = load_mnist_images('train-images-idx3-ubyte.gz')
train_labels = load_mnist_labels('train-labels-idx1-ubyte.gz')
## Load the testing set
test_data = load_mnist_images('t10k-images-idx3-ubyte.gz')
test_labels = load_mnist_labels('t10k-labels-idx1-ubyte.gz')

print(train_data.shape)
# (60000, 784)        ## 60k 28x28 handwritten digits
print(test_data.shape)
# (10000, 784)        ## 10k 2bx28 handwritten digits
```

9.3.2 可视化数据集

每个数据点存储为 784 维向量。为了可视化一个数据点,我们需要将其重塑为一个 28 像素×28 像素的图像。如下代码展示了如何显示测试数据集中的手写数字:

```
## Define a function that displays a digit given its vector representation
def show_digit(x, label):
    pylab.axis('off')
    pylab.imshow(x.reshape((28,28)), cmap=pylab.cm.gray)
    pylab.title('Label ' + str(label))

pylab.figure(figsize=(10,10))
for i in range(25):
    pylab.subplot(5, 5, i+1)
    show_digit(test_data[i,], test_labels[i])
pylab.tight_layout()
pylab.show()
```

图 9-14 所示的是来自测试数据集的前 25 个手写数字及其基本真值（true）标签。在训练数据集上训练的 KNN 分类器对这个未知的测试数据集的标签进行预测，并将预测的标签与基本真值标签进行比较，以评价分类器的准确性。

图 9-14　测试数据集的前 25 个手写数字及其基本真值标签

9.3.3 通过训练 KNN、高斯贝叶斯和 SVM 模型对 MNIST 数据集分类

用 scikit-learn 库函数实现以下分类器：k 最近邻分类算法、高斯贝叶斯分类器（生成模型）、**支持向量机**分类器。

从 k 最近邻分类器开始介绍。

1．k 最近邻分类器

本节将构建一个分类器，该分类器用于接收手写数字图像，并使用一种称为**最近邻分类器**的特别简单的策略输出标签（0～9）。预测看不见的测试数字图像的方法是非常简单的。首先，只需要从训练数据集中找到离测试图像最近的 k 个实例；其次，只需要简单地使用多数投票来计算测试图像的标签，也就是说，来自 k 个最近的训练数据点的大部分数据点的标签将被分配给测试图像（任意断开连接）。

（1）计算欧氏距离平方。欲计算数据集中的最近邻，必须计算数据点之间的距离。自然距离函数是欧氏距离，对于两个向量 $x, y \in \boldsymbol{R}^d$，其欧氏距离定义为：

$$\|\boldsymbol{x}-\boldsymbol{y}\| = \sum_{i=1}^{d}(\boldsymbol{x}_i - \boldsymbol{y}_i)^2$$

通常省略平方根，只计算欧氏距离的平方。对于最近邻计算，这两个是等价的：对于 3 个向量 $x, y, z \in \boldsymbol{R}^d$，当且仅当 $\|x-y\|^2 \leqslant \|x-z\|^2$ 时，才有 $\|x-y\| \leqslant \|x-z\|$ 成立。因此，现在只需要计算欧氏距离的平方。

（2）计算最近邻。k 最近邻的一个简单实现就是扫描每个测试图像的每个训练图像。以这种方式实施的最近邻分类需要遍历训练集才能对单个点进行分类。如果在 $\boldsymbol{R}^d$ 中有 N 个训练点，时间花费将为 O(Nd)，这是非常缓慢的。幸运的是，如果愿意花一些时间对训练集进行预处理，就有更快的方法来执行最近邻查找。scikit-learn 库有两个有用的最近邻数据结构的快速实现：球树和 k-d 树。如下代码展示了如何在训练时创建一个球树数据结构，然后在测试 $1-NN$（$k=1$）时将其用于快速最近邻计算：

```
import time
from sklearn.neighbors import BallTree

## Build nearest neighbor structure on training data
t_before = time.time()
```

```
ball_tree = BallTree(train_data)
t_after = time.time()

## Compute training time
t_training = t_after - t_before
print("Time to build data structure (seconds): ", t_training)

## Get nearest neighbor predictions on testing data
t_before = time.time()
test_neighbors = np.squeeze(ball_tree.query(test_data, k=1,return_distance=False))
test_predictions = train_labels[test_neighbors]
t_after = time.time()

## Compute testing time
t_testing = t_after - t_before
print("Time to classify test set (seconds): ", t_testing)
# Time to build data structure (seconds): 20.65474772453308
# Time to classify test set (seconds): 532.3929145336151
```

（3）评估分类器的性能。接下来将评估分类器在测试数据集上的性能。如下代码展示了如何实现这一点：

```
# evaluate the classifier
t_accuracy = sum(test_predictions == test_labels) / float(len(test_labels))
t_accuracy
# 0.96909999999999996

import pandas as pd
import seaborn as sn
from sklearn import metrics

cm = metrics.confusion_matrix(test_labels,test_predictions)
df_cm = pd.DataFrame(cm, range(10), range(10))
sn.set(font_scale=1.2)#for label size
sn.heatmap(df_cm, annot=True,annot_kws={"size": 16}, fmt="g")
```

运行上述代码，输出混淆矩阵，如图 9-15 所示。可以看到，虽然训练数据集的整体准确率达到 96.9%，但仍存在一些错误分类的测试图像。

图 9-16 中，当 1-*NN* 预测标签和 *True* 标签均为 0 时，预测成功；当 1-*NN* 预测标签为 2，*True* 标签为 3 时，预测失败。

其中预测数字成功和失败情形的代码留给读者作为练习。

第 9 章　图像处理中的经典机器学习方法

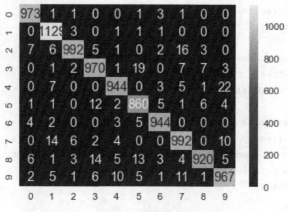

图 9-15　混淆矩阵

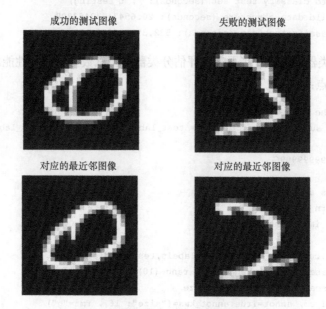

图 9-16　预测数字成功与失败的情形

2. 贝叶斯分类器（高斯生成模型）

正如我们在上一小节所看到的，1-*NN* 分类器对手写数字 MNIST 数据集的测试错误率为 3.09%。现在，我们将构建一个高斯生成模型，使其几乎可以达到同样的效果，但明显更快、更紧凑。同样，必须像上次一样首先加载 MNIST 训练数据集和测试数据集，然后将高斯生成模型拟合到训练数据集中。

9.3 监督机器学习——基于手写数字数据集的图像分类

（1）训练生成模型——计算高斯参数的最大似然估计。下面定义了一个函数 fit_generative_model()，它接收一个训练集（x 数据和 y 标签）作为输入，并将高斯生成模型与之匹配。对于每个标签 $j = 0,1,\cdots,9$，返回以下几种生成模型的参数。

- π_j：标签的频率（即优先的）；
- μ_j：784 维均值向量；
- Σ_j：784 × 784 协方差矩阵。

这意味着 π 是 10×1、μ 是 10×784、Σ 是 $10 \times 784 \times 784$ 的矩阵。**最大似然估计**（Maximum Likelihood Estimation，MLE）为经验估计，如图 9-17 所示。

$$I_j(x) = \begin{cases} 1 & y = j \\ 0 & \text{其他} \end{cases} \qquad P(x|y=j) \sim \mathcal{N}(\mu_j, \Sigma_j)$$

参数的最大似然估计

$$\mu_j = \frac{\sum_{n=1}^{N} I_j(x_n) x_n}{\sum_{n=1}^{N} I_j(x_n)} \qquad \Sigma_j = \frac{\sum_{n=1}^{N} I_j(x_n)(x_n - \mu_j)(x_n - \mu_j)^{\mathrm{T}}}{\sum_{n=1}^{N} I_j(x_n)}$$

$$P(y=j) = \pi_j = \frac{1}{N} \sum_{n=1}^{N} I_j(x_n)$$

图 9-17 最大似然估计

经验协方差很可能是奇异的（或接近奇异），这意味着不能用它们来进行计算，因此对这些矩阵进行正则化是很重要的。这样做的标准方法是加上 $c*I$，其中 c 是一个常数，I 是 784 维单位矩阵（换言之，先计算经验协方差，然后将它们的对角元素增加某个常数 c）。

对于任何 $c > 0$，无论 c 多么小，这样修改可以确保产生非奇异的协方差矩阵。现在 c 成为一个（正则化）参数，适当地设置它，可以提高模型的性能。为此，应该选择一个好的 c 值。然而至关重要的是需要单独使用训练集来完成，通过将部分训练集作为验证集，或者使用某种交叉验证。这将作为练习留给读者完成。需要特别注意的是，display_char() 函数将用于可视化前 3 位数字的高斯均值，如下面的代码所示：

```
def display_char(image):
    plt.imshow(np.reshape(image, (28,28)), cmap=plt.cm.gray)
    plt.axis('off'),
    plt.show()
```

```python
def fit_generative_model(x,y):
    k = 10 # labels 0,1,...,k-1
    d = (x.shape)[1] # number of features
    mu = np.zeros((k,d))
    sigma = np.zeros((k,d,d))
    pi = np.zeros(k)
    c = 3500 #10000 #1000 #100 #10 #0.1 #1e9
    for label in range(k):
        indices = (y == label)
        pi[label] = sum(indices) / float(len(y))
        mu[label] = np.mean(x[indices,:], axis=0)
        sigma[label] = np.cov(x[indices,:], rowvar=0, bias=1) + c*np.eye(d)
    return mu, sigma, pi

mu, sigma, pi = fit_generative_model(train_data, train_labels)
display_char(mu[0])
display_char(mu[1])
display_char(mu[2])
```

运行上述代码，输出前 3 位数字的均值的最大似然估计，如图 9-18 所示。

图 9-18　前 3 位数字的均值的最大似然估计

（2）计算后验概率，以对测试数据进行预测和模型评价。为了预测新图像的标签 x，需要找到标签 j，其后验概率 $Pr(y=j|x)$ 最大。可以用贝叶斯规则计算，如图 9-19 所示。

$$\max_j P(y=j|x) \propto \max_j P(x|y=j)P(y=j) = \max_j \mathcal{N}(x;\mu_j,\Sigma_j)\pi_j$$

$$\max_j \log P(y=j|x) \propto \max_j \left(\log \mathcal{N}(x;\mu_j,\Sigma_j) + \log \pi_j\right)$$

图 9-19　贝叶斯计算规则

如下代码展示了如何使用生成模型预测测试数据集的标签,以及如何计算模型在测试数据集上产生错误的数量。可以看出,测试数据集的准确率为 95.6%,略低于 1-*NN* 分类器。

```
# Compute log Pr(label|image) for each [test image,label] pair.
k = 10
score = np.zeros((len(test_labels),k))
for label in range(0,k):
 rv = multivariate_normal(mean=mu[label], cov=sigma[label])
 for i in range(0,len(test_labels)):
    score[i,label] = np.log(pi[label]) + rv.logpdf(test_data[i,:])
test_predictions = np.argmax(score, axis=1)
# Finally, tally up score
errors = np.sum(test_predictions != test_labels)
print("The generative model makes " + str(errors) + " errors out of 10000")
# The generative model makes 438 errors out of 10000
t_accuracy = sum(test_predictions == test_labels) / float(len(test_labels)
t_accuracy
# 0.95620000000000005
```

3. SVM 分类器

本节将使用 MNIST 训练数据集训练(多类)支持向量机(SVM)分类器,然后用它预测来自 MNIST 测试数据集的图像的标签。

支持向量机是一种非常复杂的二值分类器,它使用二次规划来最大化分离超平面之间的边界。利用 1:全部或 1:1 技术,将二值 SVM 分类器扩展到处理多类分类问题。使用 scikit-learn 的实现 SVC(),后者具有多项式核(degree 为 2),利用训练数据集来拟合(训练)软边缘(核化)SVM 分类器,然后用 score() 函数预测测试图像的标签。

如下代码展示了如何使用 MNIST 数据集训练、预测和评估 SVM 分类器。可以看到,使用该分类器在测试数据集上所得到的准确率提高到了 98%。

```
from sklearn.svm import SVC
clf = SVC(C=1, kernel='poly', degree=2)
clf.fit(train_data,train_labels)
print(clf.score(test_data,test_labels))
# 0.9806
test_predictions = clf.predict(test_data)
cm = metrics.confusion_matrix(test_labels,test_predictions)
df_cm = pd.DataFrame(cm, range(10), range(10))
sn.set(font_scale=1.2)
sn.heatmap(df_cm, annot=True,annot_kws={"size": 16}, fmt="g")
```

运行上述代码,输出混淆矩阵,如图 9-20 所示。

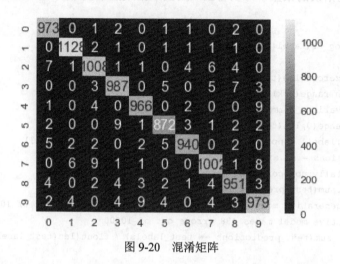

图 9-20 混淆矩阵

接下来,找到 SVM 分类器预测错误标签的测试图像(与基本真值标签不同)。

如下代码展示了如何找到这样一幅图像,并将其与预测的和真值标签一起显示:

```
wrong_indices = test_predictions != test_labels
wrong_digits, wrong_preds, correct_labs = test_
data[wrong_indices],
test_predictions[wrong_indices], test_labels
[wrong_indices]
print(len(wrong_pred))
# 194
pylab.title('predicted: ' + str(wrong_preds[1]) +
', actual: ' +str(correct_labs[1]))
display_char(wrong_digits[1])
```

图 9-21 预测为 7 而实际为 2 的情形

运行上述代码,输出结果如图 9-21 所示。可以看到,测试图像具有真值标签 2,但图像看起来却更像 7,因此 SVM 预测为 7。

9.4 监督机器学习——目标检测

到现在为止,我们已经演示了如何使用分类模型对图像进行分类,例如用二值分类来查找图像中是否包含手写数字 1。接下来，我们将介绍如何使用监督机器学习模型，不仅要检查目标是否存在于图像，还要定位图像中目标的位置（例如，将对象包含在一个矩形框中）。

9.4.1 使用类 Haar 特征的人脸检测和使用 AdaBoost 的级联分类器——Viola-Jones 算法

正如之前在第 7 章中（出现在类 Haar 特征提取的章节中）简要述及的，Viola-Jones 的目标检测技术可以应用于图像的人脸检测。这是一种经典的机器学习方法，级联函数是通过训练一组正、负图像的训练集，从图像中手工提取类 Haar 特征。

Viola-Jones 算法通常使用一个基本大小（如 24 像素×24 像素）块，它可在图像上横向和纵向滑动，计算数量巨大的类 Haar 特性（对于大小为 24 像素×24 像素的像素块，有 160000 个可能特征，尽管通过适当选择 6000 个特征子集，使得它们的准确率达到 95%）。这些都是可以提取的，但是在每个基本块上运行即使仅 6000 个特征也是一项艰巨的任务。因此，一旦确定了特征并进行了组装，就可以构建许多快速抑制器。正是基于这样的想法，在一个完整的图像中，检查的大多数可能位置都不会包含人脸，因此，总的来说，快速拒绝比在其上投入要快得多。如果该位置不包含人脸，在投入更多的计算性检查之前就将其丢弃，这是 Viola-Jones 用于实现其性能的另一个技巧，如图 9-22 所示。

并非在一个窗口应用全部的 6000 个特征，而是利用 AdaBoost 集成分类器将特征划分为弱分类器的不同阶段（对特征级联的性能进行自适应增强），使得这些弱分类器在级联中一个接一个地运行。如果正在运行的（基本）块窗口在任何阶段失败，则该窗口将被拒绝。只有通过所有阶段的块才被认为是有效的检测。

由于使用了积分图像技术，类 Haar 特征的优势是计算速度非常快，从而成为 Viola -Jones 性能的最终特点。在不需要图像金字塔的情况下，基本块本身可以被缩放，最终级联中的特征可以被非常快速地评估，从而搜索不同大小的目标。

综上所述，Viola-Jones 训练流程如图 9-23 所示。

图 9-22 类 Haar 级联分类器

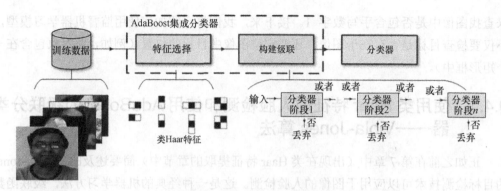

图 9-23 Viola-Jones 训练流程

该算法速度惊人，但是明显受准确率限制。

使用类 Haar 特征描述符进行人脸分类

第一个实时人脸检测器是由 Viola-Jones 利用类 Haar 特征描述符实现的。下面的例子源自 scikit-image 的示例，该示例演示了如何提取、选择和对类 Haar 特征分类来检测人脸和非人脸。显然，这是一个二值分类问题。

scikit-learn 库是用于特征选择和分类的函数库。虽然人脸检测的最初实现使用了 AdaBoost 集成分类器，但在本例中，将使用另一种称为随机森林（Random Forest）的集成分类器，主要用于发现对分类有用及重要的类 Haar 特征。

为了提取图像的类 Harr 特征，首先定义感兴趣的区域（RoI），来提取所有可能的特征。然后，计算该 RoI 的积分图像，以非常快速地计算所有可能的特征。

使用 LFW 图像数据集的子集作为输入，该子集由 100 张人脸图像（正例）和 100 张非人脸图像（负例）组成。每个图像的大小调整为 19 像素×19 像素的 RoI。传统的机器学习验证过程是将图像分成 75%（即每组 75 张）的训练数据集和 25%（即每个类剩下的 25 张）的验证数据集，为了训练分类器，分别检查提取的特征中哪些是最突出的，以及检查分类器的性能。

如下代码演示了如何从图像中提取类 Haar 特征，并从数据集中显示了一些正例的图像（人脸图像）：

```
from time import time
import numpy as np
import matplotlib.pyplot as pylab
from dask import delayed
```

```python
from sklearn.ensemble import RandomForestClassifier
from sklearn.model_selection import train_test_split
from sklearn.metrics import roc_auc_score
from skimage.data import lfw_subset
from skimage.transform import integral_image
from skimage.feature import haar_like_feature
from skimage.feature import haar_like_feature_coord
from skimage.feature import draw_haar_like_feature

@delayed
def extract_feature_image(img, feature_type, feature_coord=None):
    """Extract the haar feature for the current image"""
    ii = integral_image(img)
    return haar_like_feature(ii, 0, 0, ii.shape[0], ii.shape[1],
    feature_type=feature_type,
            feature_coord=feature_coord)

images = lfw_subset()
print(images.shape)
# (200, 25, 25)
fig = pylab.figure(figsize=(5,5))
fig.subplots_adjust(left=0, right=0.9, bottom=0, top=0.9, hspace=0.05,wspace=0.05)
for i in range(25):
    pylab.subplot(5,5,i+1), pylab.imshow(images[i,:,:], cmap='bone'),
pylab.axis('off')
pylab.suptitle('Faces')
pylab.show()
```

运行上述代码，输出结果为前 25 张人脸图像。

如下代码用于展示一些来自数据集中的负例（非人脸图像）图像：

```python
fig = pylab.figure(figsize=(5,5))
fig.subplots_adjust(left=0, right=0.9, bottom=0, top=0.9, hspace=0.05,wspace=0.05)
for i in range(100,125):
    pylab.subplot(5,5,i-99), pylab.imshow(images[i,:,:], cmap='bone'),
pylab.axis('off')
pylab.suptitle('Non-Faces')
pylab.show()
```

运行上述代码，输出前 25 张非人脸图像，如图 9-24 所示。

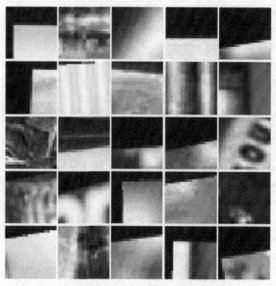

图 9-24 数据集的非人脸图像（负例）

利用随机森林集成分类器寻找人脸分类中最重要的 Haar 类特征

训练随机森林分类器是为了选择最显著的特征进行人脸分类，从而检查树的集成最常用的特征。通过在后续步骤中只使用最显著的特性，可以加快计算速度，同时保持准确率。下面的代码展示了如何对分类器计算特征的重要度，并显示了前 25 个最重要的类 Haar 特征：

```
# For speed, only extract the two first types of features
feature_types = ['type-2-x', 'type-2-y']
# Build a computation graph using dask. This allows using multiple CPUs for
# the computation step
X = delayed(extract_feature_image(img, feature_types) for img in images)
# Compute the result using the "processes" dask backend
t_start = time()
X = np.array(X.compute(scheduler='processes'))
time_full_feature_comp = time() - t_start
y = np.array([1] * 100 + [0] * 100)
X_train, X_test, y_train, y_test = train_test_split(X, y, train_size=150,
random_state=0, stratify=y)
print(time_full_feature_comp)
# 104.87986302375793
```

```
print(X.shape, X_train.shape)
# (200, 101088) (150, 101088)

from sklearn.metrics import roc_curve, auc, roc_auc_score
# Extract all possible features to be able to select the most salient.
feature_coord, feature_type = \
        haar_like_feature_coord(width=images.shape[2],
height=images.shape[1],
                                feature_type=feature_types)
# Train a random forest classifier and check performance
clf = RandomForestClassifier(n_estimators=1000, max_depth=None,
                             max_features=100, n_jobs=-1, random_state=0)
t_start = time()
clf.fit(X_train, y_train)
time_full_train = time() - t_start
print(time_full_train)
# 1.6583366394042969
auc_full_features = roc_auc_score(y_test, clf.predict_proba(X_test)[:, 1])
print(auc_full_features)
# 1.0

# Sort features in order of importance, plot six most significant
idx_sorted = np.argsort(clf.feature_importances_)[::-1]

fig, axes = pylab.subplots(5, 5, figsize=(10,10))
for idx, ax in enumerate(axes.ravel()):
 image = images[1]
 image = draw_haar_like_feature(image, 0, 0, images.shape[2],
images.shape[1],
                                [feature_coord[idx_sorted[idx]]])
 ax.imshow(image), ax.set_xticks([]), ax.set_yticks([])
fig.suptitle('The most important features', size=30)
```

运行上述代码，输出结果为用于人脸检测的前 25 个最重要的类 Haar 特征。

通过只保留少数最重要的特征（约占全部特征的 3%），大多数（约占全部特征的 70%）特征重要度就可以保留下来，仅用这些特征训练 RandomForest（随机森林）分类器就可以保持验证数据集的准确性（即用全部的特征训练分类器得到的），但是特征提取和训练分类器所需的时间要少得多。其代码的编写留给读者作为练习。

9.4.2 使用基于 HOG 特征的 SVM 检测目标

正如在第 7 章所述的，方向梯度直方图（HOG）是一种特征描述符，应用于各种计算机视觉和图像处理应用的目标检测。Navneet Dalal 和 Bill Triggs 最早使用 HOG 描述符与 SVM 分类器一起对行人进行检测。HOG 描述符在检测人、动物、人脸和文本等方面一直都是一项特别完美的技术，例如，可以考虑使用目标检测系统生成描述输入图像中目标特征的 HOG 描述符。

前面已经阐述了如何从一幅图像计算出 HOG 描述符。用若干正、负训练样本图像对 SVM 模型进行训练。正例图像包含欲检测的目标，而负训练集可能是不包含欲检测目标的任何图像。正例原始图像和负例原始图像都被转换成 HOG 块描述符。

1. HOG 训练

SVM 训练器选择最优超平面以从训练集中分离正、负样本，将这些块描述符连接起来，转换为 SVM 训练器的输入格式，并适当标记为正或负。训练器通常输出一组支持向量，即来自最能描述超平面的训练集的样例。超平面是将正例与负例分离的学习决策边界。SVM 模型稍后将使用这些支持向量对测试图像中的 HOG 描述符块进行分类，以检测目标存在与否。

2. 利用 SVM 模型进行分类

这种 HOG 计算传统上是通过在测试图像帧上重复地进入一个 64 像素宽、128 像素高的窗口并计算 HOG 描述符来完成的。由于 HOG 计算不包含尺度的内在意义，且目标可以出现在一幅图像的多个尺度中，因此 HOG 计算在尺度金字塔的每一层上是逐步重复的。尺度金字塔中每一层之间的尺度因子通常在 1.05 和 1.2 之间，图像重复地按尺度缩小，直到尺度的源帧不再能容纳完整的 HOG 窗口。如果 SVM 分类器以任何尺度预测检测目标，则返回相应的边界框。图 9-25 所示的是典型的 HOG 目标（行人）检测流程。这种技术比 Viola-Jones 目标检测更精确，但计算上更复杂。

3. 使用 HOG-SVM 计算边界框

接下来，我们将演示如何利用 python-opencv 库函数通过使用 HOG-SVM 来检测图像中的人。如下代码显示了如何从图像计算 HOG 描述符，并使用描述符输入预训练的 SVM 分类器（使用 cv2 的 `HOGDescriptor_getDefaultPeopleDetector()`），利用 python-opencv 的 `detectMultiScale()` 函数，可以从多个尺度的图像块中预测人是否存在。

9.4 监督机器学习——目标检测

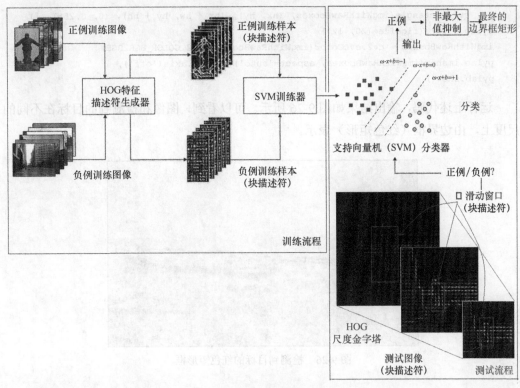

图 9-25 HOG 目标检测流程

```
import numpy as np
import cv2
import matplotlib.pylab as pylab
img = cv2.imread("../images/me16.jpg")
# create HOG descriptor using default people (pedestrian) detector
hog = cv2.HOGDescriptor()
hog.setSVMDetector(cv2.HOGDescriptor_getDefaultPeopleDetector())
# run detection, using a spatial stride of 4 pixels (horizontal and vertical), a
scale stride of 1.02, and zero grouping of rectangles (to demonstrate that HOG will
# detect at potentially multiple places in the scale pyramid)
(foundBoundingBoxes, weights) = hog.detectMultiScale(img, winStride=(4, 4),
padding=(8, 8), scale=1.02, finalThreshold=0)
print(len(foundBoundingBoxes)) # number of boundingboxes
# 357
# copy the original image to draw bounding boxes on it for now, as we'll use it
again later
imgWithRawBboxes = img.copy()
for (hx, hy, hw, hh) in foundBoundingBoxes:
```

```
            cv2.rectangle(imgWithRawBboxes, (hx, hy), (hx + hw, hy + hh), (0, 0,255), 1)
pylab.figure(figsize=(20, 12))
imgWithRawBboxes = cv2.cvtColor(imgWithRawBboxes, cv2.COLOR_BGR2RGB)
pylab.imshow(imgWithRawBboxes, aspect='auto'), pylab.axis('off'),
pylab.show()
```

运行上述代码，输出结果如图 9-26 所示。可以看到，图像和检测到的目标在不同的尺度上，由边界框（红色矩形）表示。

图 9-26　检测到目标的红色矩形框

图 9-27 演示了 HOG 的一些有趣的特性和问题。可以看到，有许多无关的检测（共 357 个），需要使用非极大值抑制将它们融合在一起。此外，还可能看到一些假阳性。

4．非极大值抑制

接下来，需要调用一个非极大值抑制函数，以免在多个时间和范围内检测到相同的目标。如下代码展示了如何使用 cv2 库函数来实现它：

```
from imutils.object_detection import non_max_suppression
# convert our bounding boxes from format (x1, y1, w, h) to (x1, y1, x2, y2)
rects = np.array([[x, y, x + w, y + h] for (x, y, w, h) in foundBoundingBoxes])
# run non-max suppression on these based on an overlay op 65%
nmsBoundingBoxes = non_max_suppression(rects, probs=None,overlapThresh=0.65)
print(len(rects), len(nmsBoundingBoxes))
# 357 1
# draw the final bounding boxes
for (x1, y1, x2, y2) in nmsBoundingBoxes:
 cv2.rectangle(img, (x1, y1), (x2, y2), (0, 255, 0), 2)
pylab.figure(figsize=(20, 12))
img = cv2.cvtColor(img, cv2.COLOR_BGR2RGB)
```

```
pylab.imshow(img, aspect='auto'), pylab.axis('off'), pylab.show()
```

运行上述代码，输出结果如图 9-27 所示。可以看到，抑制之前有 357 个边界框，而抑制之后只有一个边界框。

图 9-27　采用非极大值抑制函数后检测目标的矩形框

小结

在本章中，我们讨论了一些经典的机器学习技术及其在解决图像处理问题时的应用。介绍无监督机器学习算法，如聚类和主成分分析；用 `scikit-learn` 演示 k 均值和谱聚类算法，并展示如何将它们用于矢量量化和分割；介绍 PCA 如何用于降维和高维数据集的可视化，如 `scikit-learn` 手写数字图像数据集；说明 `scikit-learn` 人脸数据集的用法，以及用 PCA 实现特征脸的方法。

在本章中，我们还讨论了几种监督机器学习分类模型，如 KNN、高斯贝叶斯生成模型、SVM 等，以解决手写数字数据集分类等问题。还讨论了两种经典的用于图像中目标检测的机器学习技术，即 Viola-Jones 的用于人脸检测的具有类 Haar 特征的 AdaBoost 级联分类器（并使用随机森林分类器找到最重要的特征）和用于行人检测的 HOG-SVM。

在第 10 章中，我们将介绍深度学习技术在图像处理方面的最新进展。

习题

1. 使用 k 均值聚类对图像进行阈值化（使用的聚类数为 2），并将结果与 Otsu 进行比较。
2. 使用 `scikit-learn` 中的 `cluster.MeanShift()` 和 `mixture.GaussianMixture()`

函数分别基于均值移位和 GMM-EM 聚类方法分割图像，这是另外两种流行的聚类算法。

3. 使用等距映射（来自 `sklearn.manifold`）进行非线性降维并可视化二维投影。它比 PCA 的线性降维更好吗？使用 TSNE（同样来自 `sklearn.manifold`）重复练习。

4. 编写一个 Python 程序，以显示几个主要特征脸的加权线性组合确实近似于人脸。

5. 表明特征脸也可用于简单的人脸检测（和识别），并编写 Python 代码来实现这一点。

6. 使用 PCA 计算来自 MNIST 数据集的基于特征数字的向量（这类似于特征脸），可以用基于特征数字的向量的小型子空间中的小错误重建手写数字图像。

7. 尝试使用不同 k 值（3、5 和 9）的 KNN 模型进行 MNIST 分类，并观察其对测试数据集的分类准确率的影响。随着 k 值的增加，模型是否对训练数据集过度拟合或拟合不足？

8. 在拟合生成模型以对手写数字进行分类的同时，如果不对协方差矩阵进行规范化会发生什么？最终使用的 c 值为（使用交叉验证）？模型在训练集上犯了多少错误？如果 c 的值太大（如 10 亿）或太小（如在 3 和 10 之间），会发生什么？为什么？我们已经讨论了对所有 10 个类使用相同的正则化常数 c，如果针对每个类使用不同的 c 值呢？怎样选择这些值？能以这种方式获得更好的表现吗？

9. 对于人脸分类问题，编写代码来说明通过仅保留所有特征的约 3%（仅最重要的特征），可以保留约 70% 的总特征重要度。仅使用这些功能训练随机森林分类器并预测验证数据集上的类标签。说明验证数据集的准确率保持不变，同时特征提取和训练分类器所需的时间要小得多。

第 10 章 图像处理中的深度学习——图像分类

在本章中,我们将介绍深度学习在图像处理中的最新进展。首先,区分经典学习和深度学习技术;然后阐述**卷积神经网络**(Convolutional Neural Network,CNN)的概念,这是一种对图像处理特别有用的深度神经网络架构;接下来介绍几个图像数据集的图像分类问题,以及如何使用两个非常流行的深度学习库 TensorFlow 和 Keras 来解决这两个问题;最后介绍如何训练深度卷积神经网络架构并将其用于预测。

本章主要包括以下内容:

- 图像处理中的深度学习;
- 卷积神经网络;
- 使用 TensorFlow 或 Keras 进行图像分类;
- 应用于图像分类的主流的深度卷积神经网络。

10.1 图像处理中的深度学习

机器学习(Machine Learning,ML)的主要目标是**泛化**,也就是说,在训练数据集上训练算法,并且使得这个算法在不可见的数据集上具有高性能(准确性)。要完成复杂的图像处理任务(如图像分类),拥有的训练数据越多,就能更好处理好过拟合(例如正则化),人们就可以期待所学习的机器学习模型具有更好的泛化能力。但是在传统的机器学习技术中,大量的训练数据使得计算成本非常昂贵,而且学习(泛化的改进)常常在某个点停止。此外,传统的机器学习算法通常需要大量的专业领域知识和人工干预,而且它们只能满足它们的设计要求,仅此而已。这是深度学习模型非常有前景的地方。

10.1.1 什么是深度学习

深度学习有如下一些众所周知且被广泛接受的定义。

（1）深度学习是机器学习的子集。

（2）深度学习使用级联的多层（非线性）处理单元，称为**人工神经网络**（Artifical Neural Network，ANN），以及受大脑结构和功能（神经元）启发的算法。每个连续层使用前一层的输出作为输入。

（3）深度学习使用 ANN 进行特征提取和转换，以处理数据、查找模式和开发抽象。

（4）深度学习可以是监督的（如分类），也可以是无监督的（如模式分析）。

（5）深度学习使用梯度下降算法来学习与不同抽象级别相对应的多个级别的表示，由此构成概念的层次结构。

（6）深度学习通过学习将世界表示为概念的嵌套层次来实现强大的功能和灵活性，每个概念都是根据更简单的概念定义的，更抽象的表示是根据较不抽象的概念计算来的。

例如，对于图像分类问题，深度学习模型使用其隐藏层架构以增量方式学习图像类。

首先，它自动提取低层级的特征，例如识别明亮区域或黑暗区域；其次，提取高层级的特征（如边缘）；最后，它会提取最高层级的特征（如形状），以便对它们进行分类。

每个节点或神经元代表整个图像的某一细微方面。如果把它们放在一起，就描绘了整个图像，而且它们能够把图像完全表现出来。此外，网络中的每个节点和每个神经元都被赋予权重。这些权重表示神经元的实际权重，它与输出的关联强度相关。这些权重可以在模型开发过程中进行调整。

10.1.2 经典学习与深度学习

（1）手工特征提取与自动特征提取。为了用传统 ML 技术解决图像处理问题，最重要的预处理步骤是手工特征（如 HOG 和 SIFT）提取，以降低图像的复杂性并使模式对学习算法更加可见，从而使其更好地工作。深度学习算法最大的优点是它们尝试以增量方式训练图像，从而学习低阶和高阶特征。这消除了在提取或工程中对手工制作的特征的需要。

（2）部分与端到端解决方案。传统的 ML 技术通过分解问题，先解决不同的部分，然后将结果聚合在一起提供输出来解决问题，而深度学习技术则使用端到端方法来解决问题。例如，在目标检测问题中，诸如 SVM 的经典 ML 算法需要一个边界框目标检测算法，该算法识别所有可能的目标，将 HOG 作为 ML 算法的输入，以便识别正确的目标。但深度学习方法（如 YOLO 网络）把图像作为输入，并提供目标的位置和名称作为输出。

（3）训练时间和高级硬件。与传统的 ML 算法不同，深度学习算法由于有大量的参数且数据集相对庞大，需要很长时间来训练，因此应该始终在 GPU 等高端硬件上训练深度学习模型，并记住训练一个合理的时间，因为时间是有效训练模型的一个非常重要的因素。

（4）适应性和可迁移性。经典的 ML 技术有很大的局限性，而深度学习技术则应用广泛，且适用于不同的领域。其中很大一部分用于迁移学习，这使得人们能够将预训练的深层网络用于同一领域内的不同应用。例如，在图像处理中，通常使用预训练的图像分类网络作为特征提取的前端来检测目标和分割网络。

让我们来看看 ML 和深度学习模型在图像分类（如猫和狗的图像）方面的区别。传统的 ML 有特征提取和分类器，可以用来解决任何问题，如图 10-1 所示。

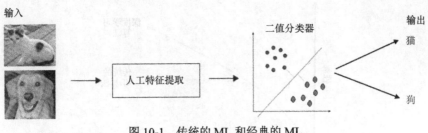

图 10-1 传统的 ML 和经典的 ML

通过深度学习网络（图 10-2），我们可以看到前面讨论过的隐藏层以及实际决策过程。

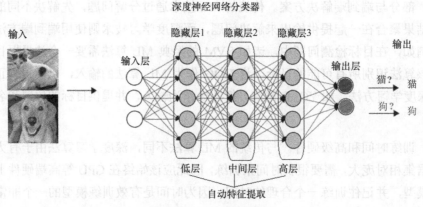

图 10-2 深度学习网络

10.1.3 为何需要深度学习

如前所述,如果有更多的数据,那么首选使用性能更好的深度网络来处理。很多时候,使用的数据越多,结果就越准确。经典的 ML 方法需要一组复杂的 ML 算法,而更多的数据只会影响其准确率,所以需要使用复杂的方法来弥补较低准确性的缺陷。此外,学习也受到影响——当添加更多的训练数据来训练模型时,学习几乎在某个时间点停止。图 10-3 所示的图形描述了深度学习算法与传统的 ML 算法的性能差异。

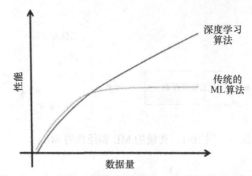

图 10-3 深度学习算法与传统的 ML 算法的性能比较

10.2 卷积神经网络

卷积神经网络是一种深度神经网络,其主要使用的输入是图像。卷积神经网络学习传统算法中的手工设计的滤波器(特征)。这种独立于先验知识和人类努力的特征设计是一个主要优势。它们还减少了使用共享权重架构学习的参数数量,并具有平移不变性特征。下面我们将讨论卷积神经网络的一般架构及其工作原理。

卷积、池化或全连接层——CNN 架构以及它是如何工作的

卷积神经网络的典型架构如图 10-4 所示。它由一个或多个卷积层组成,接着是非线性 ReLU 激活层和池化层,然后是一个(或多个)**全连接**(Fully Connected,FC)层,最后是多分类器层,例如,设计用于解决图像分类问题的卷积神经网络。

网络中可以有多个层的卷积 ReLU 池序列,使得神经网络更加深入,这对于解决复杂的图像处理任务非常有用。

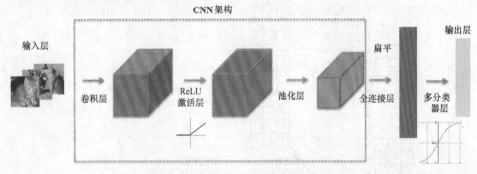

图 10-4 卷积神经网络的典型架构

由图中可知,卷积神经网络由输入层、卷积层、ReLU 激活层、池化层、全连接层、多分类器层和输出层组成,在接下来的几节中,我们将阐述各个层及其工作方式。

1. 卷积层

卷积神经网络的主要组成部分是卷积层。卷积层由一系列卷积滤波器(核)构成。利用卷积滤波器对输入图像进行卷积,生成特征图。左侧是卷积层的输入(如输入图像),右侧是卷积滤波器(也称为**核**)。通常,卷积运算是通过在输入端滑动该滤波器完成的。在每个位置,输入特征做矩阵元素乘法求和进入特征图。卷积层由其宽度、高度(滤波器的大小表示为宽度×高度)和深度(滤波器的数量)表示。**步幅**(stride)指定卷积滤波器每一步的移动量(默认值为 1)。**填充**(padding)是指围绕输入的 0 层(通常用来保持输入和输出图像的大小相同,也称为**相同填充**)。图 10-5 展示了如何在 RGB 图像上应用 3×3×3 卷积滤波器,第一幅图使用有效填充,第二幅图使用两个这样的滤波器进行计算,其中填充 = 步长 = 1。

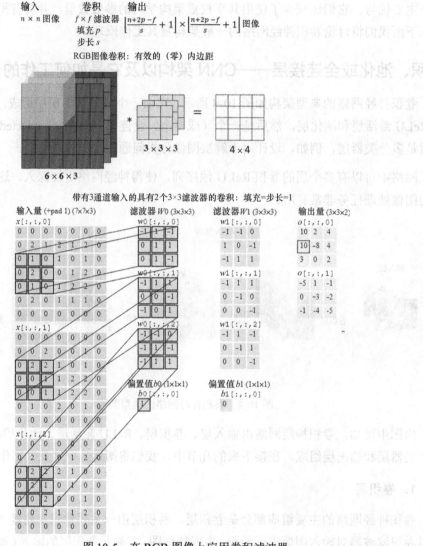

图 10-5 在 RGB 图像上应用卷积滤波器

2. 池化层

进行卷积运算后,通常特征图需要通过池化来降低维数并减少需要学习的参数数量,以缩短训练时间,减少训练所需的数据,克服过拟合。池化层独立地对每张特征图进行下采样,减小高度和宽度,但深度保持不变。最常见的池类型是**极大池化**,它只接受池窗口中的极大值。与卷积运算相反,池化运算没有参数,它在其输入上滑动一个窗口,并简单地获取其中的最大值。与卷积类似,我们可以为池化指定窗口大小和步长。

3. 非线性——ReLU 层

任何一种神经网络要强大，都必须包含非线性激活层。因此，卷积运算的结果通过非线性激活函数传递。通常使用线性整流函数（ReLU）激活来实现非线性（以及克服使用 sigmoid 激活函数时的梯度消失问题）。因此，最终特征图中的值实际上不是总和，而是应用于它们的 relu 函数值。

4. 全连接层

在卷积和池化层之后，通常会添加几个全连接层来结束 CNN 架构。卷积层和池化层的输出都是三维结构体，但是全连接层期望的是一维的数字向量。因此，最后池化层的输出需要扁平化为一个向量，这就变成了全连接层的输入。扁平化就是简单地将数字的三维结构体排列成一维向量。

5. 随机失活

随机失活（Dropout）是目前最流行的针对深度神经网络的正则化技术。Dropout 用于防止过拟合，通常用于在不可见的数据集上提高深度学习任务的性能（准确性）。在训练过程中，每次迭代时，都会有神经元暂时失活或以一定的概率 p 被禁用，也即意味着在当前的迭代过程中，该神经元的所有输入和输出都将被禁用。这个超参数 p 称为**失活率**，它通常是一个约为 0.5 的数字，对应 50%的神经元失活。

10.3 使用 TensorFlow 或 Keras 进行图像分类

在本节中，我们将重新讨论手写数字分类的问题（使用 MNIST 数据集），但这次使用的是深度神经网络，即使用两个非常流行的深度学习库 TensorFlow 和 Keras 来解决这个问题。**TensorFlow**（TF）是著名的用于建立深度学习模型的库，它有一个非常庞大且令人惊艳的社区。然而，TensorFlow 并不是那么易学易用的。**Keras** 则是一个基于 TensorFlow 的高级应用程序接口（API），对底层结构的控制较少，但它比 TF 更友好且更易于使用。由此底层库提供了更多的灵活性，因此相比 Keras，TF 可以做更多调整，更灵活。

10.3.1 使用 TensorFlow 进行图像分类

从一个非常简单的深度神经网络开始，它只包含一个全连接隐藏层（ReLU 激活）和一个 softmax（归一化指数函数）全连接层，没有卷积层。图 10-6 所示的是颠倒的网络。输入是一个扁平图像,其中包含 28×28 个输入节点,隐藏层有 1024 个节点,另外还有 10 个输出节点,对应于要分类的每个数字。

图 10-6 简单的深度神经网络图——颠倒的网络

现在用 TF 实现深度学习图像分类。首先,加载 mnist 数据集并将训练图像分为两部分,第一部分较大(使用 50000 张图像),用于训练,第二部分(使用 10000 张图像)用于验证;接着重新格式化标签,用一个热编码的二值向量表示图像类;然后初始化 tensorflow 图、变量、常量和占位符张量,小批量随机梯度下降(Stochastic Gradient Descent,SGD)优化器将被用作批量大小为 256 的学习算法,L2 正则化器将被用来在两个权重层上(具有超参数值 λ_1 和 λ_2,且 $\lambda_1=\lambda_2=1$)最小化 softmax 互熵回归损失函数;最后,TensorFlow 会话对象将以 6000 步(小批量)运行,并且运行前向/后向传播以更新学习的模型(权重),随后在验证数据集上评估模型。可以看出,最终批处理完成后获得的准确率为 96.5%。TF 实现深度学习图像分类的代码如下所示:

```
%matplotlib inline
import numpy as np
# import data
from keras.datasets import mnist
import tensorflow as tf

# load data
(X_train, y_train), (X_test, y_test) = mnist.load_data()
np.random.seed(0)
train_indices = np.random.choice(60000, 50000, replace=False)
valid_indices = [i for i in range(60000) if i not in train_indices]
X_valid, y_valid = X_train[valid_indices,:,:], y_train[valid_indices]
X_train, y_train = X_train[train_indices,:,:], y_train[train_indices]
print(X_train.shape, X_valid.shape, X_test.shape)
# (50000, 28, 28) (10000, 28, 28) (10000, 28, 28)
image_size = 28
num_labels = 10

def reformat(dataset, labels):
    dataset = dataset.reshape((-1, image_size *image_size)).astype(np.float32)
    # one hot encoding: Map 1 to [0.0, 1.0, 0.0 ...], 2 to [0.0, 0.0, 1.0 ...]
```

10.3 使用 TensorFlow 或 Keras 进行图像分类

```python
    labels = (np.arange(num_labels) == labels[:,None]).astype(np.float32)
    return dataset, labels

X_train, y_train = reformat(X_train, y_train)
X_valid, y_valid = reformat(X_valid, y_valid)
X_test, y_test = reformat(X_test, y_test)
print('Training set', X_train.shape, X_train.shape)
print('Validation set', X_valid.shape, X_valid.shape)
print('Test set', X_test.shape, X_test.shape)
# Training set (50000, 784) (50000, 784) # Validation set (10000, 784)
(10000, 784) # Test set (10000, 784) (10000, 784)

def accuracy(predictions, labels):
    return (100.0 * np.sum(np.argmax(predictions, 1) == np.argmax(labels, 1))/
predictions.shape[0])

batch_size = 256
num_hidden_units = 1024
lambda1 = 0.1
lambda2 = 0.1

graph = tf.Graph()
with graph.as_default():

# Input data. For the training data, we use a placeholder that will be fed
# at run time with a training minibatch.
    tf_train_dataset = tf.placeholder(tf.float32,shape=(batch_size, image_size *
image_size))
    tf_train_labels = tf.placeholder(tf.float32, shape=(batch_size,num_labels))
    tf_valid_dataset = tf.constant(X_valid)
    tf_test_dataset = tf.constant(X_test)

# Variables.
    weights1 = tf.Variable(tf.truncated_normal([image_size * image_size,num_hidden_units]))
    biases1 = tf.Variable(tf.zeros([num_hidden_units]))

# connect inputs to every hidden unit. Add bias
    layer_1_outputs = tf.nn.relu(tf.matmul(tf_train_dataset, weights1) +biases1)

    weights2 = tf.Variable(tf.truncated_normal([num_hidden_units,num_labels]))
    biases2 = tf.Variable(tf.zeros([num_labels]))

# Training computation.
    logits = tf.matmul(layer_1_outputs, weights2) + biases2
    loss =tf.reduce_mean(tf.nn.softmax_cross_entropy_with_logits(labels=tf_train_labels,
logits=logits) + \
```

```python
          lambda1*tf.nn.l2_loss(weights1) + lambda2*tf.nn.l2_loss(weights2))

# Optimizer.
optimizer = tf.train.GradientDescentOptimizer(0.008).minimize(loss)

# Predictions for the training, validation, and test data.
train_prediction = tf.nn.softmax(logits)
layer_1_outputs = tf.nn.relu(tf.matmul(tf_valid_dataset, weights1) +biases1)
valid_prediction = tf.nn.softmax(tf.matmul(layer_1_outputs, weights2) +biases2)
layer_1_outputs = tf.nn.relu(tf.matmul(tf_test_dataset, weights1) +biases1)
test_prediction = tf.nn.softmax(tf.matmul(layer_1_outputs, weights2) +biases2)

num_steps = 6001

ll = []
atr = []
av = []

import matplotlib.pylab as pylab

with tf.Session(graph=graph) as session:
    #tf.global_variables_initializer().run()
    session.run(tf.initialize_all_variables())
    print("Initialized")
    for step in range(num_steps):
        # Pick an offset within the training data, which has been randomized.
        # Note: we could use better randomization across epochs.
        offset = (step * batch_size) % (y_train.shape[0] - batch_size)
        # Generate a minibatch.
        batch_data = X_train[offset:(offset + batch_size), :]
        batch_labels = y_train[offset:(offset + batch_size), :]
        # Prepare a dictionary telling the session where to feed the minibatch.
        # The key of the dictionary is the placeholder node of the graph to be fed,
        # and the value is the numpy array to feed to it.
        feed_dict = {tf_train_dataset : batch_data, tf_train_labels :batch_labels}
        _, l, predictions = session.run([optimizer, loss, train_prediction],
            feed_dict=feed_dict)
        if (step % 500 == 0):
            ll.append(l)
            a = accuracy(predictions, batch_labels)
            atr.append(a)
            print("Minibatch loss at step %d: %f" % (step, l))
            print("Minibatch accuracy: %.1f%%" % a)
            a = accuracy(valid_prediction.eval(), y_valid)
```

```
        av.append(a)
        print("Validation accuracy: %.1f%%" % a)
        print("Test accuracy: %.1f%%" % accuracy(test_prediction.eval(), y_test))

# Initialized
# Minibatch loss at step 0: 92091.781250
# Minibatch accuracy: 9.0%
# Validation accuracy: 21.6%
#
# Minibatch loss at step 500: 35599.835938
# Minibatch accuracy: 50.4%
# Validation accuracy: 47.4%
#
# Minibatch loss at step 1000: 15989.455078
# Minibatch accuracy: 46.5%
# Validation accuracy: 47.5%
#
# Minibatch loss at step 1500: 7182.631836
# Minibatch accuracy: 59.0%
# Validation accuracy: 54.7%
#
# Minibatch loss at step 2000: 3226.800781
# Minibatch accuracy: 68.4%
# Validation accuracy: 66.0%
#
# Minibatch loss at step 2500: 1449.654785
# Minibatch accuracy: 79.3%
# Validation accuracy: 77.7%
#
# Minibatch loss at step 3000: 651.267456
# Minibatch accuracy: 89.8%
# Validation accuracy: 87.7%
#
# Minibatch loss at step 3500: 292.560272
# Minibatch accuracy: 94.5%
# Validation accuracy: 91.3%
#
# Minibatch loss at step 4000: 131.462219
# Minibatch accuracy: 95.3%
# Validation accuracy: 93.7%
#
```

```
# Minibatch loss at step 4500: 59.149700
# Minibatch accuracy: 95.3%
# Validation accuracy: 94.3%
#
# Minibatch loss at step 5000: 26.656094
# Minibatch accuracy: 94.9%
# Validation accuracy: 95.5%
#
# Minibatch loss at step 5500: 12.033947
# Minibatch accuracy: 97.3%
# Validation accuracy: 97.0%
#
# Minibatch loss at step 6000: 5.521026
# Minibatch accuracy: 97.3%
# Validation accuracy: 96.6%
#
# Test accuracy: 96.5%
```

紧接着，可视化图层 1 的每一步权重，如下面的代码所示：

```
images = weights1.eval()
pylab.figure(figsize=(18,18))
indices = np.random.choice(num_hidden_units, 225)
for j in range(225):
    pylab.subplot(15,15,j+1)
    pylab.imshow(np.reshape(images[:,indices[j]], (image_size,image_size)),cmap='gray')
    pylab.xticks([],[]), pylab.yticks([],[])
    pylab.subtitle('SGD after Step ' + str(step) + ' with lambda1=lambda2='+ str(lambda1))
pylab.show()
```

运行上述代码，输出结果如图 10-7 所示。上面的图可视化了权重——通过对网络全连接层 1 中 225 个（随机选择的）隐藏节点进行 4000 步学习所得到的权重。可知权重已经从模型所训练的输入图像中获得了一些特征。

不同步骤的 training accuracy 和 validation accuracy 如下面的代码所示：

```
pylab.figure(figsize=(8,12))
pylab.subplot(211)
pylab.plot(range(0,3001,500), atr, '.-', label='training accuracy')
pylab.plot(range(0,3001,500), av, '.-', label='validation accuracy')
pylab.xlabel('GD steps'), pylab.ylabel('Accuracy'), pylab.legend(loc='lower right')
pylab.subplot(212)
```

```
pylab.plot(range(0,3001,500), ll, '.-')
pylab.xlabel('GD steps'), pylab.ylabel('Softmax Loss')
pylab.show()
```

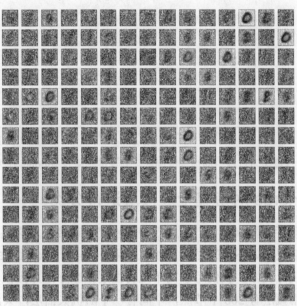

图 10-7　使用全连接网络 TF 实现深度学习图像分类

运行上述代码，输出结果如图 10-8 所示。注意：一般来说，如果准确率不断提高，但最终训练准确率和验证准确率几乎保持不变，就意味着不再发生学习。

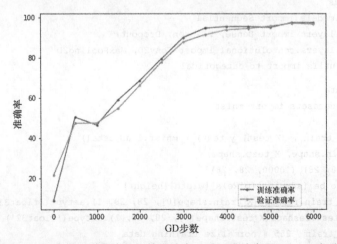

图 10-8　深度学习过程中的训练准确率、验证准确率及 softmax 损失

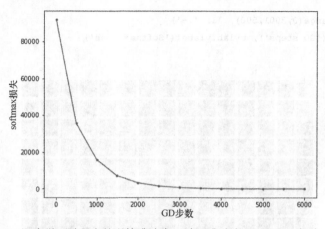

图 10-8 深度学习过程中的训练准确率、验证准确率及 softmax 损失（续）

10.3.2 使用 Keras 对密集全连接层进行分类

使用 Keras 实现手写数字分类，同样仅使用密集全连接层。这次我们将使用一个隐藏层和一个随机失活层。如下代码显示了如何使用 keras.models Sequential() 函数通过几行代码实现分类器。我们可以简单地将图层按顺序添加到模型中。我们引入了几个隐藏层，每个隐藏层有 200 个节点，中间有一个随机失活层，失活率为 15%。这一次，我们会用到 **Adam** 优化器（它使用**动量**来加速 SGD）。用 10 个 epochs（一次通过整个输入数据集）拟合训练数据集上的模型。可以看到，通过简单的结构变化，MNIST 测试图像的准确率为 98.04%。

```
import keras
from keras.models import Sequential
from keras.layers import Dense, Flatten, Dropout
from keras.layers.convolutional import Conv2D, MaxPooling2D
from keras.utils import to_categorical

# import data
from keras.datasets import mnist
# load data
(X_train, y_train), (X_test, y_test) = mnist.load_data()
print(X_train.shape, X_test.shape)
# (60000, 28, 28) (10000, 28, 28)
# reshape to be [samples][pixels][width][height]
X_train = X_train.reshape(X_train.shape[0], 28, 28, 1).astype('float32')
X_test = X_test.reshape(X_test.shape[0], 28, 28, 1).astype('float32')
X_train = X_train / 255 # normalize training data
X_test = X_test / 255 # normalize test data
```

```python
y_train = to_categorical(y_train) # to one-hot-encoding of the labels
y_test = to_categorical(y_test)
num_classes = y_test.shape[1] # number of categories

def FC_model():
    # create model
    model = Sequential()
    model.add(Flatten(input_shape=(28, 28, 1)))
    model.add(Dense(200, activation='relu'))
    model.add(Dropout(0.15))
    model.add(Dense(200, activation='relu'))
    model.add(Dense(num_classes, activation='softmax'))
    # compile model
    model.compile(optimizer='adam', loss='categorical_crossentropy',metrics=['accuracy'])
    return model

# build the model
model = FC_model()
model.summary()
# fit the model
model.fit(X_train, y_train, validation_data=(X_test, y_test), epochs=10,
batch_size=200, verbose=2)
# evaluate the model
scores = model.evaluate(X_test, y_test, verbose=0)
print("Accuracy: {} \n Error: {}".format(scores[1], 100-scores[1]*100))
# _____
# Layer (type)                 Output Shape              Param #
# =================================================================
# flatten_1 (Flatten)          (None, 784)               0
# _____
# dense_1 (Dense)              (None, 200)               157000
# _____
# dropout_1 (Dropout)          (None, 200)               0
# _____
# dense_2 (Dense)              (None, 200)               40200
# _____
# dense_3 (Dense)              (None, 10)                2010
# =================================================================
# Total params: 199,210
# Trainable params: 199,210
# Non-trainable params: 0
# _____
# Train on 60000 samples, validate on 10000 samples
# Epoch 1/10
# - 3s - loss: 0.3487 - acc: 0.9010 - val_loss: 0.1474 - val_acc: 0.9562
# Epoch 2/10
```

```
# - 2s - loss: 0.1426 - acc: 0.9580 - val_loss: 0.0986 - val_acc: 0.9700
# Epoch 3/10
# - 2s - loss: 0.0976 - acc: 0.9697 - val_loss: 0.0892 - val_acc: 0.9721
# Epoch 4/10
# - 2s - loss: 0.0768 - acc: 0.9762 - val_loss: 0.0829 - val_acc: 0.9744
# Epoch 5/10
# - 2s - loss: 0.0624 - acc: 0.9806 - val_loss: 0.0706 - val_acc: 0.9774
# Epoch 6/10
# - 2s - loss: 0.0516 - acc: 0.9838 - val_loss: 0.0655 - val_acc: 0.9806
# Epoch 7/10
# - 2s - loss: 0.0438 - acc: 0.9861 - val_loss: 0.0692 - val_acc: 0.9788
# Epoch 8/10
# - 2s - loss: 0.0387 - acc: 0.9874 - val_loss: 0.0623 - val_acc: 0.9823
# Epoch 9/10
# - 2s - loss: 0.0341 - acc: 0.9888 - val_loss: 0.0695 - val_acc: 0.9781
# Epoch 10/10
# - 2s - loss: 0.0299 - acc: 0.9899 - val_loss: 0.0638 - val_acc: 0.9804
# Accuracy: 0.9804
# Error: 1.9599999999999937
```

1. 可视化网络

可以通过代码可视化用 Keras 设计的神经网络架构。如下代码将允许将模型（网络）架构保存在一幅图像中：

```
# pip install pydot_ng ## install pydot_ng if not already installed
import pydot_ng as pydot
from keras.utils import plot_model
plot_model(model, to_file='../images/model.png')
```

运行上述代码，输出图 10-9 所示的神经网络架构。

2. 可视化中间层的权重

现在，利用代码可视化在中间层学到的权重。如下代码可视化了第一个密集层的前 200 个隐藏单元的权重：

```
from keras.models import Model
import matplotlib.pylab as pylab
import numpy as np
W = model.get_layer('dense_1').get_weights()
print(W[0].shape)
print(W[1].shape)
fig = pylab.figure(figsize=(20,20))
```

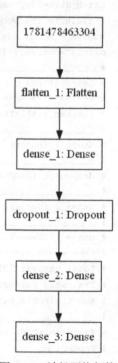

图 10-9　神经网络架构

```
fig.subplots_adjust(left=0, right=1, bottom=0, top=0.95, hspace=0.05,wspace=0.05)
pylab.gray()
for i in range(200):
    pylab.subplot(15, 14, i+1), pylab.imshow(np.reshape(W[0][:, i],(28,28))),
pylab.axis('off')
pylab.suptitle('Dense_1 Weights (200 hidden units)', size=20)
pylab.show()
```

运行上述代码，输出结果如图 10-10 所示。

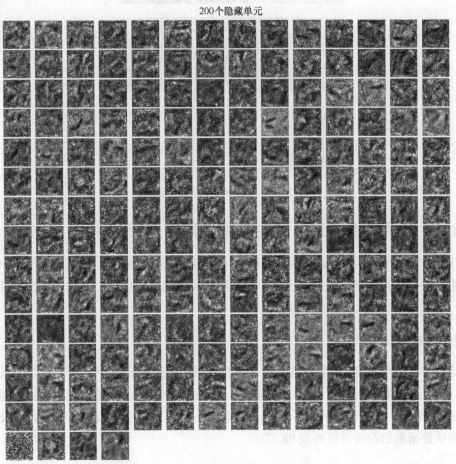

图 10-10　第一个密集层的前 200 个隐藏单元的权重

图 10-11 所示的是神经网络在输出层看到的东西。代码的编写留给读者作为练习。

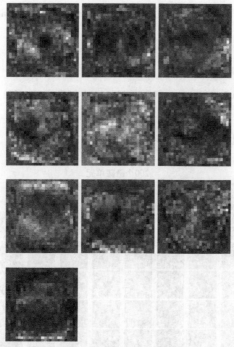

图 10-11　神经网络输出层所见

10.3.3　使用基于 Keras 的卷积神经网络进行分类

现在，读者可以用 Keras 实现一个卷积神经网络。这需要引入卷积、池化和扁平层。接下来，我们将再次展示如何实现并使用卷积神经网络对 MNIST 分类。正如读者将看到的，测试数据集的准确率提高了。

1. 对 MNIST 分类

这次介绍一个带有 64 个滤波器的 5×5 卷积层，紧接着介绍步幅为 2 的 2×2 最大池化层，接下来是其所需要的扁平层，然后是一个包含 100 个节点的隐藏密集层，随后是 softmax 密集层。其实现代码如下所示。运行代码，可以看到，经过 10 次迭代的模型训练，测试数据集的准确率提高到 98.77%。

```
import keras
from keras.models import Sequential
from keras.layers import Dense
from keras.utils import to_categorical
from keras.layers.convolutional import Conv2D # to add convolutional layers
from keras.layers.convolutional import MaxPooling2D # to add pooling layers
```

```python
from keras.layers import Flatten # to flatten data for fully connected layers

# import data
from keras.datasets import mnist
# load data
(X_train, y_train), (X_test, y_test) = mnist.load_data()
print(X_train.shape, X_test.shape)
# (60000, 28, 28) (10000, 28, 28)
# reshape to be [samples][pixels][width][height]
X_train = X_train.reshape(X_train.shape[0], 28, 28, 1).astype('float32')
X_test = X_test.reshape(X_test.shape[0], 28, 28, 1).astype('float32')
X_train = X_train / 255 # normalize training data
X_test = X_test / 255 # normalize test data
y_train = to_categorical(y_train)
y_test = to_categorical(y_test)
num_classes = y_test.shape[1] # number of categories

def convolutional_model():

    # create model
    model = Sequential()
    model.add(Conv2D(64, (5, 5), strides=(1, 1), activation='relu',
input_shape=(28, 28, 1)))
    model.add(MaxPooling2D(pool_size=(2, 2), strides=(2, 2)))
    model.add(Flatten())
    model.add(Dense(100, activation='relu'))
    model.add(Dense(num_classes, activation='softmax'))
    # compile model
    model.compile(optimizer='adam', loss='categorical_crossentropy',
metrics=['accuracy'])
    return model
# build the model
model = convolutional_model()
model.summary()
# _____
# Layer (type)                 Output Shape              Param #
# ================================================================
# conv2d_1 (Conv2D)            (None, 24, 24, 64)        1664
# _____
# max_pooling2d_1 (MaxPooling2D) (None, 12, 12, 64)      0
# _____
# flatten_1 (Flatten)          (None, 9216)              0
# _____
# dense_1 (Dense)              (None, 100)               921700
# _____
# dense_2 (Dense)              (None, 10)                1010
# ================================================================
```

```
# Total params: 924,374
# Trainable params: 924,374
# Non-trainable params: 0
#_____
# fit the model
model.fit(X_train, y_train, validation_data=(X_test, y_test), epochs=10,
batch_size=200, verbose=2)
# evaluate the model
scores = model.evaluate(X_test, y_test, verbose=0)
print("Accuracy: {} \n Error: {}".format(scores[1], 100-scores[1]*100))
#Train on 60000 samples, validate on 10000 samples
#Epoch 1/10
# - 47s - loss: 0.2161 - acc: 0.9387 - val_loss: 0.0733 - val_acc: 0.9779
#Epoch 2/10
# - 46s - loss: 0.0611 - acc: 0.9816 - val_loss: 0.0423 - val_acc: 0.9865
#Epoch 3/10
# - 46s - loss: 0.0417 - acc: 0.9876 - val_loss: 0.0408 - val_acc: 0.9871
#Epoch 4/10
# - 41s - loss: 0.0315 - acc: 0.9904 - val_loss: 0.0497 - val_acc: 0.9824
#Epoch 5/10
# - 40s - loss: 0.0258 - acc: 0.9924 - val_loss: 0.0445 - val_acc: 0.9851
#Epoch 6/10
# - 39s - loss: 0.0188 - acc: 0.9943 - val_loss: 0.0368 - val_acc: 0.9890
#Epoch 7/10
# - 39s - loss: 0.0152 - acc: 0.9954 - val_loss: 0.0391 - val_acc: 0.9874
#Epoch 8/10
# - 42s - loss: 0.0114 - acc: 0.9965 - val_loss: 0.0408 - val_acc: 0.9884
#Epoch 9/10
# - 41s - loss: 0.0086 - acc: 0.9976 - val_loss: 0.0380 - val_acc: 0.9893
#Epoch 10/10
# - 47s - loss: 0.0070 - acc: 0.9980 - val_loss: 0.0434 - val_acc: 0.9877
# Accuracy: 0.9877
# Error: 1.230000000000004
```

图 10-12 所示的是对于基本真值标签为 0 的测试实例，输出类为 0 的预测概率分布。其实现代码留给读者作为练习。

2. 可视化中间层

现在使用卷积层来学习这几个图像的图像特征（64 个特征与 64 个滤波器），并使之可视化，其实现如下面的代码所示：

```
from keras.models import Model
import matplotlib.pylab as pylab
```

```
import numpy as np
intermediate_layer_model = Model(inputs=model.input,
outputs=model.get_layer('conv2d_1').output)
intermediate_output = intermediate_layer_model.predict(X_train)
print(model.input.shape, intermediate_output.shape)
fig = pylab.figure(figsize=(15,15))
fig.subplots_adjust(left=0, right=1, bottom=0, top=1, hspace=0.05,wspace=0.05)
pylab.gray()
i = 1
for c in range(64):
    pylab.subplot(8, 8, c+1), pylab.imshow(intermediate_output[i,:,:,c]),
pylab.axis('off')
pylab.show()
```

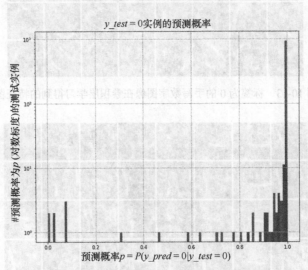

图 10-12　基本真值标签为 0 的测试实例的预测概率

图 10-13 所示的是训练数据集中标签为 0 的手写数字图像在卷积层学习得到的特征图。

将训练数据集中的图像索引值改为 2，再运行之前的代码，得到如下输出结果：

$$i=2$$

图 10-14 所示的是 MNIST 训练数据集中标签为 4 的手写数字图像在卷积层学习得到的特征图。

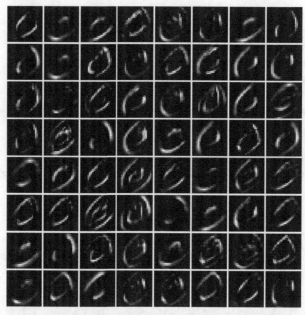

图 10-13　标签为 0 的手写数字图像在卷积层学习得到的特征图

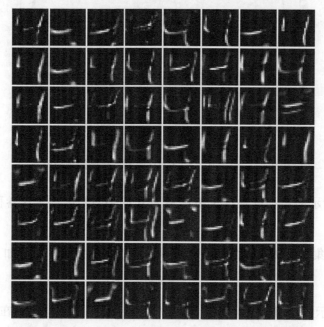

图 10-14　标签为 4 的手写数字图像在卷积层学习得到的特征图

10.4 应用于图像分类的主流深度卷积神经网络

在本节中，我们将讨论一些应用于图像分类的主流深度卷积神经网络（如 VGG-16/19、ResNet 和 InceptionNet）。图 10-15 所示的是提交给 ImageNet 挑战的最相关条目的单季准确率（**top-1 准确率**：由卷积神经网络预测为最高概率的正确标记次数），从最左端的 **AlexNet**[亚历克斯·克里泽夫斯基（Alex Krizhevsky）等，2012] 至表现最好的 **Inception-v4**[塞格德（Szegedy）等，2016]。

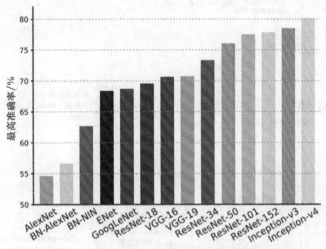

图 10-15 单季 CNN 预测的最高有效准确率（top-1）

此外，还将用 Keras 训练 VGG-16 CNN，以对狗图像和猫图像分类。

VGG-16/19

VGG-16/19 的主流卷积神经网络的架构如图 10-16 所示。VGG-16 网络有一个显著特点：它没有那么多的超参数，而仅提供更为简单的网络，让使用者可以仅聚焦于步长为 1 的 3×3 滤波器的卷积层——它总是使用相同的填充，并使所有 2×2 最大池化层的步长为 2。这是一个真正的深度网络。VGG-16/19 网络共有约 1.38 亿个参数，如图 10-16 所示。

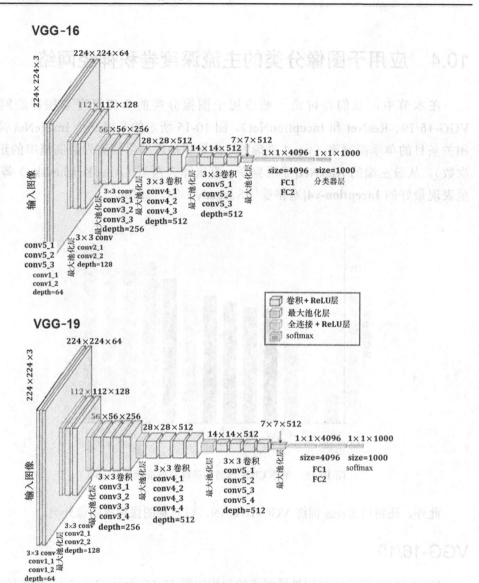

图 10-16　VGG-16/19 深度学习网络

1. 用 Keras 中的 VGG-16 对猫/狗图像进行分类

在本节中，我们将使用 Keras 中的 VGG-16 实现对 Kaggle 狗和猫比赛中的猫和狗图像进行分类。请读者先下载训练图像数据集和测试图像数据集，然后在训练图像上从零开始训练 VGG-16 网络。

如下代码显示了如何在训练数据集中拟合模型。使用训练数据集中的 20000 张图像训练 VGG-16 模型并将 5000 张图像作为验证数据集,用于在训练时对模型进行评估。`weights=None` 参数值必须传递给 `VGG16()` 函数,以确保从头开始训练网络。注意:如果不在 GPU 上运行,这将花费很长时间,所以建议使用 GPU。

经过 20 次迭代,验证数据集的准确率达到 78.38%。我们还可以通过调整超参数来进一步提高模型的准确率,实现代码留给读者作为练习。

```
import os
import numpy as np
import cv2
from random import shuffle
from tqdm import tqdm # percentage bar for tasks.


# download the cats/dogs images compressed train and test datasets from
here: https://www.kaggle.com/c/dogs-vs-cats/data
# unzip the train.zip images under the train folder and test.zip images
under the test folder
train = './train'
test = './test'
lr = 1e-6 # learning rate
image_size = 50 # all the images will be resized to squaure images with
this dimension
model_name = 'cats_dogs-{}-{}.model'.format(lr, 'conv2')
def label_image(image):
    word_label = image.split('.')[-3]
    if word_label == 'cat': return 0
    elif word_label == 'dog': return 1

def create_training_data():
    training_data = []
    for image in tqdm(os.listdir(train)):
        path = os.path.join(train, image)
        label = label_image(image)
        image = cv2.imread(path)
        image = cv2.resize(image, (image_size, image_size))
        training_data.append([np.array(image),np.array(label)])
    shuffle(training_data)
    np.save('train_data.npy', training_data)
    return training_data

train_data = create_training_data()
#
100%|████████████████████████████████████████| 1100/1100 [00:00<00:00,
```

```
1133.86it/s]
train = train_data[:-5000] # 20k images for training
valid = train_data[-5000:] # 5k images for validation
X_train = np.array([i[0] for i in
train]).reshape(-1,image_size,image_size,3)
y_train = [i[1] for i in train]
y_train = to_categorical(y_train)
print(X_train.shape, y_train.shape)

X_valid = np.array([i[0] for i in
valid]).reshape(-1,image_size,image_size,3)
y_valid = [i[1] for i in valid]
y_valid = to_categorical(y_valid) # to one-hot encoding

num_classes = y_valid.shape[1] # number of categories

model = VGG16(weights=None, input_shape=(image_size,image_size,3),
classes=num_classes) # train VGG16 model from scratch
model.compile(Adam(lr=lr), "categorical_crossentropy",
metrics=["accuracy"]) # "adam"
model.summary()
# fit the model, it's going take a long time if not run on GPU
model.fit(X_train, y_train, validation_data=(X_valid, y_valid), epochs=20,batch_size=
256, verbose=2)
# evaluate the model
scores = model.evaluate(X_valid, y_valid, verbose=0)
print("Accuracy: {} \n Error: {}".format(scores[1], 100-scores[1]*100))
# _____
#Layer (type)                 Output Shape              Param
# ===============================================================
# input_5 (InputLayer)         (None, 50, 50, 3)          0
# _____
# block1_conv1 (Conv2D)        (None, 50, 50, 64)         1792
# _____
# block1_conv2 (Conv2D)        (None, 50, 50, 64)         36928
# _____
# block1_pool (MaxPooling2D)   (None, 25, 25, 64)         0
# _____
# block2_conv1 (Conv2D)        (None, 25, 25, 128)        73856
# _____
# block2_conv2 (Conv2D)        (None, 25, 25, 128)        147584
# _____
# block2_pool (MaxPooling2D)   (None, 12, 12, 128)        0
# _____
# block3_conv1 (Conv2D)        (None, 12, 12, 256)        295168
# _____
```

```
# block3_conv2 (Conv2D)          (None, 12, 12, 256)       590080
#
# block3_conv3 (Conv2D)          (None, 12, 12, 256)       590080
#
# block3_pool (MaxPooling2D)     (None, 6, 6, 256)         0
#
# block4_conv1 (Conv2D)          (None, 6, 6, 512)         1180160
#
# block4_conv2 (Conv2D)          (None, 6, 6, 512)         2359808
#
# block4_conv3 (Conv2D)          (None, 6, 6, 512)         2359808
#
# block4_pool (MaxPooling2D)     (None, 3, 3, 512)         0
#
# block5_conv1 (Conv2D)          (None, 3, 3, 512)         2359808
#
# block5_conv2 (Conv2D)          (None, 3, 3, 512)         2359808
#
# block5_conv3 (Conv2D)          (None, 3, 3, 512)         2359808
#
# block5_pool (MaxPooling2D)     (None, 1, 1, 512)         0
#
# flatten (Flatten)              (None, 512)               0
#
# fc1 (Dense)                    (None, 4096)              2101248
#
# fc2 (Dense)                    (None, 4096)              16781312
#
# predictions (Dense)            (None, 2)                 8194
# =================================================================
# Total params: 33,605,442
# Trainable params: 33,605,442
# Non-trainable params: 0
#
# Train on 20000 samples, validate on 5000 samples
# Epoch 1/10
# - 92s - loss: 0.6878 - acc: 0.5472 - val_loss: 0.6744 - val_acc: 0.5750
# Epoch 2/20
# - 51s - loss: 0.6529 - acc: 0.6291 - val_loss: 0.6324 - val_acc: 0.6534
# Epoch 3/20
# - 51s - loss: 0.6123 - acc: 0.6649 - val_loss: 0.6249 - val_acc: 0.6472
# Epoch 4/20
# - 51s - loss: 0.5919 - acc: 0.6842 - val_loss: 0.5902 - val_acc: 0.6828
# Epoch 5/20
# - 51s - loss: 0.5709 - acc: 0.6992 - val_loss: 0.5687 - val_acc: 0.7054
```

```
# Epoch 6/20
# - 51s - loss: 0.5564 - acc: 0.7159 - val_loss: 0.5620 - val_acc: 0.7142
# Epoch 7/20
# - 51s - loss: 0.5539 - acc: 0.7137 - val_loss: 0.5698 - val_acc: 0.6976
# Epoch 8/20
# - 51s - loss: 0.5275 - acc: 0.7371 - val_loss: 0.5402 - val_acc: 0.7298
# Epoch 9/20
# - 51s - loss: 0.5072 - acc: 0.7536 - val_loss: 0.5240 - val_acc: 0.7444
# Epoch 10/20
# - 51s - loss: 0.4880 - acc: 0.7647 - val_loss: 0.5127 - val_acc: 0.7544
# Epoch 11/20
# - 51s - loss: 0.4659 - acc: 0.7814 - val_loss: 0.5594 - val_acc: 0.7164
# Epoch 12/20
# - 51s - loss: 0.4584 - acc: 0.7813 - val_loss: 0.5689 - val_acc: 0.7124
# Epoch 13/20
# - 51s - loss: 0.4410 - acc: 0.7952 - val_loss: 0.4863 - val_acc: 0.7704
# Epoch 14/20
# - 51s - loss: 0.4295 - acc: 0.8022 - val_loss: 0.5073 - val_acc: 0.7596
# Epoch 15/20
# - 51s - loss: 0.4175 - acc: 0.8084 - val_loss: 0.4854 - val_acc: 0.7688
# Epoch 16/20
# - 51s - loss: 0.3914 - acc: 0.8259 - val_loss: 0.4743 - val_acc: 0.7794
# Epoch 17/20
# - 51s - loss: 0.3852 - acc: 0.8286 - val_loss: 0.4721 - val_acc: 0.7810
# Epoch 18/20
# - 51s - loss: 0.3692 - acc: 0.8364 - val_loss: 0.6765 - val_acc: 0.6826
# Epoch 19/20
# - 51s - loss: 0.3752 - acc: 0.8332 - val_loss: 0.4805 - val_acc: 0.7760
# Epoch 20/20
# - 51s - loss: 0.3360 - acc: 0.8586 - val_loss: 0.4711 - val_acc: 0.7838
# Accuracy: 0.7838
# Error: 21.61999999999999
```

如下代码使用前面代码的第二个卷积层中的前64个滤波器来可视化狗图像的特征：

```
intermediate_layer_model = Model(inputs=model.input,
outputs=model.get_layer('block1_conv2').output)
intermediate_output = intermediate_layer_model.predict(X_train)
fig = pylab.figure(figsize=(10,10))
fig.subplots_adjust(left=0, right=1, bottom=0, top=1, hspace=0.05, wspace=0.05)
pylab.gray()
i = 3
for c in range(64):
    pylab.subplot(8, 8, c+1), pylab.imshow(intermediate_output[i,:,:,c]),pylab.axis('off')
pylab.show()
```

运行上述代码，输出用模型学习得到的狗图像的特征图，如图 10-17 所示。

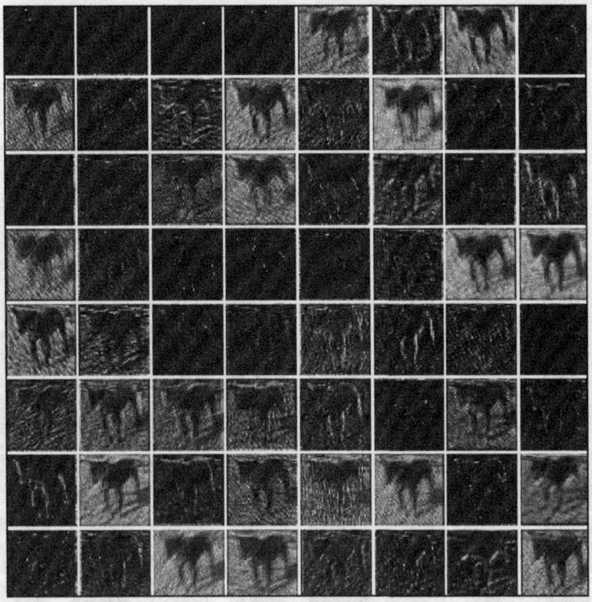

图 10-17 利用 VGG-16 深度学习模型学习得到的狗图像特征

通过改变上述代码中的一行，读者可以使用第二个块的第二个卷积层中的前 64 个滤波器可视化学习到的同一幅狗图像特征：

```
intermediate_layer_model = Model(inputs=model.input,
outputs=model.get_layer('block2_conv2').output)
```

图 10-18 所示的是运行上述代码得到的输出结果，即用模型学习得到的相同的小狗图像特征图。

2．测试（预测）阶段

如下代码展示了如何使用学习到的 VGG-16 模型从测试图像数据集中预测图像是狗或是猫的概率：

```
test_data = process_test_data()
len(test_data)
X_test = np.array([i for i in test_data]).reshape(-1,IMG_SIZE,IMG_SIZE,3)
probs = model.predict(X_test)
probs = np.round(probs,2)
pylab.figure(figsize=(20,20))
for i in range(100):
```

```
    pylab.subplot(10,10,i+1), pylab.imshow(X_test[i,:,:,::-1]),
pylab.axis('off')
    pylab.title("{}, prob={:0.2f}".format('cat' if probs[i][1] < 0.5 else
'dog', max(probs[i][0],probs[i][1])))
pylab.show()
```

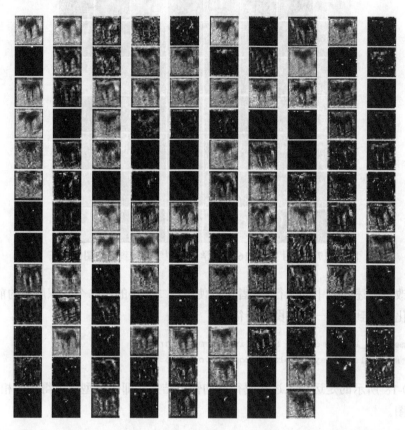

图 10-18　利用 VGG-16 深度学习模型的第二个卷积层学习所得到的狗图像特征

图 10-19 所示的是学习后的 VGG-16 模型预测了前 100 个测试图像以及预测概率。可以看到，虽然学习到的 VGG-16 模型也存在不少错误的预测，但大部分图像的标签预测都是正确的。

3. InceptionNet

在卷积神经网络分类器的发展过程中，InceptionNet 是一个非常重要的里程碑。在 InceptionNet 出现之前，卷积神经网络只是将卷积层叠加到最深处，以获得更好的性能。InceptionNet 则使用复杂的技术和技巧来满足速度和准确率方面的性能。

图 10-19　学习后的 VGG-16 模型预测了前 100 个测试图像及其预测概率

　　InceptionNet 不断发展，并带来网络的多个新版本的诞生。一些流行的版本包括 Inception-v1、Inception-v2、Inception-v3、Inception-v4 和 Inception-ResNet。由于突出部分和图像中信息的位置可能存在巨大差异，因此针对卷积操作选择正确的核大小变得十分困难。对于分布得更加全局的信息，首选更大的核；而对于分布得更加局部的信息，则优选较小的核。深度神经网络遭受过拟合和梯度消失问题。单纯叠加大型卷积运算将会产生大量的开销。

　　InceptionNet 通过添加在相同级别上操作的多个不同大小的滤波器来解决前面的所有问题，这导致网络变得更广，而不是更深。图 10-20 所示的是一个维度缩减的 Inception 模块，它使用 3 种不同大小的滤波器（1×1 卷积、3×3 卷积和 5×5 卷积）和一个附加的最大池化层对输入执行卷积。输出被串接起来并发送到下一个 Inception 模块。为了使它更便宜，输入通道的数量受到限制，在 3×3 卷积和 5×5 卷积之前添加额外的 1×1 卷积。利用降维的 Inception 模块，建立了神经网络体系结构。这就是众所周知的 **GoogleNet**（**Inception-v1**），其架构如图 10-20 所示。GoogleNet 有 9 个这样的 Inception 模块线性堆叠，有 22 层深（27 层，包括池化层），并在最后一个 Inception 模块的末尾使用全局平均池。

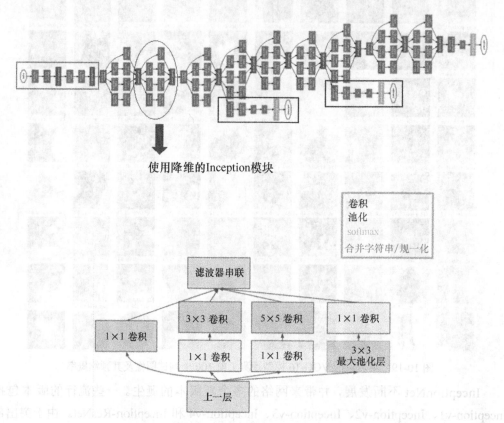

图 10-20　Inception 深度学习网络架构

Inception 的几个版本（v2、v3 和 v4）都是对以前体系结构的扩展。Keras 提供了 Inception-v3 模型，可以从头开始训练，也可以使用预训练版本（使用在 ImageNet 上训练获得的权重）。

4．ResNet

简单地叠加这些层并不一定会增加网络的深度。由于存在**梯度消失问题**，训练更加困难了。这是梯度被反向传播到前面图层的问题,如果这种情况反复发生,梯度可能会变得无穷小。因此,随着研究的深入,性能会受到严重影响。

ResNet 是指残差网络(Residual Network),它在网络中引入了快捷方式——我们称之为标识快捷连接。快捷连接执行跳过一个或多个层的任务,以防堆叠层降低性能。堆叠的标识层除了在当前网络上简单地堆叠标识映射,什么也不做。然后,其他体系结构可以按照预期的水平执行,这意味着较深的模型不会产生比较浅的模型更高的训练错误率。

图 10-21 所示的是一个 34 层的普通网络和残差网络的例子。

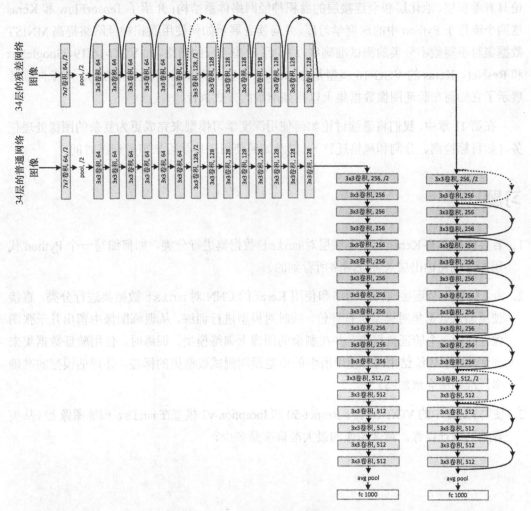

图 10-21 普通网络与残差网络

Keras 提供了 ResNet50 模型，可以从零开始进行训练，也可以加载预训练的网络。还有一些架构，如 AlexNet 和 MobileNet，也是值得读者去探索的。

小结

在本章中，我们介绍了利用深度学习模型进行图像处理的最新进展：讨论了深度学习的基本概念，它与传统机器学习的不同之处，以及为什么需要它；引入了卷积神经网络作为深度神经网络，专门用于解决复杂的图像处理问题和完成计算机视觉任务，并讨论具有卷积层、池化层和全连接层的卷积神经网络体系结构；介绍了 TensorFlow 和 Keras 这两个流行于 Python 中的深度学习库，并向读者展示如何使用卷积神经网络提高 MNIST 数据集对手写数字分类的测试准确率；讨论了一些流行的网络，如 VGG-16/19、GoogleNet 和 ResNet。Keras 的 VGG-16 模型是在 Kaggle 比赛的狗和猫图像上训练的，本章向读者展示了它如何在验证图像数据集上以相当准确的方式执行。

在第 11 章中，我们将继续讨论如何使用深度学习模型来完成更为复杂的图像处理任务（如目标检测、分割和风格迁移），以及如何使用迁移学习来节省训练时间。

习题

1. 若要使用具有 Keras 的全连接层对 mnist 数据集进行分类，如何编写一个 Python 代码来可视化输出层（神经网络所看到的）。

2. 为了仅使用全连接层神经网络和使用 Keras 的 CNN 对 mnist 数据集进行分类，直接使用测试数据集对模型进行评价，同时对模型进行训练。从训练图像中留出几千张图像，创建一个验证数据集，并在剩余的图像上训练模型。训练时，使用验证数据集来评估模型；训练结束时，使用所学的模型预测测试数据集的标签，并评估模型的准确率，准确率会增加吗？

3. 使用 Keras 中的 VGG-16/19、Resnet-50 和 Inception-v3 模型在 mnist 训练图像上（从头开始）进行训练。测试图像的最大准确率是多少？

第 11 章
图像处理中的深度学习——目标检测等

在本章中,我们将继续讨论深度学习在图像处理方面的最新进展,对几个问题作特别处理,并尝试使用具有深度卷积神经网络的深度学习来解决这些问题。

首先我们将研究目标检测问题,了解所涉及的基本概念;然后研究如何编写代码以解决目标提案(object proposal)问题,以及如何用 Keras 中的"你只需瞄一眼"(You Only Look Once,YOLO)v2 预训练深度神经网络来解决问题。读者将获得有助于训练 YOLO 网络的资源。

接下来我们将探究迁移学习和使用 DeepLab 库解决深度分割问题。读者将学习指定在训练深度学习模型时要训练的层,并通过仅学习 VGG-16 网络的全连接层的权重来演示自定义图像分类问题。

读者可能会惊讶于深度学习是如何在艺术作品生成中应用的。那就是使用深度风格迁移模型,即可以使用其中一幅图像的内容和另一幅图像的风格来获得最终图像。

本章主要包括以下内容:

- 检测目标的全卷积模型——YOLO v2;
- 利用 DeepLab v3+的深度语义分割;
- 迁移学习——什么是迁移学习以及什么时候使用迁移学习;
- 通过使用预训练 Torch 模型的 cv2 实现神经风格迁移。

11.1 YOLO v2

YOLO 是一种非常流行的、十分传统的图像检测算法。与其他算法相比,该算法具有很高的准确率,并且可以实时运行。顾名思义,该算法只查看图像一次。这意味着该算法只需要一个正向传播遍历,就可以做出准确的预测。

在本节中,我们使用**全卷积网络**(Fully Convolutional Network,FCN)深度学习模型来检测图像中的目标。已知一幅包含一些目标(如动物、汽车等)的图像,目的是使用一个预训练的 YOLO 模型(带有边界框)来检测这些图像中的目标。

在深入学习 YOLO 模型之前,读者应先了解一些必备的基本概念。

11.1.1 对图像进行分类与定位以及目标检测

了解分类、定位、检测和目标检测问题的概念,如何将它们转化为监督机器学习问题,以及如何使用深度卷积神经网络来解决这些问题,图像的分类、定位和目标检测如图 11-1 所示。

图 11-1 图像的分类、定位和目标检测

我们有如下推论。

(1)在图像分类问题中,图像中通常存在(大)中心目标,并且必须通过给图像分配正确的标签来识别目标。

(2)具有定位功能的图像分类旨在不仅通过为图像分配标签或类(例如,二值分类问题——图像中是否有汽车),还通过找到目标周围的边界框(如果有一个要找到的边界框)来找到图像中的目标的位置。

(3)通过标记其位置(定位问题通常试图找到单个目标位置)来定位所有对象(所有实例),通过旨在识别相同/不同类型对象的多个实例来进一步检测。

(4)可以通过以下方式将定位问题转换为监督机器学习多类分类和回归问题:除了要识别的目标的类标签(具有分类),对应于输入训练图像的输出向量必须还包含目标的位置（相对于图像大小的边界框坐标，带有回归）。

（5）典型的输出数据向量将包含用于 4 类分类的 8 个条目。如图 11-2 所示，第一个条目可以对应，也可以不对应于 3 类对象中的任何一个对象（背景除外）。如果图像中有一个对象存在，则接下来的 4 个条目将定义包含该对象的边界框，然后是表示对象的 3 个类标签的 3 个二进制值。如果没有任何对象存在，则第一个条目将为 0，其他对象将被忽略。

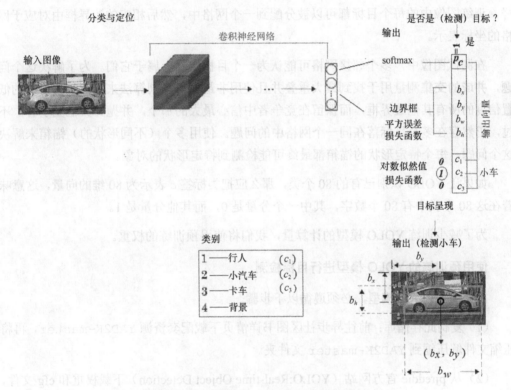

图 11-2　图像的分类、定位和目标检测流程

11.1.2　使用卷积神经网络检测目标

从定位到检测，可以分两个步骤进行，如图 11-2 所示。首先，使用小而且紧密裁剪的图像训练卷积神经网络进行图像分类；其次，使用不同窗口大小的滑动窗口（从小到大）和事先学习对该窗口内的测试图像进行分类，并按顺序在整个图像中运行窗口，但其计算速度慢得不可思议。

然而，图 11-2 中滑动窗口的卷积实现用 1×1 滤波器替换全连接层，这使得同时对所有可能的滑动窗口内的图像子集进行并行分类成为可能,从而使得计算效率大大提高。

11.1.3 使用 YOLO v2

卷积滑动窗口虽然计算效率高得多,但在边界框的准确检测方面仍然存在问题,因为框与滑动窗口没有对齐,而且目标形状也往往不同。YOLO 算法克服了这一限制,它将训练图像划分为网格,当且仅当对象的中心落在网格内时,才将目标分配给网格。这样,训练图像中的每个目标都可以被分配到一个网格中,然后相应的边界框由对应于网格的坐标表示。

在测试图像中,多个邻接网格可能认为一个目标实际上属于它们。为了解决这个问题,**并域的交集**测量用于找到最大重叠并且使用非最大值抑制算法来丢弃包含目标的低置信度的所有其他边界框,而保留在竞争者中信心最大的那个,并抛弃其他竞争者。不过,仍然存在多个目标落在同一个网格中的问题。使用多个(不同形状的)锚箱来解决这个问题,每个特定形状的锚箱都最终可能检测到特定形状的对象。

如果让 YOLO 识别已有的 80 个类,那么应把类标签 c 表示为 80 维的向量,这意味着在这 80 个类中有 80 个数字,其中一个分量是 0,而其他分量是 1。

为了减少训练 YOLO 模型的计算量,我们将使用预训练的权重。

使用预训练的 YOLO 模型进行目标检测

欲使用预训练的模型,必须遵循以下步骤。

(1) 复制此存储库:前往异步社区图书详情页下载配套资源 YAD2K-master,再将压缩文件解压缩到 YAD2K-master 文件夹。

(2) 从 pjreddie 官方网站(YOLO:Real-time Object Detection)下载权重和 cfg 文件,单击页面上的黄色链接,在此处用框标记,如图 11-3 所示。

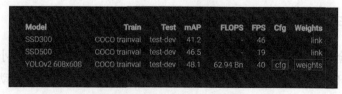

图 11-3 COCO 数据集的性能

(3) 将下载的文件 yolov2.cfg 和 yolov2.weights 保存至 YAD2K-master 文件夹。

(4) 进入 YAD2K-master 文件夹,打开命令提示符(在此路径下必须已安装 Python3),

并运行以下命令：

```
python yad2k.py yolov2.cfg yolov2.weights yolo/yolo.h5
```

如果执行成功，将会在 YAD2K-master/model_data 文件夹下创建两个文件，即 yolo.h5 和 yolo.anchors。

（5）现在转到要运行代码的文件夹。在此创建 yolo 文件夹，并从 YAD2K-master/model_data 文件夹中复制 4 个文件（coco_classes、pascal_classes、yolo.h5 和 yolo.anchors）至创建的文件夹 yolo 中。

（6）从 YAD2K-master 文件夹复制 yad2k 文件夹至当前路径。现在，当前路径下有两个文件夹，即 yad2k 和 yolo 文件夹。

（7）在当前路径中创建一个名为 images 的新文件夹，并将输入的图像放在里面。

（8）在当前路径中创建另一个名为 output 的空文件夹。YOLO 模型将在这里保存输出图像（若检测到目标）。

（9）在当前路径中创建一个 .py 脚本，复制粘贴以下代码并运行（或利用 Jupyter 笔记本电脑在当前路径中运行）。

（10）在运行代码之前，请仔细检查文件夹结构是否与图 11-4 所示的完全相同，并提供所需的文件。

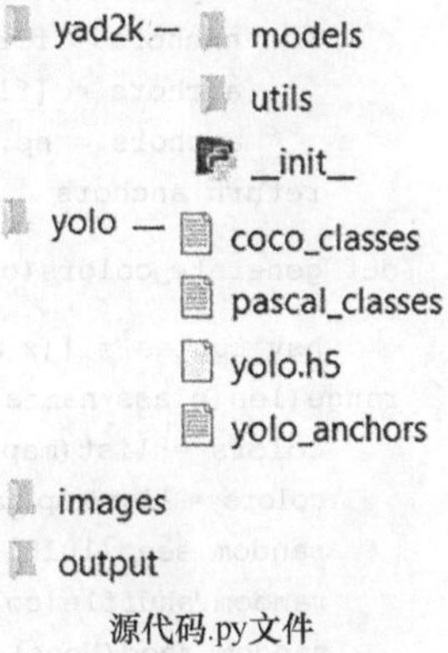

图 11-4 文件夹结构

加载所有需要的库，如下面的代码所示：

```
# for jupyter notebook uncomment the following line of code
#% matplotlib inline
import os
import matplotlib.pylab as pylab
import scipy.io
import scipy.misc
import numpy as np
from PIL import Image
from keras import backend as K
from keras.models import load_model
# The following functions from the yad2k library will be used
# Note: it assumed that you have the yad2k folder in your current path,
otherwise it will not work!
from yad2k.models.keras_yolo import yolo_head, yolo_eval
import colorsys
```

```python
import imghdr
import random
from PIL import Image, ImageDraw, ImageFont
```

现在编写一些功能函数来读取 classes 和 anchor 文件，生成框的颜色，并调整由 YOLO 预测的框的大小，如下面的代码所示：

```python
def read_classes(classes_path):
    with open(classes_path) as f:
        class_names = f.readlines()
    class_names = [c.strip() for c in class_names]
    return class_names
def read_anchors(anchors_path):
    with open(anchors_path) as f:
        anchors = f.readline()
        anchors = [float(x) for x in anchors.split(',')]
        anchors = np.array(anchors).reshape(-1, 2)
    return anchors
def generate_colors(class_names):
    hsv_tuples = [(x / len(class_names), 1., 1.) for x in
range(len(class_names))]
    colors = list(map(lambda x: colorsys.hsv_to_rgb(*x), hsv_tuples))
    colors = list(map(lambda x: (int(x[0] * 255), int(x[1] * 255), int(x[2]* 255)), colors))
    random.seed(10101) # Fixed seed for consistent colors across runs.
    random.shuffle(colors) # Shuffle colors to decorrelate adjacent classes.
    random.seed(None) # Reset seed to default.
    return colors
def scale_boxes(boxes, image_shape):
    """ scales the predicted boxes in order to be drawable on the image"""
    height = image_shape[0]
    width = image_shape[1]
    image_dims = K.stack([height, width, height, width])
    image_dims = K.reshape(image_dims, [1, 4])
    boxes = boxes * image_dims
    return boxes
```

在下面的代码中，将实现几个用于对图像进行预处理的函数，并绘制从 YOLO 获得的框来检测图像中出现的目标：

```python
def preprocess_image(img_path, model_image_size):
    image_type = imghdr.what(img_path)
    image = Image.open(img_path)
    resized_image = image.resize(tuple(reversed(model_image_size)),Image.BICUBIC)
```

```python
        image_data = np.array(resized_image, dtype='float32')
        image_data /= 255.
        image_data = np.expand_dims(image_data, 0) # Add batch dimension.
        return image, image_data
def draw_boxes(image, out_scores, out_boxes, out_classes, class_names,colors):
    font = ImageFont.truetype(font='font/FiraMono-
Medium.otf',size=np.floor(3e-2 * image.size[1] + 0.5).astype('int32'))
    thickness = (image.size[0] + image.size[1]) // 300

    for i, c in reversed(list(enumerate(out_classes))):
        predicted_class = class_names[c]
        box = out_boxes[i]
        score = out_scores[i]
        label = '{} {:.2f}'.format(predicted_class, score)
        draw = ImageDraw.Draw(image)
        label_size = draw.textsize(label, font)
        top, left, bottom, right = box
        top = max(0, np.floor(top + 0.5).astype('int32'))
        left = max(0, np.floor(left + 0.5).astype('int32'))
        bottom = min(image.size[1], np.floor(bottom + 0.5).astype('int32'))
        right = min(image.size[0], np.floor(right + 0.5).astype('int32'))
        print(label, (left, top), (right, bottom))
        if top - label_size[1] >= 0:
            text_origin = np.array([left, top - label_size[1]])
        else:
            text_origin = np.array([left, top + 1])
        # My kingdom for a good redistributable image drawing library.
        for i in range(thickness):
            draw.rectangle([left + i, top + i, right - i, bottom - i],outline=colors[c])
        draw.rectangle([tuple(text_origin), tuple(text_origin +label_size)], fill=colors[c])
        draw.text(text_origin, label, fill=(0, 0, 0), font=font)
        del draw
```

现在使用定义的函数加载输入图像、类文件和锚，然后加载 YOLO 预训练模型，并使用下面的代码打印模型摘要:

```
# provide the name of the image that you saved in the images folder to be fed through the network
    input_image_name = "giraffe_zebra.jpg"
    input_image = Image.open("images/" + input_image_name)
    width, height = input_image.size
    width = np.array(width, dtype=float)
    height = np.array(height, dtype=float)
    image_shape = (height, width)
```

```python
#Loading the classes and the anchor boxes that are copied to the yolo folder
class_names = read_classes("yolo/coco_classes.txt")
anchors = read_anchors("yolo/yolo_anchors.txt")
#Load the pretrained model
yolo_model = load_model("yolo/yolo.h5")
#Print the summery of the model
yolo_model.summary()
#_____
#Layer (type) Output Shape Param # Connected to
#========================================================================
#input_1 (InputLayer) (None, 608, 608, 3) 0
#_____
#conv2d_1 (Conv2D) (None, 608, 608, 32) 864 input_1[0][0]
#_____
#batch_normalization_1 (BatchNor (None, 608, 608, 32) 128 conv2d_1[0][0]
#_____
#leaky_re_lu_1 (LeakyReLU) (None, 608, 608, 32) 0 batch_normalization_1[0][0]
#_____
#max_pooling2d_1 (MaxPooling2D) (None, 304, 304, 32) 0 leaky_re_lu_1[0][0]
#_____
#conv2d_2 (Conv2D) (None, 304, 304, 64) 18432 max_pooling2d_1[0][0]
#_____
#batch_normalization_2 (BatchNor (None, 304, 304, 64) 256 conv2d_2[0][0]
#_____
#leaky_re_lu_2 (LeakyReLU) (None, 304, 304, 64) 0 batch_normalization_2[0][0]
#_____
#max_pooling2d_2 (MaxPooling2D) (None, 152, 152, 64) 0 leaky_re_lu_2[0][0]
#_____
#... ... ...
#_____
```

```
#concatenate_1 (Concatenate) (None, 19, 19, 1280) 0  space_to_depth_x2[0][0]
#                                                    leaky_re_lu_20[0][0]
#_____
#batch_normalization_22 (BatchNo (None, 19, 19, 1024) 4096 conv2d_22[0][0]
#_____
#leaky_re_lu_22 (LeakyReLU) (None, 19, 19, 1024) 0  batch_normalization_22[0][0]
#_____
#conv2d_23 (Conv2D) (None, 19, 19, 425) 435625 leaky_re_lu_22[0][0]
#===============================================================================
#Total params: 50,983,561
#Trainable params: 50,962,889
#Non-trainable params: 20,672
```

最后,实现从 YOLO 预测输出中提取边界框,并在具有正确标签、分数和颜色的对象周围绘制框,代码如下所示:

```
# convert final layer features to bounding box parameters
yolo_outputs = yolo_head(yolo_model.output, anchors, len(class_names))
#Now yolo_eval function selects the best boxes using filtering and non-max suppression techniques.
# If you want to dive in more to see how this works, refer keras_yolo.py
file in yad2k/models
boxes, scores, classes = yolo_eval(yolo_outputs, image_shape)
# Initiate a session
sess = K.get_session()
#Preprocess the input image before feeding into the convolutional network
image, image_data = preprocess_image("images/" + input_image_name,model_image_size = (608, 608))
#Run the session
out_scores, out_boxes, out_classes = sess.run([scores, boxes, classes],feed_dict={yolo_model.input:image_data,K.learning_phase(): 0})
#Print the results
print('Found {} boxes for {}'.format(len(out_boxes), input_image_name))
#Found 5 boxes for giraffe_zebra.jpg
#zebra 0.83 (16, 325) (126, 477)
#giraffe 0.89 (56, 175) (272, 457)
#zebra 0.91 (370, 326) (583, 472)
```

```
#giraffe 0.94 (388, 119) (554, 415)
#giraffe 0.95 (205, 111) (388, 463)
#Produce the colors for the bounding boxes
colors = generate_colors(class_names)
#Draw the bounding boxes
draw_boxes(image, out_scores, out_boxes, out_classes, class_names, colors)
#Apply the predicted bounding boxes to the image and save it
image.save(os.path.join("output", input_image_name), quality=90)
output_image = scipy.misc.imread(os.path.join("output", input_image_name))
pylab.imshow(output_image)
pylab.axis('off')
pylab.show()
```

运行上述代码，利用 YOLO 模型对边界框标记的长颈鹿、斑马等动物进行预测。其中，每个边界框上面的数字是 YOLO 模型的概率得分。输出结果如图 11-5 所示。

图 11-5　YOLO 模型对图像中的动物进行预测的结果

同样，可以尝试使用图 11-6 所示的照片作为输入。

通过运行上述代码，我们将检测到以下目标（汽车、公共汽车、行人、伞），如图 11-7 所示。

图 11-6　用于预测的输入图像

图 11-7　YOLO 模型对图像中各目标进行预测的结果

11.2　利用 DeepLab v3+的深度语义分割

在本节中，我们将讨论如何使用深度学习 FCN 来执行图像的语义分割。在深入讨论更多细节之前，我们先阐明一些基本概念。

11.2.1 语义分割

语义分割是指在像素层级对图像的理解,也就是说,要为图像中的每个像素分配一个目标类(一个语义标签)。这是由粗到细的推理过程中一个很自然的步骤。它通过对每个像素推断标签的密集预测来实现细粒度推理,从而使每个像素都以其封闭对象或区域的类加以标记。

11.2.2 DeepLab v3+

DeepLab 提出了一种用于控制信号抽取和学习多尺度上下文特征的架构。DeepLab 使用在 ImageNet 数据集上预训练的 ResNet-50 模型作为其主要特征提取网络。但是,它为多尺度特征学习添加了一个新的残差块,如图 11-8 所示。最后一个 ResNet 块使用了空洞卷积(又称为膨胀卷积),而不是常规的卷积,且这个残差块内的每个卷积都使用了不同的膨胀率来捕捉多尺度的上下文信息。另外,这个残差块的顶部使用了**空洞空间金字塔池化**(Atrous Spatial Pyramid Pooling,ASPP)。ASPP 用不同膨胀率的卷积来对任意尺度的区域进行分类。因此,DeepLab v3 +架构包含三大主要组成部分:ResNet 架构、空洞卷积和空洞空间金字塔池化。

1. DeepLab v3 架构

带有空洞卷积的并行模块如图 11-8 所示。

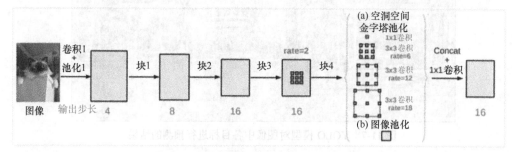

图 11-8 带有空洞卷积(ASPP)的并行模块

使用 DeepLab v3+,通过添加一个简单且有效的解码器模块来扩展 DeepLab v3+模型,以细化分割结果,特别是沿着对象边界分割结果。将深度可分离卷积结构应用于空洞空间金字塔池化和解码器模块中,实现了更快、更强大的用于语义分割的编码器-解码器网络。其体系构架如图 11-9 所示。

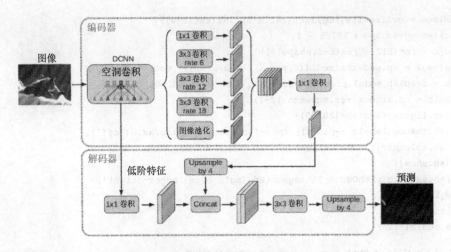

图 11-9　DeepLab v3+体系架构

2. 使用 DeepLab v3+模型进行语义分割必须遵循的步骤

要使用 DeepLab v3+模型分割图像,需要遵循如下步骤。

(1)在异步社区图书详情页下载配套资源,找到存储库。

(2)将下载的 ZIP 文件解压缩至 keras-deeplab-v3-plus-master 文件夹。

(3)进入 keras-deeplab-v3-plus-master 文件夹,以下程序代码必须从该目录运行。

在运行如下代码之前,我们需要创建一个输入文件夹和一个空的输出文件夹,以将要分割的图像保存在输入文件夹中。如下代码演示了使用 Python 中的 DeepLab v3+进行语义分割的方法:

```
#os.chdir('keras-deeplab-v3-plus-master') # go to keras-deeplab-v3-plusmaster
from matplotlib import pyplot as pylab
import cv2 # used for resize
import numpy as np
from model import Deeplabv3
deeplab_model = Deeplabv3()
pathIn = 'input' # path for the input image
pathOut = 'output' # output path for the segmented image
img = pylab.imread(pathIn + "/cycle.jpg")
w, h, _ = img.shape
ratio = 512. / np.max([w,h])
```

```
resized = cv2.resize(img,(int(ratio*h),int(ratio*w)))
resized = resized / 127.5 - 1.
pad_x = int(512 - resized.shape[0])
resized2 = np.pad(resized,((0,pad_x),(0,0),(0,0)),mode='constant')
res = deeplab_model.predict(np.expand_dims(resized2,0))
labels = np.argmax(res.squeeze(),-1)
pylab.figure(figsize=(20,20))
pylab.imshow(labels[:-pad_x], cmap='inferno'), pylab.axis('off'),
pylab.colorbar()
pylab.show()
pylab.savefig(pathOut + "\\segmented.jpg", bbox_inches='tight',
pad_inches=0)
pylab.close()
#os.chdir('..')
```

图 11-10 所示的是输入 DeepLab v3+模型的图像。

图 11-10 DeepLab v3+模型的输入图像——自行车照片

运行上述代码，对图 11-10 所示的图像进行语义分割，输出结果如图 11-11 所示。

图 11-11 对自行车照片进行语义分割后的结果

读者还可以获取片段的标签并使用另一幅输入图像创建叠加层，如图 11-12 所示。

图 11-12　输入图像、语义分割图及分割叠加图

11.3　迁移学习——什么是迁移学习以及什么时候使用迁移学习

迁移学习是一种深度学习策略，它通过将解决一个问题所获得的知识应用于另一个不同但相关的问题来重用这些知识。例如，有 3 种类型的花：玫瑰、向日葵和郁金香。可以使用标准的预训练模型，如 VGG-16/19、ResNet-50 或 Inception-v3 模型（在 ImageNet 上预训练了 1000 个输出类）对花卉图像进行分类，但是由于模型没有学习这些花卉类别，因此这样的模型无法正确识别它们。换句话说，它们是模型不知道的类。

图 11-13 所示的是预训练的 VGG-16 模型错误地对花卉图像进行了分类（代码留给读者作为练习）。其中 flamingo（火鹤花）的可信度为 0.83，daisy（雏菊）的可信度为 0.43，artichoke（菊芋）的可信度为 0.33。

  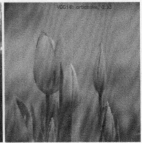

图 11-13　预训练的 VGG-16 模型对花卉图像的误分类

用 Keras 实现迁移学习

许多综合图像分类问题上进行了预处理模型的训练。在使用卷积网络对猫与狗图像分类的上下文中，以卷积层作为特征提取器，以全连接层作为分类器，如图 11-14 所示。

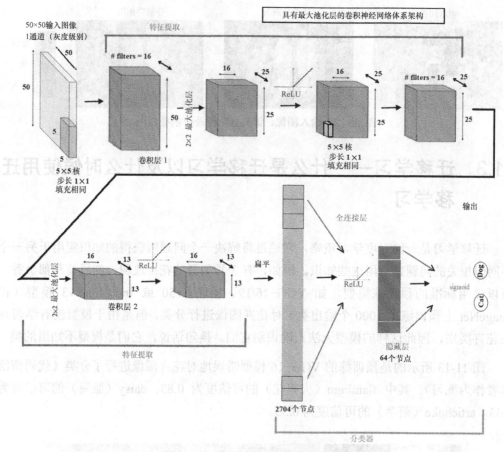

图 11-14 卷积神经网络的体系构架

由于标准模型（如 VGG-16/19）相当庞大，并且针对许多图像进行了训练，因此它们能够为不同的类学习许多不同的特征。读者可以简单地重用卷积层作为特征提取器，学习低阶和高阶图像特征，并且只训练全连接层权重（参数），这就是迁移学习。

如果训练集很简洁，就可以使用迁移学习，所处理的问题与之前训练的模型是一样的。如果有足够的数据，则可以调整卷积层，从头开始学习所有的模型参数，以便训练模型来学习与问题相关的更健壮的特征。

现在，用迁移学习对玫瑰、向日葵和郁金香花的图像分类。这些图像是从 TensorFlow 示例图像数据集中获得的。3 个类各用 550 张图片，共 1650 张，虽然图片较少，但也是使用迁移学习的好地方。使用每个类中的 500 个图像进行训练，保留每个类中的其余 50 个图像进行验证。另外，创建一个名为 `flower_photos` 的文件夹，其中包含两个子文件夹 train 和 valid，并将训练图像和验证图像分别保存在这些文件夹中。文件夹结构应为图 11-15 所示的样式。

加载卷积层的权重——只针对预训练好的 VGG-16 模型（设置 include_top=False，不加载最后两个全连接层），将它当作分类器。注意，最后一层的形状尺寸为 7×7×512。

用 ImageDataGenerator 类加载图像，用 flow_from_directory() 函数生成批量的图像和标签，并用 model.predict() 函数通过网络传递图像，最终得到一个 7×7×512 维的张量，然后将

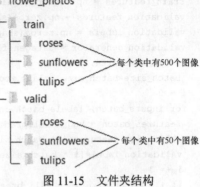

图 11-15　文件夹结构

张量重塑成一个向量，并以同样的方式找到 validation_features。

也就是说，用 Keras 实现迁移学习，对 VGG-16 模型进行部分训练，即它只会根据所拥有的训练图像来学习全连接层的权重，然后用它来预测类，如下面的代码所示：

```
from keras.applications import VGG16
from keras.preprocessing.image import ImageDataGenerator
from keras import models, layers, optimizers
from keras.layers.normalization import BatchNormalization
from keras.preprocessing.image import load_img

# train only the top FC layers of VGG16, use weights learnt with ImageNet for the
# convolution layers
vgg_model = VGG16(weights='imagenet', include_top=False, input_shape=(224,224, 3))
# the directory flower_photos is assumed to be on the current path
train_dir = './flower_photos/train'
validation_dir = './flower_photos/valid'

n_train = 500*3
n_val = 50*3
datagen = ImageDataGenerator(rescale=1./255)
batch_size = 25

train_features = np.zeros(shape=(n_train, 7, 7, 512))
train_labels = np.zeros(shape=(n_train,3))
train_generator = datagen.flow_from_directory(train_dir, target_size=(224,224),
 batch_size=batch_size, class_mode='categorical', shuffle=True)
i = 0
for inputs_batch, labels_batch in train_generator:
 features_batch = vgg_model.predict(inputs_batch)
 train_features[i * batch_size : (i + 1) * batch_size] = features_batch
 train_labels[i * batch_size : (i + 1) * batch_size] = labels_batch
```

```python
    i += 1
    if i * batch_size >= n_train: break
train_features = np.reshape(train_features, (n_train, 7 * 7 * 512))
validation_features = np.zeros(shape=(n_val, 7, 7, 512))
validation_labels = np.zeros(shape=(n_val,3))
validation_generator = datagen.flow_from_directory(validation_dir,
target_size=(224, 224),
 batch_size=batch_size, class_mode='categorical', shuffle=False)
i = 0
for inputs_batch, labels_batch in validation_generator:
    features_batch = vgg_model.predict(inputs_batch)
    validation_features[i * batch_size : (i + 1) * batch_size] =features_batch
    validation_labels[i * batch_size : (i + 1) * batch_size] = labels_batch
    i += 1
    if i * batch_size >= n_val: break
validation_features = np.reshape(validation_features, (n_val, 7 * 7 * 512))
```

接下来，我们使用带有3个类的softmax输出层的简单前馈网络创建模型，然后必须对模型进行训练，如下面的代码所示。可以看到，在Keras中训练一个网络就像调用`model.fit()`函数一样简单。为了检验模型的性能，让我们可视化那些被错误分类的图像。

```python
# now learn the FC layer parameters by training with the images we have
model = models.Sequential()
model.add(layers.Dense(512, activation='relu', input_dim=7 * 7 * 512))
model.add(BatchNormalization())
model.add(layers.Dropout(0.5))
model.add(layers.Dense(3, activation='softmax'))
model.compile(optimizer=optimizers.Adam(lr=1e-5),
 loss='categorical_crossentropy', metrics=['acc'])
history = model.fit(train_features, train_labels, epochs=20,batch_size=batch_size,
 validation_data=(validation_features,validation_labels))

filenames = validation_generator.filenames
ground_truth = validation_generator.classes
label2index = validation_generator.class_indices
# Getting the mapping from class index to class label
idx2label = dict((v,k) for k,v in label2index.items())
predictions = model.predict_classes(validation_features)
prob = model.predict(validation_features)
errors = np.where(predictions != ground_truth)[0]
print("No of errors = {}/{}".format(len(errors),n_val))
# No of errors = 13/150
pylab.figure(figsize=(20,12))
for i in range(len(errors)):
    pred_class = np.argmax(prob[errors[i]])
    pred_label = idx2label[pred_class]
    original =load_img('{}/{}'.format(validation_dir,filenames[errors[i]]))
```

```
pylab.subplot(3,5,i+1), pylab.imshow(original), pylab.axis('off')
    pylab.title('Original
label:{}\nPrediction:{}\nconfidence:{:.3f}'.format(
        filenames[errors[i]].split('\\')[0], pred_label,
prob[errors[i]][pred_class]), size=15)
pylab.show()
```

运行上述代码，输出结果如图 11-16 所示。可以看到，在迁移学习模型的 150 幅图像中，验证数据集中有 13 幅图像被错误分类。

图 11-16 可视化被错误分类的图像分类

现在，最初使用的花卉图像（它们是验证数据集的一部分，没有用于训练迁移学习模型）被正确分类了，如图 11-17 所示（代码实现留给读者作为练习）。

图 11-17 图像的正确分类

11.4 使用预训练的 Torch 模型和 cv2 实现神经风格迁移

本节将讨论如何使用深度学习来实现**神经风格迁移**（Neural Style Transfer，NST）。也许读者会对用这种方法所产生的艺术图像感到惊讶。在深入研究深度学习模型的细节之前，我们先阐述一些基本概念。

11.4.1 了解 NST 算法

NST 算法是利昂·A.盖蒂（Leon A. Gatys）等人在 2015 年发表的一篇论文中首次提出的，其中有很多有趣的地方！相信读者会喜欢实现这种算法，并且会对即将创建出的输出结果感到惊讶。该算法尝试基于以下参数合并两幅图像：**内容图像**（C）和**风格图像**（S）。NST 算法用这两个参数来创建第三幅图像，即生成的图像（G）。生成的图像 G 结合了图像 C 的内容和图像 S 的风格。下面是我们将实际实现的一个例子，如图 11-18 所示。

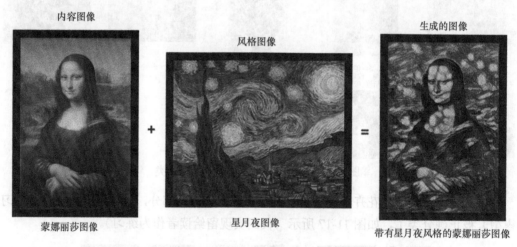

图 11-18 蒙娜丽莎图像与星月夜图像进行迁移学习生成的效果

惊讶吗？希望你喜欢蒙娜丽莎身上的滤镜！想实现吗？让我们用迁移学习来完成它。

11.4.2 使用迁移学习实现 NST

不同于大多数深度学习算法，NST 通过优化代价函数来获取像素值。NST 实现通常使用预训练的卷积网络。它只是一个简单的想法,使用一个网络训练一个任务,并把它用于一个全新的任务。

以下是三大部分损失函数:**内容损失、风格损失和总变异损失**。

每个部分都是单独计算的,然后组合在单一的元损失函数中。通过最小化元损失函数,我们将依次优化内容损失、风格损失和总变异损失。

1. 用内容损失确保 NST 的实现

我们现已彻底知道,卷积网络的顶层可以检测到较低级别的特征,以及更深的层可以检测到图像的高层级特征。但是中间层呢?那里有图像的内容。我们希望生成的图像 G 具有与输入类似的内容,即内容图像 C,因此使用中间的一些激活层来表示图像的内容。

如果选择网络的中间层,也就是说既不太浅,也不太深,那么将获得更令人赏心悦目的输出结果。

内容损失或特征重建损失(希望将其最小化)可以表示为:

$$J_{\text{content}}(C,G) \frac{1}{4 n_C n_W n_H} \sum_{\text{all entries}} (a^{(C)} - a^{(G)})^2$$

其中,n_W、n_H 和 n_C 分别为所选隐藏层中的宽度、高度和通道数。在实际操作中,会发生以下情况:

(1)内容代价采用神经网络的隐藏层激活,并测量 $a^{(C)}$ 和 $a^{(G)}$ 的差异;

(2)稍后最小化内容代价,将有助于确保 G 具有与 C 类似的内容。

2. 计算风格代价

我们需要通过计算展开的滤波器矩阵中的点积矩阵来计算风格或格拉姆矩阵(Gram matrix)。

隐藏层 a 的风格损失可以表示为:

$$J_{\text{style}}^{[l]}(S,G) = \frac{1}{4 n_C^2 (n_W n_H)^2} \sum_{i=1}^{n_C} \sum_{j=1}^{n_C} (G_{ij}^{(S)} - G_{ij}^{(G)})^2$$

欲最小化图像 S 和 G 的格拉姆矩阵之间的距离,总加权风格损失(希望将其最小化)表示为:

$$J_{style}(S,G) = \sum_l \lambda^{[l]} J_{style}^{[l]}(S,G)$$

其中，λ 表示不同层的权重。请记住以下几点。

（1）图像的风格可以使用隐藏层激活的格拉姆矩阵表示。然而，将来自多个不同层的这种表示组合起来，可以得到更好的结果。这与内容表示相反，通常只使用一个隐藏层就足够了。

（2）风格代价最小化将导致图像 G 遵循图像 S 的风格。

11.4.3 计算总损失

风格代价和内容代价都最小化的代价函数如下：

$$J(G) = \alpha J_{content}(C,G) + \beta J_{sttyle}(S,G)$$

有时，为了提高输出图像 G 的空间平滑性，在 RHS 凸组合中还添加了一个总变差正则化器 $TV(G)$。

然而，在本节中，我们不再使用迁移学习。如果读者感兴趣，可以进一步深入学习。我们将使用预训练的具有特定图像风格的 Torch 模型（Torch 是另一个深度学习库），即凡·高的星夜画。

11.5 使用 Python 和 OpenCV 实现神经风格迁移

从异步社区图书详情页下载配套资源，打开 online-neural-doodle/blob/master/pretrained/starry_night.t7 下载预训练好的 Torch 模型，并将其保存在当前文件夹中（在其中运行下面的代码）。在当前路径上创建一个名为 output 的文件夹，以保存模型生成的图像。

如下代码演示了如何对输入内容图像执行 NST（星月夜风格）。首先，使用 cv2.dnn.readNetFromTorch() 函数加载预训练的模型；其次，使用 cv2.dnn.blobFromImage() 函数从图像中创建一个四维 blob（一种数据结构），采用的方法是从 RGB 通道中减去均值；最后，执行正向传递，得到输出图像（即 NST 算法的结果）。

```
import cv2
import matplotlib.pyplot as pylab
import imutils
```

11.5 使用 Python 和 OpenCV 实现神经风格迁移

```python
import time

model = 'neural-style-transfer/models/eccv16/starry_night.t7'
# assumes the pre-trained torch file is in the current path
print("loading style transfer model...")
net = cv2.dnn.readNetFromTorch(model)

image = cv2.imread('../images/monalisa.jpg') # the content image path
image = imutils.resize(image, width=600)
(h, w) = image.shape[:2]
b, g, r = np.mean(image[...,0]), np.mean(image[...,1]),np.mean(image[...,2])

# construct a blob from the image, set the input, and then perform a
# forward pass of the network
blob = cv2.dnn.blobFromImage(image, 1.0, (w, h), (b, g, r), swapRB=False,crop=False)
net.setInput(blob)
start = time.time()
output = net.forward()
end = time.time()

# reshape the output tensor, add back in the mean subtraction, and
# then swap the channel ordering
output = output.reshape((3, output.shape[2], output.shape[3]))
output[0] += b
output[1] += g
output[2] += r
#output /= 255.0
output = output.transpose(1, 2, 0)

# show information on how long inference took
print("neural style transfer took {:.4f} seconds".format(end - start))

#pylab.imshow(output / 255.0)
#pylab.show()
# show the images
cv2.imwrite('output/styled.jpg', output)
```

图 11-19 所示的是输入的蒙娜丽莎图像。

图 11-20 所示的是输入的风格图像,即凡·高的星月夜图像。

图 11-21 所示的是深度学习模型生成的输出图像,即将星月夜图像的风格迁移到输入的蒙娜丽莎图像上得到的结果。

图 11-19 输入的蒙娜丽莎图像

图 11-20　输入的风格图像

图 11-21　深度学习（迁移）模型生成的输出图像

小结

在本章中,我们讨论了一些高级深度学习应用,以解决一些复杂的图像处理问题。介绍了基于定位和目标检测的图像分类的基本概念;演示了如何使用一个流行的 YOLO v2 FCN 预训练模型来检测图像中的目标并在其周围绘制框;讨论了语义分割的基本概念,然后演示如何使用 DeepLab v3+(及其架构概述)对图像进行语义分割。定义了迁移学习以及何时使用迁移学习,并演示在 Keras 中使用预训练的 VGG-16 模型对花卉图像进行分类的迁移学习;讨论了如何用深度神经风格迁移生成新颖的艺术图像,并用 Python 和 OpenCV 以及一个预训练的 Torch 模型进行了演示。通过学习本章的内容,读者应该熟悉如何使用预训练的深度学习模型来解决复杂的图像处理问题,也应该能够使用 Keras、Python 和 OpenCV 加载预训练的模型,并使用这些模型预测不同图像处理任务的输出。读者还应该能够使用迁移学习,并使用 Keras 实现它。

在第 12 章中,我们将讨论一些更高级的图像处理问题。

习题

1. 利用 Keras 和预训练的 Fast-RCNN 和 MobileNet 模型进行实时目标检测。
2. 我们已经使用了 YOLO v2 预训练模型来实现目标检测,试试使用 YOLO v3 预训练模型来实现目标检测。
3. 什么是微调?它与迁移学习有何不同?举例说明。
4. 我们已经训练了 VGG-16 的全连接层且其仅用于迁移学习。若基于 Keras 使用 VGG-19、ResNet-50 和 Inception-v3 模型代替它,准确度是否提高?
5. 在使用 Keras 进行迁移学习时,我们使用 500 张图像进行训练,并针对每个花卉类使用 50 张图像进行验证,非标准的训练数据集与验证数据集的比例为 91∶9。将其更改为标准的 80∶20 验证,它在多大程度上影响验证数据集的准确性?
6. 利用迁移学习实现将(星月夜除外)图像风格迁移为输入内容图像的 NST 算法。

第 12 章
图像处理中的其他问题

在本章中，我们将讨论图像处理中一些更高级的问题：首先，从接缝雕刻（seam carving）问题开始，介绍几个应用，第一个应用是内容感知的图像大小调整，第二个应用是从图像中删除目标；其次，讨论无缝克隆，它可以用于无缝地将一个目标从一幅图像复制到另一幅图像；再次，讨论一种图像修复算法，它可以用来复原图像中受损的像素；接下来，研究图像处理中的变分方法及其在图像去噪中的应用；然后，讨论图像衍缝算法及其在纹理合成和图像传输中的应用；最后，将用一个复杂的人脸变形算法来结束本章的讨论。

本章主要包括以下内容：

- 接缝雕刻；
- 无缝克隆和泊松图像编辑；
- 图像修复；
- 变分图像处理；
- 图像衍缝；
- 人脸变形。

12.1 接缝雕刻

接缝雕刻是一种内容感知的图像大小调整技术——每次图像的高度（或宽度）减少一个像素。图像中的垂直接缝是像素从上到下连接的路径，每一行有一个像素。水平接缝是像素从左到右连接的路径，每一列有一个像素。尽管接缝雕刻的底层算法简单且优雅，但直到2007年它才被发现。

现在它是 Adobe Photoshop 和其他计算机图形应用程序的核心特征。与标准的内容无关的大小调整技术（如裁剪和缩放）不同，接缝雕刻保留了图像最有趣的特征，如宽高比、存在的对象集等。发现和移除接缝包括以下三个部分。

（1）**能量计算**。第一步是计算像素的能量，这是其重要性的度量——能量越高，像素作为接缝的一部分的可能性就越小。双梯度能量函数可用于能量计算。

（2）**接缝识别**。下一步是找到总能量最小的垂直或水平接缝。这类似于边加权有向图中的经典最短路径问题，重要的区别是权重是在顶点而不是边。目的是找到从第一行的任何 W 像素到最后一行的任何 W 像素的最短路径。有向图是非循环的，假设像素坐标在规定的范围内，其中像素(x, y)到像素$(x-1, y+1)$、$(x, y+1)$和$(x+1, y+1)$之间存在一条向下的边。此外，接缝不能环绕整个图像。可以通过动态编程找到最佳接缝。第一步是将图像从第二行遍历到最后一行，并计算每个像素(i, j)的所有可能连接接缝的累积最小能量 M，如下所示：

$$M(i, j) = e(i, j) + \min(M(i-i, j-1), M(i, j-1), M(i-1, j))$$

（3）**接缝移除**。最后一步是从图像中移除沿垂直接缝或水平接缝的所有像素。

在接下来的两节中，我们将讨论接缝雕刻技术的一些应用，第一个是内容感知的图像大小调整，第二个是从图像中删除目标。这些实现将用 `scikit-image` 库中的 `transform` 模块的函数来完成。

12.1.1 使用接缝雕刻进行内容感知的图像大小调整

如下代码演示了如何使用 `scikit-image` 库的 `transform` 模块的 `seam_curve()` 函数来进行内容感知的图像大小调整。导入所需的包，加载原始输入的飞机图像，使用如下代码显示图像：

```
# for jupyter notebook uncomment the next line of code
# % matplotlib inline
from skimage import data, draw
from skimage import transform, util
import numpy as np
from skimage import filters, color
from matplotlib import pyplot as pylab
image = imread('../images/aero.jpg')
```

```
print(image.shape)
# (821, 616, 3)
image = util.img_as_float(image)
energy_image = filters.sobel(color.rgb2gray(image))
pylab.figure(figsize=(20,16)), pylab.title('Original Image'),
pylab.imshow(image), pylab.show()
```

运行上述代码，输出结果如图12-1所示。

图12-1 输入的飞机的原始图像

可使用resize()函数让这个图像更小，通常使用下采样来缩小图像的宽度，如下面的代码所示：

```
resized = transform.resize(image, (image.shape[0], image.shape[1] - 200),mode='reflect')
print(resized.shape)
# (821, 416, 3)
pylab.figure(figsize=(20,11)), pylab.title('Resized Image'),
pylab.imshow(resized), pylab.show()
```

运行上述代码，输出结果如图 12-2 所示。可以看到，飞机的尺寸大幅减小，且这些飞机图像也变形了，因为仅调整到一个新的宽高比会扭曲图像内容。

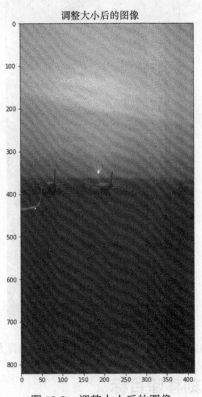

图 12-2 调整大小后的图像

现在，使用 seam_carve() 函数调整图像的大小。其中，Sobel 滤波器用作能量函数，表示每个像素的重要性，如下面的代码所示：

```
image = util.img_as_float(image)
energy_image = filters.sobel(color.rgb2gray(image))
out = transform.seam_carve(image, energy_image, 'vertical', 200)
pylab.figure(figsize=(20,11)), pylab.title('Resized using Seam Carving'),
pylab.imshow(out)
```

运行上述代码，输出结果如图 12-3 所示。可以看到，接缝雕刻尝试在不失真的情况下调整图像大小，方法是移除它认为不那么重要的图像区域（即低能量），因此飞机图像没有任何明显的变形。

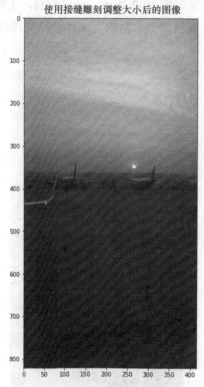

图 12-3 使用接缝雕刻调整内容感知图像大小

12.1.2 使用接缝雕刻移除目标

读者还可以使用接缝雕刻从图像中去除目标或人工痕迹。这就需要用较低的值对目标区域进行加权,因为在接缝雕刻中较低的权重被优先删除。如下代码使用了与原始输入照片形状相同的掩模图像,掩盖了包含低权重的狗图像的区域,这表明应该将其移除:

```
image = imread('man.jpg')
mask_img = rgb2gray(imread('man_mask.jpg'))
print(image.shape)
pylab.figure(figsize=(15,10))
pylab.subplot(121), pylab.imshow(image), pylab.title('Original Image')
pylab.subplot(122), pylab.imshow(mask_img), pylab.title('Mask for the
object to be removed (the dog)') pylab.show()
```

运行上述代码，输出结果如图 12-4 所示。

图 12-4　原始输入照片和与狗形状相同的掩模图像

如下代码使用 seam_carve() 函数和掩模，无缝地将狗从图像中移除：

```
pylab.figure(figsize=(10,12))
pylab.title('Object (the dog) Removed')
out = transform.seam_carve(image, mask_img, 'vertical', 90)
resized = transform.resize(image, out.shape, mode='reflect')
pylab.imshow(out), pylab.show()
```

运行上述代码，输出结果如图 12-5 所示。可以看到，现在照片中的狗目标已经被无缝地从照片中移除了。

图 12-5　使用接缝雕刻移除图像中的目标（狗）

12.2　无缝克隆和泊松图像编辑

泊松图像编辑的目标是从原始图像（由掩模图像捕获）到目标图像执行对象或纹理的**无缝混合**（克隆）。我们希望通过使用泊松图像编辑将一个图像区域粘贴到新的背景上来创建合成照片。这个想法来自于佩雷斯（Perez）等在 SIGGRAPH 2003 上发表的论文（*Poisson Image Editing*）。该问题先在连续域中表示为约束变分优化问题（利用欧拉-拉格朗日方程求解），然后可以使用离散泊松求解器求解。离散泊松求解器的主要任务是求解一个庞大的线性系统。这篇文章的核心观点是使用图像梯度而不是图像强度，前者可以产生更真实的结果。经过无缝克隆，输出图像在掩模区域的梯度与原始图像在掩模区域的梯度相同。此外，掩模区域边界处输出图像的强度与目标图像的强度相同。

在本节中，我们将演示使用 Python 和 OpenCV 进行无缝克隆（使用 OpenCV 3.0 中引入的 seamlessClone() 函数）。使用此功能将原始图像中的天空（借助于掩模图像）复制到目标 sea-bird 图像的天空上。将要用到的原始图像和源掩模图像（蒙版）如图 12-6 所示。

图 12-6　原始图像（海鸟）及源掩模图像

无缝克隆的目标图像如图 12-7 所示。

图 12-7　无缝克隆的目标图像

如下代码演示了通过调用带有正确参数的函数实现无缝克隆的方法。在此示例中，使用的克隆类型标志是 NORMAL_CLONE，其中原始图像的纹理（渐变）保留在克隆区域中。

```
import cv2
print(cv2.__version__)  # make sure the major version of OpenCV is 3
# 3.4.3
import numpy as np

# read source and destination images
```

```
src = cv2.imread("bird.jpg")
dst = cv2.imread("sea.jpg")

# read the mask image
src_mask = cv2.imread("birds_mask.jpg")
print(src.shape, dst.shape, src_mask.shape)
# (480, 698, 3) (576, 768, 3) (480, 698, 3)

# this is where the CENTER of the airplane will be placed
center = (450,150)

# clone seamlessly.
output = cv2.seamlessClone(src, dst, src_mask, center, cv2.NORMAL_CLONE)

# save result
cv2.imwrite("sea_bird.jpg", output)
```

运行上述代码，输出结果如图 12-8 所示。可以看到，原始图像中的海鸟已经无缝地克隆至目标图像上。

图 12-8　将海鸟无缝克隆至目标图像

12.3　图像修复

图像修复是指修复图像受损或缺失部分的过程。假设有一个二进制掩模 D，它指定了输入图像中受损像素的位置 f，如下所示：

$$D(x,y) = \begin{cases} 0 & \text{如果图像 } f \text{ 的像素点}(x,y)\text{损坏} \\ 1 & \text{如果图像 } f \text{ 的像素点}(x,y)\text{未损坏} \end{cases}$$

一旦用掩模定位到图像中的受损区域，丢失或受损的像素必须用某种算法重建，来进行修复（如全变差修复）。利用无损区域的信息进行重建，实现完全自动化。

在本例中，我们将演示使用 scikit-image restoration 模块的 inpaint_biharmonic() 函数实现图像修复。应用一个掩模，从原来的 Lena 彩色图像创建一个损坏的图像。如下代码展示了基于双调和方程假设的修复算法如何对受损图像中的掩模像素进行修复：

```python
import numpy as np
import matplotlib.pyplot as pylab
from skimage.io import imread, imsave
from skimage.color import rgb2gray
from skimage import img_as_float
from skimage.restoration import inpaint

image_orig = img_as_float(imread('../images/lena.jpg'))
# create mask from a mask image
mask = rgb2gray(imread('../images/lena_scratch_mask.jpg'))
mask[mask > 0.5] = 1
mask[mask <= 0.5] = 0
print(np.unique(mask))
# defect image over the same region in each color channel
image_defect = image_orig.copy()
for layer in range(image_defect.shape[-1]):
    image_defect[np.where(mask)] = 0
image_result = inpaint.inpaint_biharmonic(image_defect, mask, multichannel=True)

fig, axes = pylab.subplots(ncols=2, nrows=2, figsize=(20,20))
ax = axes.ravel()
ax[0].set_title('Original image', size=30), ax[0].imshow(image_orig)
ax[1].set_title('Mask', size=30), ax[1].imshow(mask, cmap=pylab.cm.gray)
ax[2].set_title('Defected image', size=30), ax[2].imshow(image_defect)
ax[3].set_title('Inpainted image', size=30), ax[3].imshow(image_result)
for a in ax:
    a.axis('off')
fig.tight_layout()
pylab.show()
```

运行上述代码，输出结果如图 12-9 所示。可以看到，复原后的照片和原来的照片看起来是一样的。

图 12-9 瑕疵图像经复原后的图像与原始图像

12.4 变分图像处理

在本节中，我们将以去噪的应用为例简要讨论图像处理中的变分方法。通常来说，图像处理任务可以看作函数估计（例如，分割可以看作在对象和背景之间找到一条光滑的闭合曲线）。变分法可用于最小化特定图像处理任务的适当定义的能量泛函（使用欧拉-拉格朗日方法），梯度下降法倾向于向解决方案演化。

图 12-10 描述了图像处理任务中的基本步骤，实质可表示为一个变分优化问题。首先，需要创建一个能量泛函 E 来描述输入图像 u 的质量；其次，利用欧拉-拉格朗日方程计算初级变分；最后，建立一个**偏微分方程**（Partial Differentail Equation，PDE）来实现最陡下降最小化，并对其进行离散化，使其向最小值演化。

12.4 变分图像处理

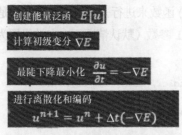

图 12-10 变分图像处理的基本步骤

12.4.1 全变分去噪

图 12-11 所示的是线性和非线性**全变分去噪**（Total Variation Denoising，TVD）算法，从中可以看到，能量泛函是唯一的区别。

变分法

线性

$$\min E[u|f] = \int_\Omega ||\nabla u||^2 d\vec{x} + \lambda \int_\Omega (u-f)^2 d\vec{x}$$

- 初级变分易于修改

$$\nabla E = -2\Delta u + 2\lambda(u-f)$$

- 故偏微分方程变为：

$$\frac{\partial u}{\partial t} = \Delta u - \lambda(u-f)$$

非线性

- Rudin-Osher-Fatemi 于1992 提出全变分去噪模型

$$\min E_{TV}[u|f] = \int_\Omega ||\nabla u|| d\vec{x} + \lambda \int_\Omega (u-f)^2 d\vec{x}$$

- 能量的初级变分为：

$$\nabla E = -\nabla \cdot \left(\frac{\nabla u}{|\nabla u|}\right) + 2\lambda(u-f)$$

图 12-11 全变分去噪

下面演示了如何通过 `scikit-image` 库的 `restoration` 模块实现全变分去噪。全变分去噪的原理是将图像的全变分降至最小，大致可以用图像梯度范数的积分来描述。首先，通过在原始输入图像上添加随机高斯噪声来创建一个有噪声的输入图像；其次，使用 denoise_tv_chambolle() 函数来进行去噪。由于使用的是灰度输入图像，因此不需要为这个函数设置 multichannel 参数（默认情况下，它被设置为 False）。全变分去噪的实现如下面的代码所示：

```
from skimage import io, color, data, img_as_float
from skimage.restoration import denoise_tv_chambolle
image = color.rgb2gray(io.imread('../images/me12.jpg'))
pylab.figure(figsize=(12,9))
noisy_img = image + 0.5 * image.std() * np.random.randn(*image.shape)
pylab.subplot(221), pylab.imshow(image), pylab.axis('off'),
pylab.title('original', size=20)
pylab.subplot(222), pylab.imshow(noisy_img), pylab.axis('off'),
pylab.title('noisy', size=20)
denoised_img = denoise_tv_chambolle(image, weight=0.1)
pylab.subplot(223), pylab.imshow(denoised_img), pylab.axis('off'),
pylab.title('denoised (weight=0.1)', size=20)
denoised_img = denoise_tv_chambolle(image, weight=1) #, multichannel=True)
pylab.subplot(224), pylab.imshow(denoised_img), pylab.axis('off'),
pylab.title('denoised (weight=1)', size=20)
pylab.show()
```

运行上述代码，输出结果如图 12-12 所示。可以看到，去噪权重越大，输出图像的去噪效果越好（以牺牲输入图像的保真度为代价，图像变得更模糊）。

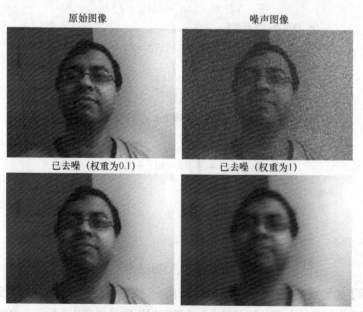

图 12-12　全变分去噪与去噪权重的关系

12.4.2 使用全变分去噪创建平面纹理卡通图像

全变分去噪可用于生成卡通图像，换言之，就是生成分段常量图像。增加的权重越多，纹理就越平坦（以牺牲输入图像的保真度为代价），如下面的代码所示：

```
image = io.imread('../images/me18.jpg')
pylab.figure(figsize=(10,14))
pylab.subplot(221), pylab.imshow(image), pylab.axis('off'),
pylab.title('original', size=20)
denoised_img = denoise_tv_chambolle(image, weight=0.1, multichannel=True)
pylab.subplot(222), pylab.imshow(denoised_img), pylab.axis('off'),
pylab.title('TVD (wt=0.1)', size=20)
denoised_img = denoise_tv_chambolle(image, weight=0.2, multichannel=True)
pylab.subplot(223), pylab.imshow(denoised_img), pylab.axis('off'),
pylab.title('TVD (wt=0.2)', size=20)
denoised_img = denoise_tv_chambolle(image, weight=0.3, multichannel=True)
pylab.subplot(224), pylab.imshow(denoised_img), pylab.axis('off'),
pylab.title('TVD (wt=0.3)', size=20)
pylab.show()
```

运行上述代码，输出结果如图 12-13 所示，可以看到，对于用不同的权重对全变分去噪得到的平坦纹理图像，权重越大，其纹理变得越平坦。

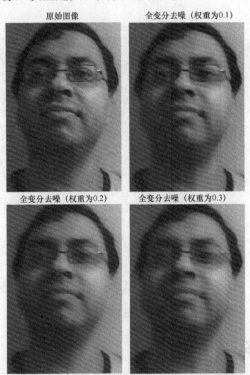

图 12-13　用不同的权重对全变分去噪所得图像效果

12.5 图像绗缝

图像绗缝是一种用于图像纹理合成和迁移的算法,由阿力克谢·A.埃费罗斯(Alexei A. Efros)和威廉姆斯·T.弗里曼(William T. Freeman)在 SIGGRAPH 2001 论文中描述。在本节中,我们将讨论实现纹理合成和纹理迁移的绗缝算法背后的主要思想,并展示实现该算法所获得的一些结果。其实现代码留给读者作为练习。

12.5.1 纹理合成

纹理合成是指从一个小样本中创建一个更大的纹理图像。纹理合成的主要思想是对图像(纹理)块进行采样,并将它们以重叠的模式放置,这样重叠的区域是相似的。重叠区域可能不完全匹配,这将导致边缘周围出现明显的伪影。为了解决这个问题,我们需要通过重叠区域沿着具有相似强度的像素计算路径,并使用此路径选择在哪个重叠区域上绘制每个像素。图 12-14 所示的是由纹理合成算法生成的输出图像。

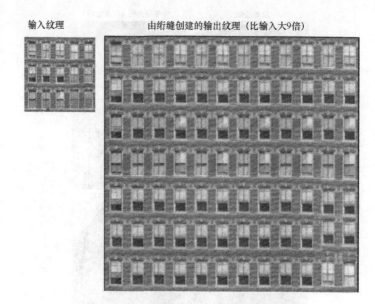

图 12-14　由纹理合成算法生成的输出图像

12.5.2 纹理迁移

纹理迁移是指在保持物体基本形状的同时,使物体呈现出与样本纹理相同的外观。纹理迁移是通过鼓励采样的图像（纹理）块具有与给定目标图像相似的外观，以及匹配已经采样的图像（纹理）块的重叠区域来实现的。用纹理迁移算法生成的输出结果如图 12-15 所示。

图 12-15　用纹理迁移算法生成的输出效果图

12.6　人脸变形

我们在第 1 章中讨论了一种基于 α 混合的简单人脸变形技术，如果欲变形的脸没有对齐，那么得到的图像看起来会非常糟糕。

下面通过讨论一种复杂的人脸变形技术（即 **Beier-Neely 变形**）来结束本章内容的学习，这也是全书的最后一部分内容。这种变形在视觉上看起来比非对齐人脸的 α 混合更平滑、更好看。其算法如下。

（1）读取两个图像文件 A 和 B。

（2）使用一组线段对以交互方式（通过使用 PyStasm 计算面部关键点）指定原始图像和目标图像之间的对应关系，并将线段对保存到线文件中。

（3）读取线文件，线文件包含线段对 S_i^A 和 S_i^B。

（4）通过变形分数对线段对 S_i^A 和 S_i^B 之间的线性插值计算目标线段，这些线段用于定义目标形状。

(5) 将图像 A 变形到目标形状，计算新图像 A'。

(6) 将图像 B 变形到目标形状，计算新图像 B'。

(7) 通过溶解分数 α 在 A'和 B'之间进行交叉溶解。

(8) 将生成的图像保存到文件中。

小结

在本章中，我们讨论了一些高级图像处理问题。我们首先介绍了接缝雕刻算法，然后演示该算法在上下文感知图像大小调整和使用 scikit-image 库从图像中删除目标的几个应用。接着，我们讨论了使用 Python 和 OpenCV 将一个对象从一幅图像复制到另一幅图像的应用程序的无缝克隆。随后，我们讨论了泊松图像编辑和图像修复算法，利用 scikit-image 库将其应用于复原图像中的受损像素，在此基础上，讨论了变分法在图像处理中的应用，并将其应用于 scikit 图像去噪。接下来，我们讨论了图像绗缝算法及其在纹理合成和纹理迁移中的应用。最后，在本章结束前，我们讨论了一种先进的人脸变形算法。通过学习本章的内容，读者应该能够编写出实现这些任务要求的 Python 代码。

习题

1. 利用 python-opencv 进行无缝克隆时，以 MIXED_CLONE 作为克隆类型参数，其输出结果与使用 NORMAL_CLONE 得到的输出有何不同？
2. 使用梯度下降实现变分优化的全变分图像修复。
3. 对 RGB 图像应用全变分去噪。